高等数学的应用

主编　孙寿尧　姜　晓　王九福

科学出版社

北　京

内 容 简 介

本书按照高职高专对高等数学的教学要求和教学实际，结合作者的实践教学经验编写. 本书共六章，内容包括：函数与极限的应用，导数、微分及其应用，不定积分的应用，定积分的应用，行列式和矩阵的应用，多元函数微积分. 在编写上，强化应用，突出重点，注重数学思想和方法的渗透，强调综合能力的培养.

本书可作为高职高专类院校的高等数学教材，也可供其他教学科研者参考.

图书在版编目(CIP)数据

高等数学的应用 / 孙寿尧，姜晓，王九福主编. —北京：科学出版社，2016.9

ISBN 978-7-03-049980-6

Ⅰ. ①高… Ⅱ. ①孙… ②姜… ③王… Ⅲ. ①高等数学-高等职业教育-教材 Ⅳ. ①O13

中国版本图书馆 CIP 数据核字(2016)第 225590 号

责任编辑：胡海霞/责任校对：张凤琴
责任印制：白 洋/封面设计：迷底书装

科学出版社 出版
北京东黄城根北街 16 号
邮政编码：100717
http://www.sciencep.com
文林印务有限公司印刷
科学出版社发行 各地新华书店经销
*
2016 年 9 月第 一 版 开本：720×1000 1/16
2018 年 6 月第二次印刷 印张：15 1/2
字数：312 000
定价：39.00 元
(如有印装质量问题，我社负责调换)

前　言

我们数学教师，更加追求“真善美”. 我们追求教学内容的“真”，保证每一个概念、每一个公式、每一个定理都尽量准确无误；保证每一个推理过程、每一个计算结果、每一个分析推广都尽量准确无误. 我们追求教学思想和教学方法的“善”，每一个教学原则的应用，每一个教学意图的执行，每一个先进方法的推广都是为了学生的进步. 比如一个公式的推广，教学意图是举一反三，融会贯通，触类旁通，更深的思想在于让学生学会适应和变通，以便将来有所借鉴，有所启发，有所收益！我们追求教学效果的“完美”，追求每一句话都尽量诙谐幽默，追求每一道题的解法都尽量通俗易懂，追求每一章每一节都尽量系统全面. 比如讲求导的方法，要讲用定义求导，用求导公式与和差积商求导法则求导，用左导数、右导数求导，用复合函数求导，用隐函数求导，用反函数求导，用对数求导法求导，用参数方程求导，最终达到不管什么样的函数都能求导的效果.

但是，愿望与现实，过程与效果，理论与实践，差距很大. 由于高等数学本身难学，内容又多，学习时间又短，很多高职高专学生因为课余活动而牵涉的精力过大，影响了对高等数学的学习. 我们为了完成教学计划，为了突出教学重点，往往到了应用部分没有时间讲了. 学生有为了应付考试而死记硬背的趋势. 有很多学生遇到稍难的问题就不会分析不会变通，缺少解决问题的思路和方法，学了高等数学，在专业课上不会灵活运用，等等.

面对如此现状，我们感到有责任从教材开始改进. 我们的初衷是强化应用！在每一节，首先以典型例题的形式，列举本节乃至本章的典型应用例子，要学生思考和解决，尽量联系生活实际、联系专业、联系学生. 先抓住学生的心，激发学生的学习兴趣，然后顺理成章地讲解预备知识，复习已学知识，逐步进入新学的知识领域，不惜牺牲理论推导涉及的思路和方法，要突出理论重点，高度概括解题思路及方法，最后解决问题并布置同类型习题供大家思考和训练. 通过提出问题、学习新知识和新方法、最终解决问题的全过程，让学生有一种成就感，让学生见到实效，让学生体会积累知识、总结方法对于提升综合能力的重要性. 教学中充分借鉴“情景教学法”和“案例教学法”.

本书的主要特点：①突出应用，增加了实用性和趣味性；②突出重点，以点带面；③突出数学思想和方法，突出它们对分析问题、解决问题的普及与借鉴作用；④突出综合能力的培养，更好地锻炼适应能力和发展能力；⑤突出弹性，教师可以根据实际情况选择教学内容、布置作业、命题考试等，学生也可以自主学习.

由于时间仓促，高等数学应用的典型例子其数量和质量还远远不够，为了适应飞速发展的高等职业教育，我们将不断补充和完善. 这是我们的追求，也是我们的责任！不当之处，请各位领导、同行批评指正.

本书是山东商务职业学院高等数学分级教学中分模块教学研究成果，由山东商务职业学院孙寿尧、姜晓和王九福老师主编，李忠杰、赵明才、陈尔建、杨婷婷老师副主编，赵白玉和陈宝华教授主审.

最后，欢迎广大师生在使用教材过程中将发现的问题及时反馈给我们，以帮助我们不断提高教材质量.

编　者

2016 年 6 月

目　　录

第 1 章　函数与极限的应用

初等数学是用有限的方法研究常量的数学，高等数学是用极限的方法研究函数的数学. 因此，极限是高等数学区别初等数学的一个标志，是初等数学向高等数学飞跃的阶梯. 极限概念以及极限的思想方法贯穿高等数学的始终. 本章分段函数、需求函数与供给函数、利用总成本总收入总利润寻找盈亏平衡点、凯恩斯倍数效应、融资问题，都是我们常见的函数与极限的应用，与我们的生活密不可分，我们需要学好有关函数与极限的知识，才能更好地解决有关实际问题.

1.1　分段函数

典型例题　山东省 2014 年 7 月 1 日开始执行用电阶梯价格. 居民用户按每月用电量分档计费：第一档 210 度及以下，每度 0.55 元；第二档 210 度—400 度，每度 0.6 元；第三档 400 度以上，每度 0.85 元. 按照该规定计算

(1) 某用户 1 月用电 200 度，应交电费；

(2) 某用户 2 月用电 300 度，应交电费；

(3) 某用户 8 月用电 500 度，应交电费；

(4) 用户某月应交电费与该月用电量的函数关系.

初步分析　我们要会算电费，关键要找出电费与电量这两个变量之间的关系，这是一个典型的分段函数. 目前电价、水价、天然气价格，都是分段计费，目的是节约资源，控制不合理消耗. 出租车计费也是分段计费. 个人所得税也是分段计算. 将来肯定还有更多的分段计费与我们息息相关，需要我们领会计费政策与办法，得出准确的分段函数. 我们是否应该“明明白白”消费，而不是“糊里糊涂”混日子?

预备知识　函数的概念与基本初等函数.

1.1.1　函数的概念与基本初等函数

1. 函数的定义

定义 1　设 D 是一个数集. 如果对属于 D 的每一个数 x，按照某种对应关系 f，都有确定的数值 y 和它对应，那么 y 就称为定义在数集 D 上的 x 的**函数**，记为

$y=f(x)$. x 称为**自变量**，数集 D 称为函数的**定义域**，当 x 取数值 $x_0\in D$ 时，与 x_0 对应的 y 的数值称为函数在点 x_0 处的**函数值**，记为 $f(x_0)$，当 x 取遍 D 中的一切实数值时，与它对应的函数值的集合 $M=\{y|y=f(x),x\in D\}$ 称为函数的**值域**.

2. 函数的定义域

求函数的定义域，一般应根据具体函数表达式考虑以下六点.

(1) 在分式表达式中，分母不能为零；

(2) 在根式表达式中，负数不能开偶次方根；

(3) 在对数表达式中，真数不能取零和负数，底数大于零且不等于 1；

(4) 在三角函数表达式中，$k\pi+\frac{\pi}{2}(k\in\mathbf{Z})$ 不能取正切，$k\pi(k\in\mathbf{Z})$ 不能取余切；

(5) 在反三角函数表达式中，要符合反三角函数的定义域；

(6) 如函数表达式中同时含有分式、根式、对数式或反三角函数式，则应取各部分定义域的交集.

例 1 求下列函数的定义域.

(1) $y=\frac{1}{4-x^2}+\sqrt{x+2}$； (2) $y=\lg\frac{x}{x-1}$；

(3) $y=\arcsin\frac{x+1}{3}$； (4) $y=\ln\cos x$.

解 (1) 要使函数有意义，必须满足 $\begin{cases}4-x^2\neq 0,\\ x+2\geqslant 0,\end{cases}$ 解得 $x>-2$ 且 $x\neq 2$，所以函数的定义域为 $(-2,2)\cup(2,+\infty)$.

(2) 要使函数有意义，必须满足 $\frac{x}{x-1}>0$，解得 $x>1$ 或 $x<0$，所以函数的定义域为 $(-\infty,0)\cup(1,+\infty)$.

(3) 要使函数有意义，必须满足 $-1\leqslant\frac{x+1}{3}\leqslant 1$，解得 $-3\leqslant x+1\leqslant 3$，即 $-4\leqslant x\leqslant 2$，所以函数的定义域为 $[-4,2]$.

(4) 要使函数有意义，必须满足 $\cos x>0$，所以 $-\frac{\pi}{2}+2k\pi<x<\frac{\pi}{2}+2k\pi(k\in\mathbf{Z})$，故函数的定义域为 $\left(-\frac{\pi}{2}+2k\pi,\frac{\pi}{2}+2k\pi\right)$. $(k\in\mathbf{Z})$.

两个函数只有当它们的定义域和对应关系完全相同时，这两个函数才认为是相同的.

例如，函数 $y=\sin^2 x+\cos^2 x$ 与 $y=1$ 是两个相同的函数. 又如，函数 $y=\frac{x^2\quad 1}{x-1}$ 与 $y=x+1$ 是两个不同的函数.

3. 邻域

定义 2　设 $a\in\mathbf{R},\delta>0$，称开区间 $(a-\delta,a+\delta)$ 为点 a 的 **δ 邻域**，记为 $U(a,\delta)$，即 $U(a,\delta)=(a-\delta,a+\delta)=\{x\,|\,|x-a|<\delta\}$，称 a 为邻域的中心，δ 为邻域的半径；将 a 的 δ 邻域中心 a 去掉后得 a 的 **δ 空心邻域**，记为 $U^{\circ}(a,\delta)$，即

$$U^{\circ}(a,\delta)=(a-\delta,a)\cup(a,a+\delta)=\{x\,|\,0<|x-a|<\delta\}.$$

点 a 的 δ 邻域及点 a 的 δ 空心邻域有时又分别简记为 $U(a)$ 与 $\overset{\circ}{U}(a)$.

4. 函数的表示法

常用的函数表示法有公式法(解析法)、表格法和图像法三种. 有时，一个函数在自变量不同的取值范围内用不同的式子来表示. 例如，函数 $f(x)=\begin{cases}\sqrt{x}, & x\geqslant 0,\\ -x, & x<0\end{cases}$ 是定义在区间 $(-\infty,+\infty)$ 内的一个函数. 在定义域的不同范围内用不同的式子来表示的函数称为**分段函数**.

5. 函数的几种特性

我们已学过函数的四种特性，即奇偶性、单调性、有界性、周期性，将这四个特性做了归纳，如表 1.1 所示.

表 1.1

特　性	定　义	几 何 特 性
奇偶性	如函数 $f(x)$ 的定义域关于原点对称，且对任意的 x，如果 $f(-x)=-f(x)$，那么 $f(x)$ 为奇函数；如果 $f(-x)=f(x)$，那么 $f(x)$ 为偶函数	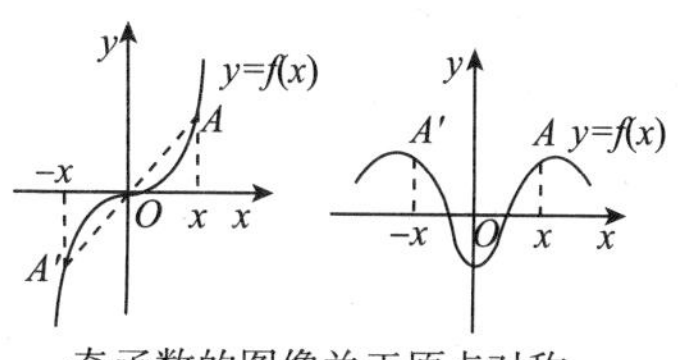 奇函数的图像关于原点对称；偶函数的图像关于 y 轴对称

续表

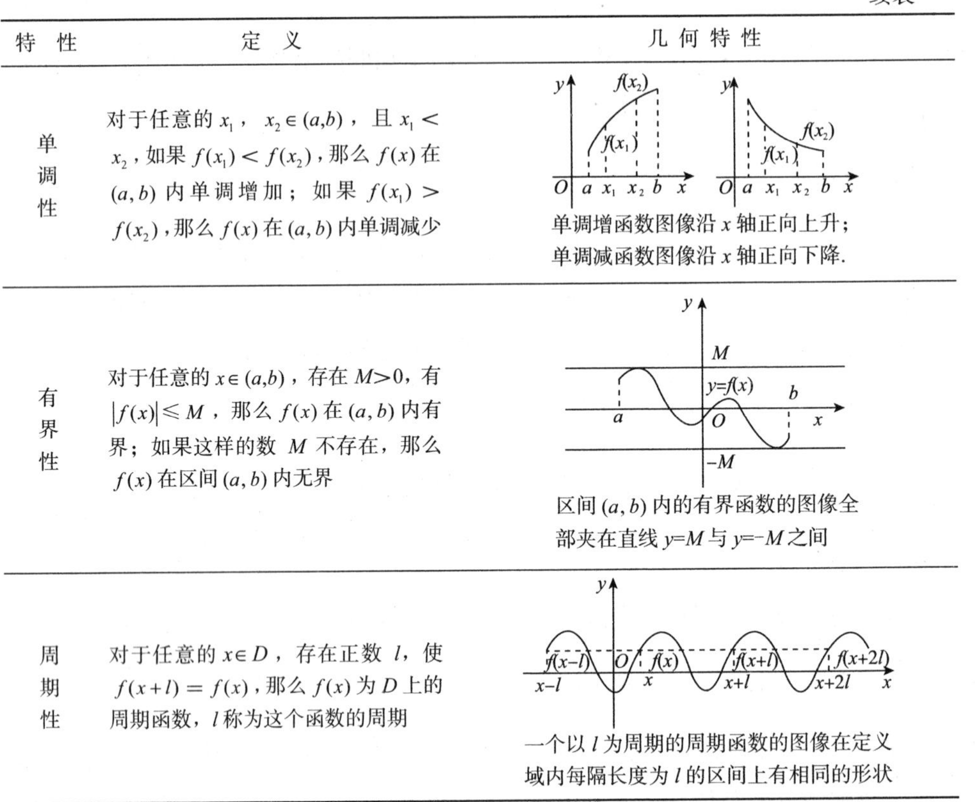

特性	定义	几何特性
单调性	对于任意的 x_1，$x_2 \in (a,b)$，且 $x_1 < x_2$，如果 $f(x_1) < f(x_2)$，那么 $f(x)$ 在 (a,b) 内单调增加；如果 $f(x_1) > f(x_2)$，那么 $f(x)$ 在 (a,b) 内单调减少	单调增函数图像沿 x 轴正向上升；单调减函数图像沿 x 轴正向下降.
有界性	对于任意的 $x \in (a,b)$，存在 $M>0$，有 $\lvert f(x)\rvert \leqslant M$，那么 $f(x)$ 在 (a,b) 内有界；如果这样的数 M 不存在，那么 $f(x)$ 在区间 (a,b) 内无界	区间 (a,b) 内的有界函数的图像全部夹在直线 $y=M$ 与 $y=-M$ 之间
周期性	对于任意的 $x \in D$，存在正数 l，使 $f(x+l)=f(x)$，那么 $f(x)$ 为 D 上的周期函数，l 称为这个函数的周期	一个以 l 为周期的周期函数的图像在定义域内每隔长度为 l 的区间上有相同的形状

6. 反函数

定义 3　设函数 $y=f(x)$，它的定义域是 D，值域为 M，如果对值域 M 中任意一个值 y，都能由 $y=f(x)$ 确定 D 中唯一的 x 值与之对应，由此得到以 y 为自变量的函数称为 $y=f(x)$ 的**反函数**，记为 $x=f^{-1}(y), y\in M$.

在习惯上，自变量用 x 表示，函数用 y 表示，所以又将它改写成 $y=f^{-1}(x)$，$x\in M$.

由定义可知，函数 $y=f(x)$ 的定义域和值域分别是其反函数 $y=f^{-1}(x)$ 的值域和定义域. 函数 $y=f(x)$ 和 $y=f^{-1}(x)$ 互为反函数.

例 2　求函数 $y=3x-2$ 的反函数.

解　由 $y=3x-2$ 解得 $x=\dfrac{y+2}{3}$，将 x 与 y 互换，得 $y=\dfrac{x+2}{3}$，所以 $y=3x-2$（$x\in \mathbf{R}$）的反函数是 $y=\dfrac{x+2}{3}$（$x\in \mathbf{R}$）.

另外，函数 $y=f(x)$ 和它的反函数 $y=f^{-1}(x)$ 的图像关于直线 $y=x$ 对称.

7. 基本初等函数

幂函数 $y=x^{\alpha}(\alpha\in\mathbf{R})$ 、指数函数 $y=a^{x}(a>0且a\neq 1)$ 、对数函数 $y=\log_a x$ $(a>0且a\neq 1)$ 、三角函数和反三角函数统称为**基本初等函数**.

现把一些常用的基本初等函数的定义域、值域、图像和特性列表，如表 1.2 所示.

表 1.2

函数		定义域与值域	图像	特性
幂函数	$y=x$	$x\in(-\infty,+\infty)$, $y\in(-\infty,+\infty)$	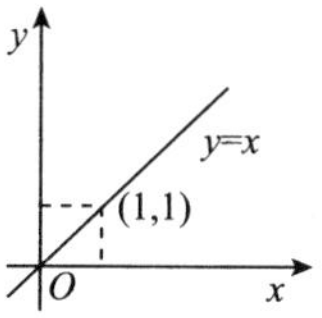 $y=x$, (1,1)	奇函数， 单调增加
	$y=x^2$	$x\in(-\infty,+\infty)$, $y\in[0,+\infty)$	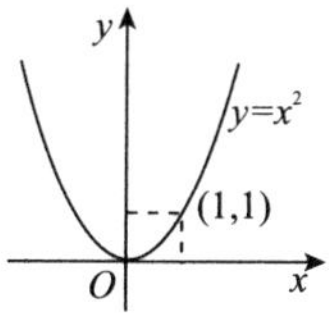 $y=x^2$, (1,1)	偶函数，在 $(-\infty,0)$ 内单调减少；在 $(0,+\infty)$ 内单调增加
	$y=x^3$	$x\in(-\infty,+\infty)$, $y\in(-\infty,+\infty)$	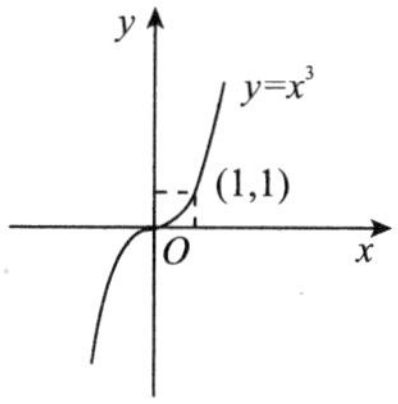 $y=x^3$, (1,1)	奇函数， 单调增加
	$y=x^{-1}$	$x\in(-\infty,0)\cup(0,+\infty)$, $y\in(-\infty,0)\cup(0,+\infty)$	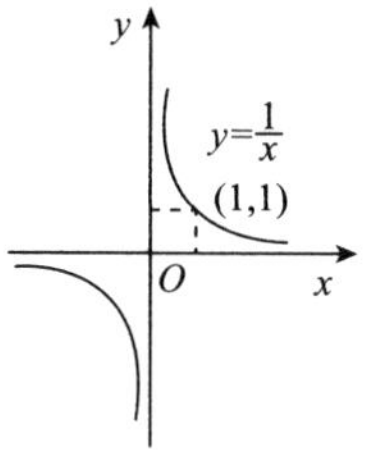 $y=\frac{1}{x}$, (1,1)	奇函数，在 $(-\infty,0)$ 内单调减少；在 $(0,+\infty)$ 内单调减少
	$y=x^{\frac{1}{2}}$	$x\in[0,+\infty)$, $y\in[0,+\infty)$	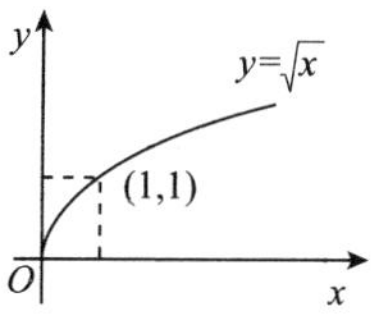 $y=\sqrt{x}$, (1,1)	单调增加

续表

函数		定义域与值域	图像	特性
指数函数	$y=a^x$ $(a>1)$	$x\in(-\infty,+\infty)$，$y\in(0,+\infty)$	y, $y=a^x(a>1)$, (0,1), O, x	单调增加
指数函数	$y=a^x$ $(0<a<1)$	$x\in(-\infty,+\infty)$，$y\in(0,+\infty)$	y, $y=a^x$ $(0<a<1)$, (0,1), O, x	单调减少
对数函数	$y=\log_a x$ $(a>1)$	$x\in(0,+\infty)$，$y\in(-\infty,+\infty)$	y, $y=\log_a x(a>1)$, O, (1,0), x	单调增加
	$y=\log_a x$ $(0<a<1)$	$x\in(0,+\infty)$，$y\in(-\infty,+\infty)$	y, (1,0), O, $y=\log_a x$, x, $(0<a<1)$	单调减少
三角函数	$y=\sin x$	$x\in(-\infty,+\infty)$，$y\in[-1,1]$	y, 1, $y=\sin x$, O, π, 2π, x, -1	奇函数，周期为 2π，有界，在 $\left(2k\pi-\frac{\pi}{2},2k\pi+\frac{\pi}{2}\right)$ 内单调增加，在 $\left(2k\pi+\frac{\pi}{2},2k\pi+\frac{3\pi}{2}\right)$ 内单调减少 $(k\in\mathbf{Z})$
	$y=\cos x$	$x\in(-\infty,+\infty)$，$y\in[-1,1]$	y, 1, $y=\cos x$, O, $\frac{\pi}{2}$, $\frac{3\pi}{2}$, x, -1	偶函数，周期为 2π，有界，在 $(2k\pi,2k\pi+\pi)$ 内单调减少，在 $(2k\pi+\pi,2k\pi+2\pi)$ 内单调增加 $(k\in\mathbf{Z})$
	$y=\tan x$	$x\neq k\pi+\frac{\pi}{2}(k\in\mathbf{Z})$，$y\in(-\infty,+\infty)$	y, $y=\tan x$, $\frac{\pi}{2}$, $-\pi$, $-\frac{\pi}{2}$, O, π, x	奇函数，周期为 π，在 $\left(k\pi-\frac{\pi}{2},k\pi+\frac{\pi}{2}\right)$ 内单调增加 $(k\in\mathbf{Z})$

续表

	函　数	定义域与值域	图　像	特　性
三角函数	$y=\cot x$	$x\neq k\pi(k\in\mathbf{Z})$，$y\in(-\infty,+\infty)$	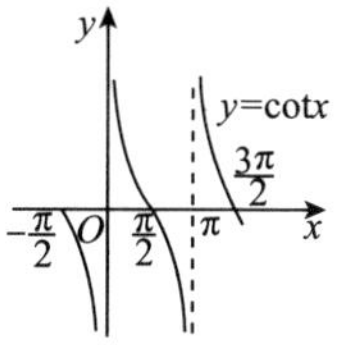 y；y=cotx；$\frac{3\pi}{2}$；$-\frac{\pi}{2}$；O；$\frac{\pi}{2}$；π；x	奇函数，周期为 π，在 $(k\pi,k\pi+\pi)$ 内单调减少 $(k\in\mathbf{Z})$
反三角函数	$y=\arcsin x$	$x\in[-1,1]$，$y\in\left[-\dfrac{\pi}{2},\dfrac{\pi}{2}\right]$	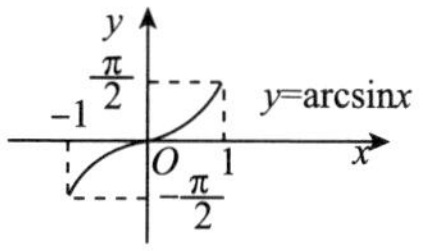 y；$\frac{\pi}{2}$；−1；y=arcsinx；O；1；x；$-\frac{\pi}{2}$	奇函数，单调增加，有界
	$y=\arccos x$	$x\in[-1,1]$，$y\in[0,\pi]$	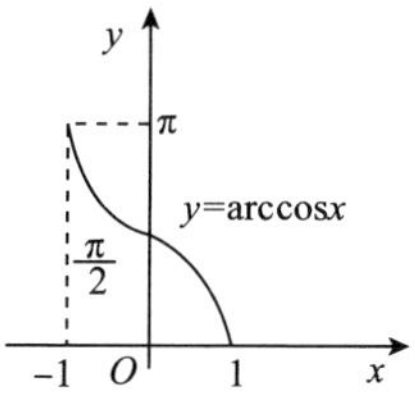 y；π；y=arccosx；$\frac{\pi}{2}$；−1；O；1；x	单调减少，有界
	$y=\arctan x$	$x\in(-\infty,+\infty)$，$y\in\left(-\dfrac{\pi}{2},\dfrac{\pi}{2}\right)$	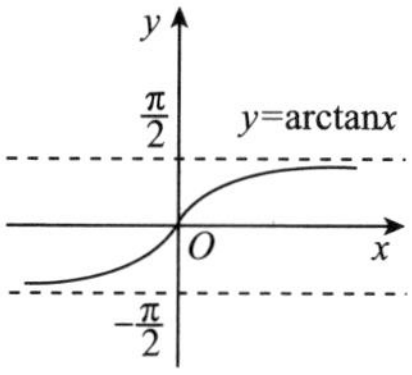 y；$\frac{\pi}{2}$；y=arctanx；O；x；$-\frac{\pi}{2}$	奇函数，单调增加，有界
	$y=\operatorname{arccot} x$	$x\in(-\infty,+\infty)$，$y\in(0,\pi)$	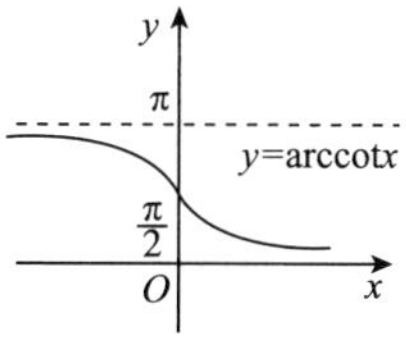 y；π；y=arccotx；$\frac{\pi}{2}$；O；x	单调减少，有界

学习反三角函数，关键是对反三角函数符号的理解. 比如对 $\arcsin\dfrac{1}{2}$ 的理解，①它表示一个角，这是对它定性的认识；②它表示一个在 $\left[-\dfrac{\pi}{2},\dfrac{\pi}{2}\right]$ 上的角，这是对它范围的认识；③它表示一个正弦值为 $\dfrac{1}{2}$ 的角，这是对它定量的认识. 综合以上三

个方面的认识，最后得出它的唯一值，即 $\arcsin\frac{1}{2}=\frac{\pi}{6}$. 这种理解，越来越具体，越来越明确，越来越深刻. 这是破解难点的方法，即“将难点分解，各个击破”，这也是一种重要的学习方法.

8. 复合函数

定义 4 设 y 是 u 的函数 $y=f(u)$，而 u 又是 x 的函数 $u=\varphi(x)$，其定义域为数集 A. 如果在数集 A 或 A 的子集上，对于 x 的每一个值所对应的 u 值，都能使函数 $y=f(u)$ 有定义，那么 y 就是 x 的函数. 这个函数称为函数 $y=f(u)$ 与 $u=\varphi(x)$ 复合而成的函数，简称为 x 的**复合函数**，记为 $y=f[\varphi(x)]$，其中 u 称为中间变量，其定义域为数集 A 或 A 的子集.

例如，$y=\tan^2 x$ 是由 $y=u^2$ 与 $u=\tan x$ 复合而成的函数；函数 $y=\ln(x-1)$ 是由 $y=\ln u$ 与 $u=x-1$ 复合而成的函数，它们都是 x 的复合函数.

注意 (1) 不是任何两个函数都可以复合成一个函数. 例如 $y=\arcsin u$ 与 $u=2+x^2$ 就不能复合成一个函数.

(2) 复合函数也可以由两个以上的函数复合构成. 例如 $y=2^u, u=\sin v, v=\frac{1}{x}$，由这三个函数可得复合函数 $y=2^{\sin\frac{1}{x}}$，这里 u 和 v 都是中间变量.

例 3 指出下列各复合函数的复合过程.

(1) $y=\sqrt{1+x^2}$； (2) $y=\arcsin(\ln x)$； (3) $y=\mathrm{e}^{\sin x^2}$.

解 (1) $y=\sqrt{1+x^2}$ 是由 $y=\sqrt{u}$ 与 $u=1+x^2$ 复合而成.

(2) $y=\arcsin(\ln x)$ 是由 $y=\arcsin u$ 与 $u=\ln x$ 复合而成.

(3) $y=\mathrm{e}^{\sin x^2}$ 是由 $y=\mathrm{e}^u, u=\sin v, v=x^2$ 复合而成.

9. 初等函数

定义 5 由基本初等函数和常数经过有限次四则运算以及有限次的复合步骤所构成，并能用一个式子表示的函数称为**初等函数**.

例如，$y=\ln\cos^2 x, y=\sqrt[3]{\tan x}, y=\frac{2x^3-1}{x^2+1}, y=\mathrm{e}^{2x}\sin(2x+1)$ 都是初等函数.

初等函数的定义，明确指出是用一个式子表示的函数，如果一个函数必须用几个式子表示时，它就不是初等函数. 例如，$g(x)=\begin{cases}2\sqrt{x}, & 0\leqslant x\leqslant 1,\\ 1+x, & x>1\end{cases}$就不是初等函数，而称为非初等函数.

例 4　某运输公司规定货物的吨千米运价为：在a千米以内，每千米k元；超过a千米时，超过部分每千米$\frac{4}{5}k$元. 求运价m与里程s之间的函数关系.

解　根据题意可列出函数关系如下：

$$m=\begin{cases}ks, & 0<s\leqslant a,\\ ka+\frac{4}{5}k(s-a), & s>a.\end{cases}$$

这里运价m和里程s的函数关系是用分段函数表示的，定义域为$(0,+\infty)$.

例 5　某地方政府要对本地居民中无固定工作收入的人按月发给每人每月不超过 500 元的救济金. 某人每工作一小时可挣 20 元，每月工作时长可以自主掌握. 试对以下两种不同收入支持计划进行分析.

计划一：只对无任何工作收入的人每月发放 500 元救济金. 如果领取者获得工作收入，无论多少都停止救济金支付.

计划二：对无固定工作收入的人每月发放 500 元救济金. 如果领取者获得工作收入，则首先将其收入的一半用于偿还政府的救济金，直到偿还全部 500 元为止.

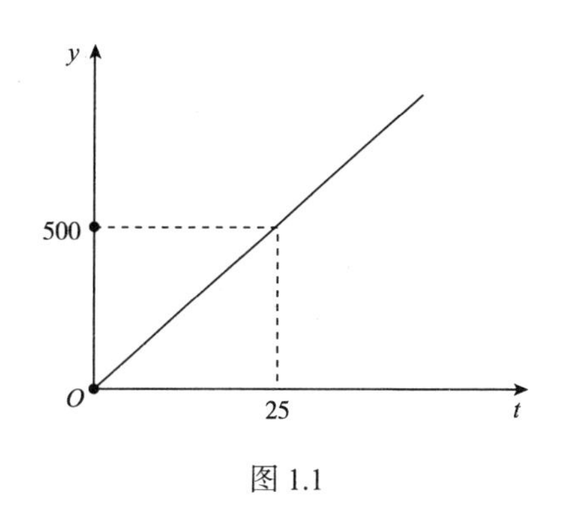

图 1.1

解　设y为月收入，t为工作时间(单位：h).

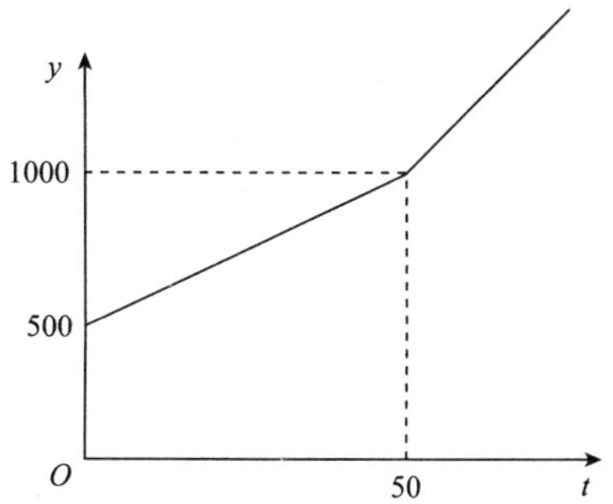

计划一：$y=\begin{cases}500, & t=0,\\ 20t, & t>0,\end{cases}$如图 1.1 所示.

计划二：$y=\begin{cases}500+10t, & t\leqslant 50,\\ 20t, & t>50,\end{cases}$如图 1.2 所示.

图 1.2

计划一的特点是“全部或者没有”，即要么得到全部救济金，要么得不到任何救济金. 身处这个计划的人如果每月工作不到 25 个小时就不如不工作，这可以看成计划对工作的惩罚机制. 从数学角度看，是因为在 $t=0$ 处的值大于函数在 $0<t<25$ 的值.

计划二可以反映出“多劳多得”的公平分配原则，因为收入函数是随工作时间单调增加的，努力工作的结果是在改善工作者经济状况的同时降低了政府援助计划的成本.

例 6 带奖金的工资方案. 假设某产品的销售员的月工资由以下三个部分构成：①基本工资 800 元；②10% 的月销售额提成；③如果月销售额达到 20000 元，则一次性奖励 500 元. 试画出月工资的函数图形，并简单分析.

解 设 y 为月工资，s 为月销售额(单位：元)，则

$$y=\begin{cases}800+0.1s, & s<20000,\\ 1300+0.1s, & s\geqslant 20000,\end{cases}$$

图形如图 1.3 所示.

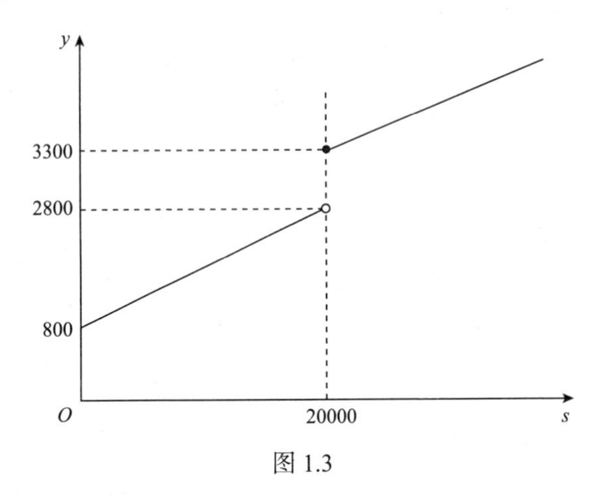

图 1.3

函数在 $s=20000$ 点的左、右极限分别为 2800 和 3300，图形有幅度 500 的向上跳跃. 这意味着如果某人的销售额接近但未达到 20000 元，他将更努力地工作以期获得额外的奖金. 如果销售额远远未达到 20000 元或者已经超过了 20000 元，这种额外的刺激就不复存在了.

典型例题解答 (1) $0.55\times 200=110$；

(2) $0.55\times 210+0.6\times 90=169.5$；

(3) $0.55\times 210+0.6\times 190+0.85\times 100=314.5$；

(4) $y=\begin{cases}0.55x, & 0<x\leqslant 210,\\ 115.5+0.6\times(x-210), & 210<x\leqslant 400,\\ 229.5+0.85(x-400), & x>400.\end{cases}$

习题 1.1

1. 下列各题中所给的两个函数是否相同？为什么？

(1) $y=x$ 和 $y=\sqrt{x^2}$；　(2) $y=x$ 和 $y=\left(\sqrt{x}\right)^2$；

(3) $y=(1-\cos^2 x)^{\frac{1}{2}}$ 和 $y=\sin x$；　(4) $y=\lg x^3$ 和 $y=3\lg x$.

2. 求下列函数的定义域.

(1) $y=\sqrt{3x+4}$；　(2) $y=\sqrt{1-|x|}$；　(3) $y=\dfrac{2}{x^2-3x+2}$；

(4) $y=\sqrt{5-x}+\lg(x-1)$；　(5) $y=\sqrt{2+x}+\dfrac{1}{\lg(1+x)}$；　(6) $y=\arccos\sqrt{2x}$.

3. 设 $f(x)=ax+b, f(0)=-2, f(3)=5$，求 $f(1)$ 和 $f(2)$.

4. 已知 $f(x+1)=x^2+3x+5$，求 $f(x)$.

5. 判断下列函数的奇偶性.

(1) $f(x)=x^4-2x^2+3$；　(2) $g(x)=x^2\cos x$；

(3) $f(x)=\dfrac{1}{2}(\mathrm{e}^x+\mathrm{e}^{-x})$；　(4) $f(x)=\ln\left(x+\sqrt{1+x^2}\right)$.

6. 证明函数 $y=\dfrac{1}{x}$ 在区间$(-1,0)$内单调减少.

7. 将下列各题中的 y 表示为 x 的函数.

(1) $y=\sqrt{u}, u=x^2-1$；　(2) $y=\sqrt{u}, u=1+\sin x$.

8. 指出下列函数的复合过程.

(1) $y=\cos 5x$；　(2) $y=(2-3x)^{\frac{1}{2}}$；

(3) $y=\ln(\sin \mathrm{e}^{x+1})$；　(4) $y=5^{\cot\frac{1}{x}}$；

(5) $y=\sin\sqrt[3]{x^2+1}$；　(6) $y=\lg\arcsin(x+1)$；

(7) $y=\sqrt[3]{\tan^2\left(x+\dfrac{1}{6}\right)}$.

9. 国际航空信件的邮资标准是 10 g 以内邮资 4 元，超过 10 g，超过的部分每克收取 0.3 元，且信件重量不能超过 200 g，试求邮资 y 与信件重量 x 的函数关系式.

10. 用铁皮做一个容积为 V 的圆柱形罐头筒，试将它的表面积表示为底半径的函数，并求其定义域.

11. 火车站收取行李费的规定如下：当行李不超过 50 kg 时，按基本运费计算，每千克收费 0.15 元；当超过 50 kg 时，超重部分按每千克 0.25 元收费，试求运费 y（元）与重量 x(kg) 之间的函数关系式，并作出这个函数的图象.

12. 拟建一个容积为 8000 m^3、深为 8 m 的长方体水池，池底造价比池壁造价贵一倍，假定池底每平方米的造价为 a 元，试将总造价表示成底的一边长的函数，并确定此函数的定义域.

13. 一种商品进价每件 8 元，卖出价每件 10 元时，每天可卖出 120 件，今想提高售价来增加利润，已知价格每件每升高 0.5 元，每天少卖 10 件，求：

(1) 每天这种商品利润 y 与售价 x 之间的函数关系；

(2) 当售价为 12 元时，商家每天获利多少元？

14. 假设政府对年收入的税收政策如下：(1) 25000 元及以下免税；(2) 超过 25000 元的部分征收 40%；(3) 对达到或超过 100000 元的征收一次性附加税 2000 元. 把税后收入写成税前收入的函数，画出函数图形，讨论函数的连续性，并讨论该税收政策对工作的影响.

15. 假设某产品的销售员的月工资构成为 (1) 基本工资 500 元；(2) 当月销售额不超过 20000 元时提成 10%；(3) 当月销售额超过 20000 元时提成 20%. 试画出月工资与销售业绩的函数图形并简单分析 (注：如果销售额远远未达到 20000 元或者已经超过了 20000 元，这种额外的刺激就不复存在了).

1.2 需求函数与供给函数

典型例题 某种商品的需求函数是 $Q=200-5P$，供给函数是 $S=25P-10$，求该商品的市场均衡价格和市场均衡商品量.

初步分析 在实际应用中，通常用一些比较简单的初等函数，如线性函数、幂函数或指数函数近似表示需求函数和供给函数，市场均衡价格和市场均衡商品量则是供给量等于需求量得到的价格和需求量.

预备知识 需求函数与供给函数. 需求是指在一定价格条件下消费者愿意购买并且有支付能力购买的商品量. 如住房、汽车、家用电器等产品需求量，都与价格关系密切. 供给是指在一定价格条件下生产者愿意出售并且有可供出售的商品量. 目前，国家正在进行供给侧改革. 中国人出国旅游狂购马桶盖、奶粉等，国内近几年粗钢供应过剩，粗钢价格接近“白菜价”，而精钢、特钢则需要大量进口.

(1) 需求函数. 若以 P 表示商品价格，Q 表示商品需求量，则 Q 是 P 的函数 $Q=f(P)$，称为需求函数. 一般来说，商品价格低则需求量大，价格高则需求量小，因此需求函数 $Q=f(P)$ 是单调减函数. 单调函数的反函数仍为单调函数，$Q=f(P)$ 的反函数 $P=P(Q)$ 也称为需求函数. 常用的需求函数有如下几种.

线性函数　$Q=b-aP,a>0,b>0$；

反比函数　$Q=\dfrac{k}{P},k>0,P\neq 0$；

幂函数　$Q=kP^{-a},k>0,a>0,P\neq 0$；

指数函数　$Q=a\mathrm{e}^{-bP},a>0,b>0$,

它们都是单调减函数.

(2) 供给函数. 仍以 S 表示供给量，S 也是价格 P 的函数，$S=\varphi(P)$ 称为供给函数. 一般来说，商品价格低，生产者不愿生产，供给少，商品价格高，则供给多，即供给函数 $S=f(P)$ 是单调增函数，其反函数 $P=\psi(S)$ 也称为供给函数. 常用的供给函数有如下几种.

线性函数　$S=aP-b,a>0,b>0$；

幂函数　$S=kP^{\alpha},k>0,\alpha>0$；

指数函数　$S=a\mathrm{e}^{bP},a>0,b>0$,

它们都是单调增函数.

例 1　某电子市场销售某品牌计算机，当单价为 6000 元/台时，每月能销售 100 台；为了进一步吸引消费者，增加销售量，商店将计算机的价格调低为 5500 元/台，这样每月可多销售 20 台，假设需求函数是线性的，求这种计算机的需求函数.

解　设需求函数为 $Q=a-bP$，将已知条件代入，得方程组

$$\begin{cases}a-6000b=100,\\a-5500b=120,\end{cases}$$

解得 $a=340,b=0.04$，所求的需求函数为 $Q=340-0.04P$.

例 2　某种品牌的电视机每台售价为 1000 元时，每月可销售 3000 台；每台售价为 800 元时，每月可多销售 750 台，试求该电视机的线性需求函数.

解　设需求函数为 $y=kx+b$，由题意得

$$\begin{cases}3000 = 1000k + b, \\ 3750 = 800k + b,\end{cases}$$

解得

$$y = -3.75x + 6750 .$$

例 3 当小麦每千克的收购价为 1.2 元时，某粮食收购站每天能收购 8000 千克；如果收购价每千克提高 0.1 元，则收购量每天可增加 2000 千克，求小麦的线性供给函数.

解 设小麦的线性供给函数为$Q = aP - b$，由题意得

$$\begin{cases}8000 = 1.2a - b, \\ 10000 = 1.3a - b,\end{cases}$$

解得$a = 20000, b = 16000$，所求供给函数为$Q = 20000P - 16000$.

例 4 某种商品的需求函数是$Q = 200 - 5P$，供给函数是$S = 25P - 10$，求该商品的市场均衡价格和市场均衡商品量.

解 由供需均衡条件$Q = S$，可得$200 - 5P = 25P - 10$，解得市场均衡价格$P_0 = 7$，市场均衡商品量$Q_0 = 165$.

例 5 假设某商品需求函数$Q_d(P)$和供给函数$Q_s(P)$是价格P的线性函数，其中

$$Q_d(P) = -10P + 1900, \quad Q_s(P) = 20P + 100,$$

求该商品的均衡价格.

解 令$Q_d(P) = Q_s(P)$，即

$$-10P + 1900 = 20P + 100,$$

解出$P = 60$即为均衡价格.

典型例题解答 由供需均衡的条件$Q = S$，可得$25P - 10 = -5P + 200$，因此，均衡价格为$P = 7$，此时$Q = 165$.

习题 1.2

1. 已知某商品的需求函数和供给函数分别为$Q=50-6P$, $S = -46 + 10P$,试求该商品的均衡价格.

2. 当小麦每千克的收购价为 1.4 元时，某粮食收购站每天能收购 8000 千克；如果收购价每

千克提高 0.1 元，则收购量每天可增加 2000 千克，求小麦的线性供给函数.

3. 某种品牌的电视机每台售价为 2000 元时，每月可销售 3000 台；每台售价为 1800 元时，每月可多销售 750 台，试求该电视机的线性需求函数.

1.3　寻找盈亏平衡点

典型例题　某厂生产一种元器件，设计能力为日产 100 件，每日的固定成本为 200 元，每件的平均可变成本为 20 元.

(1) 试求该厂此元器件的日总成本函数及平均成本函数；

(2) 若每件售价 45 元，试写出总收入函数；

(3) 试写出利润函数，并求无盈亏点.

初步分析　“盈亏平衡”，顾名思义就是不亏也不赚，成本与收益保持相平，所以盈亏平衡点处的产量就是“成本=收益”时的产量. 所以问题就转化成为求成本与收益的问题. 我们了解成本与收益的关系及相关知识，可以帮助我们更好地进行类似问题的分析与计算.

预备知识　成本函数、收益函数与利润函数.

1. 成本函数

(1) 成本函数. 生产某种产品需投入设备、原料、劳力等资源，这些资源投入的价格或资源总额称为总成本，以 C 表示. 总成本由固定成本 C_1 和可变成本 C_2 组成，可变成本一般是产量 Q 的函数，故总成本是产量 Q 的函数，称为成本函数，记为

$$C(Q)=C_1+C_2(Q).$$

(2) 平均成本函数. 单位产品的成本称为平均成本，记为 $\overline{C}(Q)$，称为平均成本函数，

$$\overline{C}(Q)=\frac{C(Q)}{Q}=\frac{C_1}{Q}+\frac{C_2(Q)}{Q}.$$

2. 收益函数与利润函数

生产者出售一定数量的产品所得到的全部收入称为总收益，记为 R. 总收益与

产品产量Q和产品的价格P有关，又需求函数$P=P(Q)$，故总收益R也是商品量Q的函数，即

$$R=Q\cdot P(Q)=R(Q).$$

出售单位产品所得到的收益称为平均收益，记为$\overline{R}$，则平均收益函数

$$\overline{R}=\overline{R}(Q)=\frac{R(Q)}{Q}=P(Q),$$

即单位商品的价格.

总收益对产量Q的变化率$R'(Q)$称为边际收益函数.

总利润记为L，则总收益减去总成本即为总利润. 即

$$L=L(Q)=R(Q)-C(Q).$$

3. 盈亏平衡点

盈亏平衡就是既不盈利也不亏损，也就是“收益=成本”(或利润=0). 所以**盈亏平衡点**就是使$R(Q)=C(Q)$(或$L(Q)=0$)时的销售量Q.

例 1 某工厂生产人造钻石，年生产量为x kg，其固定成本为312万元，每生产1 kg人造钻石，可变成本均匀地增加50元，试将总成本$C_{总}$(单位：元)和平均(单位：kg)成本$C_{均}$(单位：元/kg)表示成产量x(单位：kg)的函数.

解 由于总成本=固定成本+可变成本，平均成本=总成本/产量，所以

$$C_{总}=3120000+50x,\quad C_{均}=\frac{3120000+50x}{x}=\frac{3120000}{x}+50.$$

例 2 某工厂生产某种产品的固定成本为30000元，每生产一个单位产品总成本增加100元，求(1)总成本函数；(2)平均成本函数；(3)生产100个单位产品时的总成本和平均成本.

解 (1)总成本函数$C(Q)=30000+100Q$.

(2)平均成本函数$\overline{C}=\frac{30000+100Q}{Q}=\frac{30000}{Q}+100$.

(3) $C(100)=30000+100\times100=40000$ (元)，$\overline{C}(100)=\frac{30000}{100}+100=400$ (元).

例 3 已知某种商品的需求函数为$Q=180-4P$，试求该商品的总收益函数，并求出销售100件商品时的总收益和平均收益.

解　由需求函数得

$$P = 45 - \frac{Q}{4},$$

总收益函数为

$$R(Q) = QP(Q) = Q\left(45 - \frac{Q}{4}\right) = 45Q - \frac{Q^2}{4},\quad R(100) = 45\times 100 - \frac{100^2}{4} = 2000,$$

平均收益函数为

$$\overline{R}(Q) = \frac{R(Q)}{Q} = 45 - \frac{Q}{4},\quad \overline{R}(100) = 45 - \frac{100}{4} = 20.$$

例 4　某工厂每生产Q个单位的某种商品总成本为$C(Q) = 5Q + 200$（元），得到的总收益为$R(Q) = 10Q - 0.001Q^2$（元），求总利润函数，并求产量为1000时的总利润.

解　总利润函数为

$$\begin{aligned} L(Q) = R(Q) - C(Q) &= 10Q - 0.001Q^2 - (5Q + 200) \\ &= 5Q - 0.001Q^2 - 200\ (\text{元}). \end{aligned}$$

$$L(1000) = 5\times 1000 - 0.001\times 1000^2 - 200 = 3800\ (\text{元}).$$

典型例题解答　(1) 日总成本函数$C(Q) = 200 + 20Q(0 < Q \leqslant 100)$．日平均成本函数$\overline{C}(Q) = \dfrac{200 + 20Q}{Q}(0 < Q \leqslant 100)$．

(2) 总收入函数$R(Q) = 45Q(0 \leqslant Q \leqslant 100)$．

(3) 利润函数$L(Q) = 45Q - (200 + 20Q) = 25Q - 200(0 \leqslant Q \leqslant 100)$．

$L(Q) = 45Q - (200 + 20Q) = 25Q - 200 = 0, Q = 8$．无盈亏点为8件.

习题 1.3

1. 设生产某种产品 Q 件时的总成本为$C = 7 + 2Q + Q^2$（万元），若每售出一件该商品的收入是10万元，求生产4件时的总利润和平均利润.

2. (1)求本节例3中经济活动的保本点；(2)若每天至少销售10件商品，为了不亏本，单价应定为多少?

3. 设生产某种产品x件时的总成本为$C(x) = 50 + x + 0.2x^2$（万元），若销售价格为$p = 50 - x$

(x 为需求量)，试写出总利润函数.

1.4 凯恩斯倍数效应

典型例题 假设国民经济中总是把新增收入的 60%用于再消费，求投资倍数.

初步分析 所谓倍数效应(Multiplier Effect)，简要地讲，就是假如一个国家增加一笔投资 ΔI ，那么在国民经济重新达到均衡状态的时候，由此引起的国民收入增加量 ΔY 并不仅限于这笔初始的投资量，而是初始投资量的若干倍，

$$\Delta Y = k\Delta I, \quad k > 1,$$

其中 k 称为投资倍数.

本题涉及数学中的数列极限问题，包括数列的相关运算. 而本题中不断累加，就是一种“无限趋向”的运算，在数学里就是极限运算.

预备知识 数列的极限.

1. 数列极限的定义

前面已经学过数列的概念，现在进一步考察当自变量 n 无限增大时，数列 $x_n = f(n)$ 的变化趋势，先看下面两个数列：

(1) $\frac{1}{2},\frac{1}{4},\frac{1}{8},\frac{1}{16},\cdots,\frac{1}{2^n},\cdots$; (2) $2,\frac{1}{2},\frac{4}{3},\frac{3}{4},\cdots,\frac{n+(-1)^{n-1}}{n},\cdots$.

为清楚起见，把这两个数列的前几项在数轴上表示出来，分别如图 1.4 和图 1.5 所示.

由图 1.4 可以看出，当 n 无限增大时，表示数列 $x_n = \frac{1}{2^n}$ 的点逐渐密集在 $x = 0$ 的右侧，即数列 x_n 无限接近于 0；由图 1.5 可以看出，当 n 无限增大时，表示数列

$x_n = \frac{n+(-1)^{n-1}}{n}$ 的点逐渐密集在 $x = 1$ 的附近，即数列 x_n 无限接近于 1.

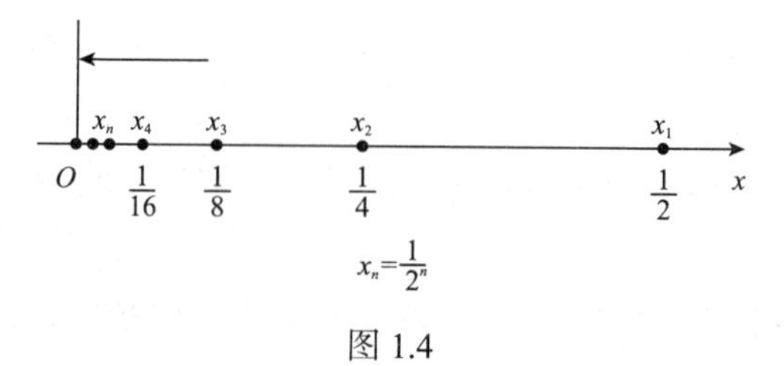

图 1.4

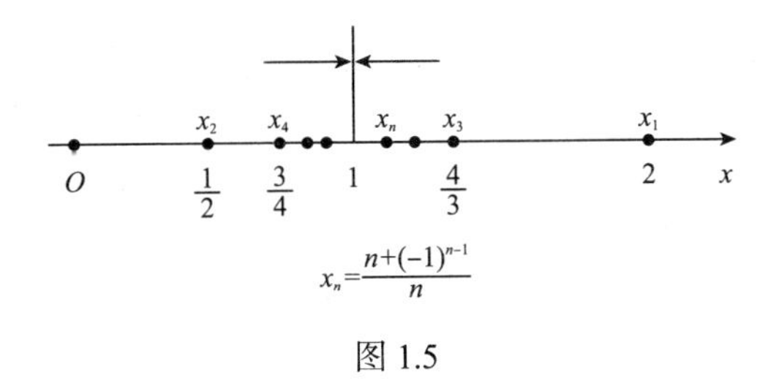

图 1.5

归纳这两个数列的变化趋势，可知当n无限增大时，x_n都分别无限接近于一个确定的常数. 一般地，有如下定义.

定义 6　如果当n无限增大时，数列$\{x_n\}$无限接近于一个确定的常数a，那么a就称为数列$\{x_n\}$当n趋向无穷大时的**极限**，记为

$$\lim_{n\to\infty} x_n = a \text{ 或当 } n\to\infty \text{ 时}, x_n \to a .$$

因此，数列(1)和数列(2)的极限分别记为$\lim\limits_{n\to\infty}\frac{1}{2^n}=0; \lim\limits_{n\to\infty}\frac{n+(-1)^{n-1}}{n}=1$.

例 1　观察下列数列的变化趋势，写出它们的极限.

(1) $x_n=\frac{1}{n}$；　(2) $x_n=2-\frac{1}{n^2}$；　(3) $x_n=(-1)^n\frac{1}{3^n}$；　(4) $x_n=-3$.

解　列表考察这四个数列的前几项，以及当$n\to\infty$时，它们的变化趋势如表 1.3 所示.

表 1.3

n	1	2	3	4	5	…	$\to\infty$
(1) $x_n=\frac{1}{n}$	1	$\frac{1}{2}$	$\frac{1}{3}$	$\frac{1}{4}$	$\frac{1}{5}$	…	$\to 0$
(2) $x_n=2-\frac{1}{n^2}$	$2-\frac{1}{1}$	$2-\frac{1}{4}$	$2-\frac{1}{9}$	$2-\frac{1}{16}$	$2-\frac{1}{25}$	…	$\to 2$
(3) $x_n=(-1)^n\frac{1}{3^n}$	$-\frac{1}{3}$	$\frac{1}{9}$	$-\frac{1}{27}$	$\frac{1}{81}$	$-\frac{1}{243}$	…	$\to 0$
(4) $x_n=-3$	-3	-3	-3	-3	-3	…	$\to -3$

由表 1.3 中各数列的变化趋势，根据数列极限的定义可知：

(1) $\lim\limits_{n\to\infty} x_n = \lim\limits_{n\to\infty} \frac{1}{n} = 0$； (2) $\lim\limits_{n\to\infty} x_n = \lim\limits_{n\to\infty}\left(2-\frac{1}{n^2}\right) = 2$;

(3) $\lim\limits_{n\to\infty} x_n = \lim\limits_{n\to\infty}(-1)^n \frac{1}{3^n} = 0$; (4) $\lim\limits_{n\to\infty} x_n = \lim\limits_{n\to\infty}(-3) = -3$.

注意 并不是任何数列都有极限.

例如，数列 $x_n = 2^n$，当 n 无限增大时，x_n 也无限增大，不能无限接近于一个确定的常数，所以这个数列没有极限.

又如，数列 $x_n = (-1)^{n+1}$，当 n 无限增大时，x_n 在 1 与-1 两个数上来回跳动，不能无限接近于一个确定的常数，所以这个数列也没有极限. 没有极限的数列，也说数列的极限不存在.

2. 数列极限的四则运算

设有数列 x_n 和 y_n ,且 $\lim\limits_{n\to\infty} x_n = a, \lim\limits_{n\to\infty} y_n = b$，则

(1) $\lim\limits_{n\to\infty}(x_n \pm y_n) = \lim\limits_{n\to\infty} x_n \pm \lim\limits_{n\to\infty} y_n = a \pm b$；

(2) $\lim\limits_{n\to\infty}(x_n \cdot y_n) = \lim\limits_{n\to\infty} x_n \cdot \lim\limits_{n\to\infty} y_n = a \cdot b$；

(3) $\lim\limits_{n\to\infty} \frac{x_n}{y_n} = \frac{\lim\limits_{n\to\infty} x_n}{\lim\limits_{n\to\infty} y_n} = \frac{a}{b}(b \neq 0)$.

推论 若 $\lim\limits_{n\to\infty} x_n$ 存在，C 为常数，$k \in \mathbf{N}$，则

(1) $\lim\limits_{n\to\infty}(C \cdot x_n) = C \cdot \lim\limits_{n\to\infty} x_n$; (2) $\lim\limits_{n\to\infty}(x_n)^k = (\lim\limits_{n\to\infty} x_n)^k$.

例 2 已知 $\lim\limits_{n\to\infty} x_n = 5, \lim\limits_{n\to\infty} y_n = 2$，求

(1) $\lim\limits_{n\to\infty}(3x_n)$; (2) $\lim\limits_{n\to\infty} \frac{y_n}{5}$; (3) $\lim\limits_{n\to\infty}\left(3x_n - \frac{y_n}{5}\right)$.

解 (1) $\lim\limits_{n\to\infty}(3x_n) = 3\lim\limits_{n\to\infty} x_n = 3 \times 5 = 15$.

(2) $\lim\limits_{n\to\infty} \frac{y_n}{5} = \frac{1}{5}\lim\limits_{n\to\infty} y_n = \frac{2}{5}$.

(3) $\lim\limits_{n\to\infty}\left(3x_n - \frac{y_n}{5}\right) = \lim\limits_{n\to\infty}(3x_n) - \lim\limits_{n\to\infty} \frac{y_n}{5} = 15 - \frac{2}{5} = 14\frac{3}{5}$.

例 3　求下列各极限.

(1) $\lim\limits_{n\to\infty}\left(4-\dfrac{1}{n}+\dfrac{3}{n^2}\right)$;　　(2) $\lim\limits_{n\to\infty}\dfrac{3n^2-n+1}{1+n^2}$;

(3) $\lim\limits_{n\to\infty}\left(1+\dfrac{1}{2}+\dfrac{1}{4}+\cdots+\dfrac{1}{2^n}\right)$;　　(4) $\lim\limits_{n\to\infty}\left(\sqrt{n+1}-\sqrt{n}\right)$.

解　(1) $\lim\limits_{n\to\infty}\left(4-\dfrac{1}{n}+\dfrac{3}{n^2}\right)=\lim\limits_{n\to\infty}4-\lim\limits_{n\to\infty}\dfrac{1}{n}+3\lim\limits_{n\to\infty}\dfrac{1}{n^2}=4-0+3\times0=4.$

(2) $$\lim_{n\to\infty}\frac{3n^2-n+1}{1+n^2}=\lim_{n\to\infty}\frac{3-\dfrac{1}{n}+\dfrac{1}{n^2}}{\dfrac{1}{n^2}+1}=\frac{\lim\limits_{n\to\infty}3-\lim\limits_{n\to\infty}\dfrac{1}{n}+\lim\limits_{n\to\infty}\dfrac{1}{n^2}}{\lim\limits_{n\to\infty}\dfrac{1}{n^2}+\lim\limits_{n\to\infty}1}=\frac{3-0+0}{0+1}=3.$$

(3) $$\lim_{n\to\infty}\left(1+\frac{1}{2}+\frac{1}{4}+\cdots+\frac{1}{2^n}\right)=\lim_{n\to\infty}\frac{1-\left(\dfrac{1}{2}\right)^n}{1-\dfrac{1}{2}}=2\lim_{n\to\infty}\left(1-\frac{1}{2^n}\right)=2.$$

(4) $$\lim_{n\to\infty}\left(\sqrt{n+1}-\sqrt{n}\right)=\lim_{n\to\infty}\frac{\left(\sqrt{n+1}-\sqrt{n}\right)\left(\sqrt{n+1}+\sqrt{n}\right)}{\sqrt{n+1}+\sqrt{n}}$$

$$=\lim_{n\to\infty}\frac{1}{\sqrt{n+1}+\sqrt{n}}=0.$$

3. 无穷递缩等比数列的求和公式

等比数列 $a_1, a_1q, a_1q^2,\cdots, a_1q^{n-1},\cdots$ 当 $|q|<1$ 时，称为**无穷递缩等比数列**. 现在来求它的前 n 项的和 s_n 当 $n\to\infty$ 时的极限.

因为 $S_n=\dfrac{a_1(1-q^n)}{1-q}$, 所以

$$\lim_{n\to\infty}S_n=\lim_{n\to\infty}\frac{a_1(1-q^n)}{1-q}=\lim_{n\to\infty}\frac{a_1}{1-q}\cdot\lim_{n\to\infty}(1-q^n)=\frac{a_1}{1-q}(\lim_{n\to\infty}1-\lim_{n\to\infty}q^n).$$

因为当 $|q|<1$ 时，$\lim\limits_{n\to\infty}q^n=0$, 所以 $\lim\limits_{n\to\infty}S_n=\dfrac{a_1}{1-q}(1-0)=\dfrac{a_1}{1-q}$.

我们把无穷递缩等比数列前 n 项的和当 $n\to\infty$ 时的极限称为这个无穷递缩等比数列的和，并用符号 S 表示，从而有公式 $S=\dfrac{a_1}{1-q}$. 这个公式称为无穷递缩等比

数列的**求和公式**.

例 4 求数列$\frac{1}{2},\frac{1}{4},\frac{1}{8},\cdots,\frac{1}{2^n},\cdots$各项的和.

解 因为$|q|=\frac{1}{2}<1$，所以它是无穷递缩等比数列，因此有$S=\frac{\frac{1}{2}}{1-\frac{1}{2}}=1$.

例 5 将循环小数$0.\dot{3}$化成分数.

解 $0.\dot{3}=0.333\cdots=0.3+0.03+0.003+\cdots=\frac{3}{10}+\frac{3}{100}+\frac{3}{1000}+\cdots$

$$=\frac{\frac{3}{10}}{1-\frac{1}{10}}=\frac{\frac{3}{10}}{\frac{9}{10}}=\frac{1}{3}.$$

例 6 李先生为了给孩子储备上大学的学费，从一周岁开始每年孩子生日都要去银行存款 1000 元，如果年利率为 4%，按复利计息，那么当孩子 18 周岁上大学的时候本息之和共有多少？

解 孩子18周岁时的本息合计为18个1000元分别存了0到17年，令$r=4\%$，则

$$\begin{aligned}L_{18}&=1000+1000\mathrm{e}^{r}+\cdots+1000\mathrm{e}^{17r}\\&=1000(1+\mathrm{e}^{r}+\cdots+\mathrm{e}^{17r})\\&=1000\frac{\mathrm{e}^{18r}-1}{\mathrm{e}^{r}-1}\\&\approx 25837.1.\end{aligned}$$

典型例题解答 记$b=60\%$. 国家增加一笔投资ΔI，则第一轮导致国民收入增加$\Delta Y_1=\Delta I$，第二轮国民收入增加$\Delta Y_2=b\Delta I$，第三轮导致国民收入增加$\Delta Y_3=b^2\Delta I,\cdots$. 如此继续下去，引起的收入增加合计为

$$\Delta Y=\Delta Y_1+\Delta Y_2+\cdots+\Delta Y_n+\cdots=\Delta I+b\Delta I+\cdots+b^n\Delta I+\cdots$$

$$=\Delta I(1+b+\cdots+b^n+\cdots)=\Delta I\lim_{n\to\infty}\frac{1-b^n}{1-b}=\frac{1}{1-b}\Delta I\quad(0<b<1).$$

所以投资倍数$k=\frac{1}{1-b}=\frac{1}{d}$，其中 b 为边际消费倾向，d 为边际储蓄倾向. $b=60\%$时，$k=2.5$.

习题 1.4

1. 观察下列数列当 $n\to\infty$ 时的变化趋势，写出极限.

(1) $x_n=\dfrac{1}{2^n}$；　(2) $x_n=(-1)^n\dfrac{1}{n}$；　(3) $x_n=2-\dfrac{1}{n^2}$；

(4) $x_n=\dfrac{n-1}{n+1}$；　(5) $x_n=1-\dfrac{1}{5^n}$；　(6) $x_n=-5$；

(7) $x_n=(-1)^n n$；　(8) $x_n=\dfrac{1+(-1)^n}{2}$.

2. 已知 $\lim\limits_{n\to\infty}x_n=\dfrac{1}{2},\lim\limits_{n\to\infty}y_n=-\dfrac{1}{2}$，求下列各极限.

(1) $\lim\limits_{n\to\infty}(2x_n+3y_n)$；　(2) $\lim\limits_{n\to\infty}\dfrac{x_n-y_n}{x_n}$.

3. 求下列各数列的极限.

(1) $\lim\limits_{n\to\infty}\left(3-\dfrac{1}{n^2}\right)$；　(2) $\lim\limits_{n\to\infty}\dfrac{2n-1}{3n}$；　(3) $\lim\limits_{n\to\infty}\dfrac{7n^2+1}{7n^2-3}$；

(4) $\lim\limits_{n\to\infty}\dfrac{-3n^3+n-5}{3+n^3}$；　(5) $\lim\limits_{n\to\infty}\left(3-\dfrac{3}{2^n}+\dfrac{1}{n^2}\right)$；　(6) $\lim\limits_{n\to\infty}\left(1-\dfrac{3}{2^n}\right)\left(6-\dfrac{7}{n}\right)$；

(7) $\lim\limits_{n\to\infty}\dfrac{4n^2+5}{3-2n^2}$；　(8) $\lim\limits_{n\to\infty}\left(\dfrac{n^2-3}{n+1}-n\right)$；　(9) $\lim\limits_{n\to\infty}\dfrac{2^n-1}{1+2^n}$；

(10) $\lim\limits_{n\to\infty}\left(\dfrac{1+2+3+\cdots+n}{n+2}-\dfrac{n}{2}\right)$.

4. 求下列无穷递缩等比数列的和.

(1) $3,1,\dfrac{1}{3},\dfrac{1}{9},\cdots$；　(2) $1,-\dfrac{1}{3},\dfrac{1}{3^2},-\dfrac{1}{3^3},\cdots$；　(3) $1,-x,x^2,-x^3,\cdots(|x|<1)$.

5. 将下列循环小数化成分数(注意总结循环小数化分数的规律)：

(1) $0.\dot{4}$；　(2) $0.4\dot{1}\dot{2}$；　(3) $0.\dot{9}$.

6. 假设国民经济中总是把新增收入的 50%用于再消费，求投资倍数.

1.5　融 资 问 题

典型例题　设年利率为 4%，按连续复利计息. 为了从下一年开始，每年有 30 万元的固定收益，无限期，现在需要投资多少万元？

初步分析 “无限期”而没有涉及具体数值，表示q趋于很大很大的数，这种“无限趋向”的运算，在数学里就是极限运算.

预备知识 极限.

1. 当$x\to\infty$时，函数$f(x)$的极限

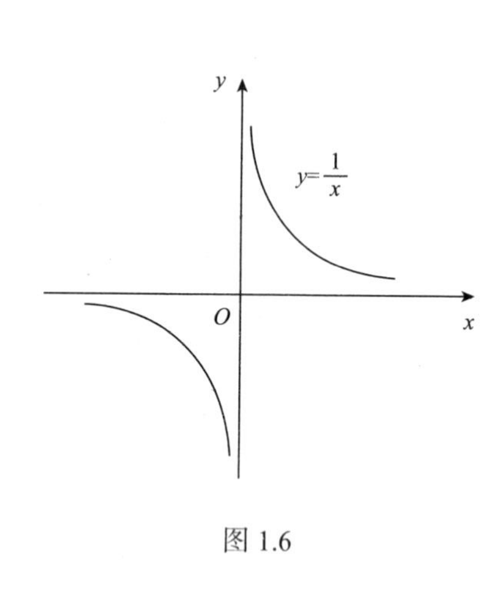

图 1.6

考察当$x\to\infty$时，函数$f(x)=\frac{1}{x}$的变化趋势. 由图1.6可以看出，当x的绝对值无限增大时，$f(x)$的值无限接近于零. 即当$x\to\infty$时，$f(x)\to 0$.

对于这种当$x\to\infty$时，函数$f(x)$的变化趋势，给出下面的定义.

定义 7 如当x的绝对值无限增大(即$x\to\infty$)时，函数$f(x)$无限接近于一个确定的常数A，那么A就称为函数$f(x)$当$x\to\infty$时的**极限**，记为

$$\lim_{x\to\infty} f(x)=A \text{ 或当 } x\to\infty \text{ 时，} f(x)\to A.$$

根据上述定义可知，当$x\to\infty$时，$f(x)=\frac{1}{x}$的极限是0，可记为$\lim\limits_{x\to\infty} f(x)=\lim\limits_{x\to\infty}\frac{1}{x}=0$.

注意 自变量x的绝对值无限增大指的是x既取正值而无限增大(记为$x\to+\infty$)，同时也取负值而绝对值无限增大(记为$x\to-\infty$). 但有时x的变化趋势只能或只需取这两种变化中的一种情形. 下面给出当$x\to+\infty$或$x\to-\infty$时函数极限的定义.

定义 8 如果当$x\to+\infty$(或$x\to-\infty$)时，函数$f(x)$无限接近于一个确定的常数A，那么A就称为函数$f(x)$当$x\to+\infty$(或$x\to-\infty$)时的**极限**，记为

$$\lim_{\substack{x\to+\infty \\ (x\to-\infty)}} f(x)=A \text{ 或当 } x\to+\infty(x\to-\infty) \text{ 时，} f(x)\to A.$$

例如，如图1.7所示，$\lim\limits_{x\to+\infty}\arctan x=\frac{\pi}{2}$及$\lim\limits_{x\to-\infty}\arctan x=-\frac{\pi}{2}$.

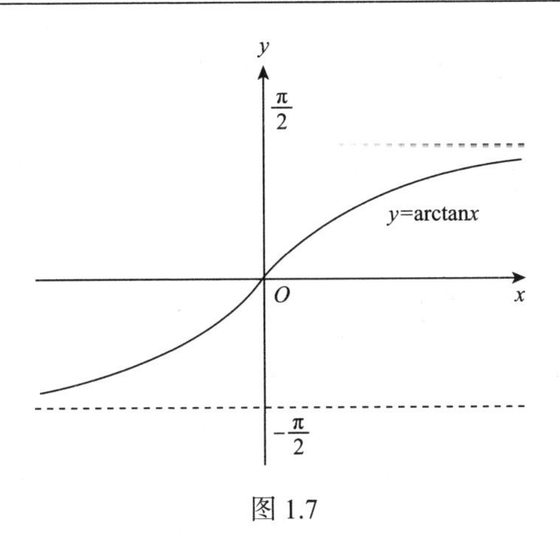

图 1.7

由于当 $x \to +\infty$ 和 $x \to -\infty$ 时，函数 $y = \arctan x$ 不是无限接近于同一个确定的常数，所以 $\lim\limits_{x \to \infty} \arctan x$ 不存在.

一般地，$\lim\limits_{x \to \infty} f(x) = A$ 的充分必要条件是 $\lim\limits_{x \to +\infty} f(x) = \lim\limits_{x \to -\infty} f(x) = A$.

例 1　求 $\lim\limits_{x \to -\infty} \mathrm{e}^x$ 和 $\lim\limits_{x \to +\infty} \mathrm{e}^{-x}$.

解　如图 1.8 所示，可知 $\lim\limits_{x \to -\infty} \mathrm{e}^x = 0$, $\lim\limits_{x \to +\infty} \mathrm{e}^{-x} = 0$.

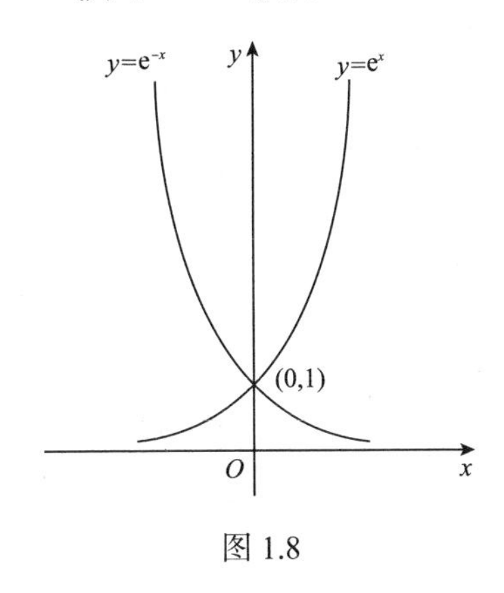

图 1.8

2. 当 $x \to x_0$ 时，函数 $f(x)$ 的极限

定义 9　如果当 x 无限接近于定值 x_0，即 $x \to x_0$（x 可以不等于 x_0）时，函数 $f(x)$ 无限接近于一个确定的常数 A，那么 A 就称为函数 $f(x)$ 当 $x \to x_0$ 时的**极限**，记为

$$\lim_{x \to x_0} f(x) = A \text{ 或当 } x \to x_0 \text{ 时，} f(x) \to A.$$

注意 (1)在上面的定义中，“$x \to x_0$”表示既从 x_0 的左侧同时也从 x_0 的右侧趋近于 x_0；

(2)定义中考虑的是当 $x \to x_0$ 时 $f(x)$ 的变化趋势，并不考虑 $f(x)$ 在点 x_0 是否有定义.

3. 当 $x \to x_0$ 时，$f(x)$ 的左极限与右极限

前面讨论的当 $x \to x_0$ 时函数的极限中，x 既从 x_0 的左侧无限接近于 x_0（记为 $x \to x_0 - 0$ 或 x_0^-），也从 x_0 的右侧无限接近于 x_0（记为 $x \to x_0 + 0$ 或 x_0^+）. 下面再给出当 $x \to x_0^-$ 或 $x \to x_0^+$ 时函数极限的定义.

定义 10 如果当 $x \to x_0^-$ 时，函数 $f(x)$ 无限接近于一个确定的常数 A，那么 A 就称为函数 $f(x)$ 当 $x \to x_0$ 时的**左极限**，记为

$$\lim_{x \to x_0^-} f(x) = A \quad \text{或} \quad f(x_0 - 0) = A.$$

如果当 $x \to x_0^+$ 时，函数 $f(x)$ 无限接近于一个确定的常数 A，那么 A 就称为函数 $f(x)$ 当 $x \to x_0$ 时的**右极限**，记为

$$\lim_{x \to x_0^+} f(x) = A \quad \text{或} \quad f(x_0 + 0) = A.$$

一般地，$\lim\limits_{x \to x_0} f(x) = A$ 的充分必要条件 $\lim\limits_{x \to x_0^-} f(x) = \lim\limits_{x \to x_0^+} f(x) = A$.

例 2 讨论函数 $f(x) = \begin{cases} x-1, & x<0, \\ 0, & x=0, \\ x+1, & x>0 \end{cases}$ 当 $x \to 0$ 时的极限.

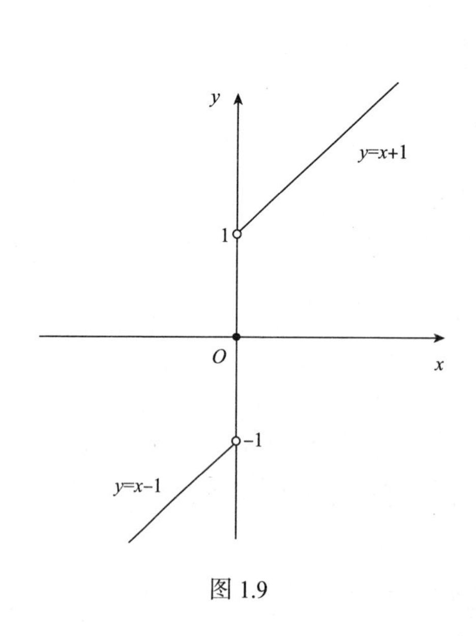

图 1.9

解 作出这个分段函数的图像(图 1.9)，由图可知函数 $f(x)$ 当 $x \to 0$ 时的左极限为

$$\lim_{x \to 0^-} f(x) = \lim_{x \to 0^-} (x-1) = -1,$$

右极限为

$$\lim_{x \to 0^+} f(x) = \lim_{x \to 0^+} (x+1) = 1.$$

因为当 $x \to 0$ 时，函数 $f(x)$ 的左极限与右极限虽各自存在但不相等，所以极限 $\lim\limits_{x \to 0} f(x)$ 不存在.

下面给出函数极限的四则运算法则.

设 $\lim\limits_{x\to x_0} f(x)=A$，$\lim\limits_{x\to x_0} g(x)=B$，则

(1) $\lim\limits_{x\to x_0}[f(x)\pm g(x)]=\lim\limits_{x\to x_0} f(x)\pm \lim\limits_{x\to x_0} g(x)=A\pm B$；

(2) $\lim\limits_{x\to x_0}[f(x)\cdot g(x)]=\lim\limits_{x\to x_0} f(x)\cdot \lim\limits_{x\to x_0} g(x)=A\cdot B$.

特别地，有 $\lim\limits_{x\to x_0} Cf(x)=C\cdot \lim\limits_{x\to x_0} f(x)=CA$（$C$ 为常数）；

$$\lim_{x\to x_0}[f(x)]^n=\left[\lim_{x\to x_0} f(x)\right]^n=A^n \quad (n\text{ 是正整数}).$$

(3) $\lim\limits_{x\to x_0}\dfrac{f(x)}{g(x)}=\dfrac{\lim\limits_{x\to x_0} f(x)}{\lim\limits_{x\to x_0} g(x)}=\dfrac{A}{B}$（$B\neq 0$）.

上述极限运算法则对于 $x_0^-, x_0^+, x\to\infty, x\to+\infty, x\to-\infty$ 的情形也是成立的，而且法则(1)和法则(2)可以推广到有限个有极限的函数的情形.

例 3　求 $\lim\limits_{x\to 1}\dfrac{x^2-2x+5}{x^2+7}$.

解　当 $x\to 1$ 时，分母的极限不为 0，因此应用法则(3)，得

$$\lim_{x\to 1}\frac{x^2-2x+5}{x^2+7}=\frac{\lim\limits_{x\to 1}(x^2-2x+5)}{\lim\limits_{x\to 1}(x^2+7)}=\frac{\lim\limits_{x\to 1}x^2-\lim\limits_{x\to 1}2x+\lim\limits_{x\to 1}5}{\lim\limits_{x\to 1}x^2+\lim\limits_{x\to 1}7}=\frac{1-2+5}{1+7}=\frac{1}{2}.$$

例 4　求 $\lim\limits_{x\to 3}\dfrac{x-3}{x^2-9}$.

解　当 $x\to 3$ 时，分母极限为 0，不能应用法则(3)，在分式中约去极限为零的公因子 $x-3$，所以 $\lim\limits_{x\to 3}\dfrac{x-3}{x^2-9}=\lim\limits_{x\to 3}\dfrac{1}{x+3}=\dfrac{\lim\limits_{x\to 3}1}{\lim\limits_{x\to 3}x+\lim\limits_{x\to 3}3}=\dfrac{1}{6}$.

例 5　求 $\lim\limits_{x\to\infty}\dfrac{3x^3-4x^2+2}{7x^3+5x^2-3}$.

解　先用 x^3 同除分子及分母，然后取极限，得

$$\lim_{x\to\infty}\frac{3x^3-4x^2+2}{7x^3+5x^2-3}=\lim_{x\to\infty}\frac{3-\dfrac{4}{x}+\dfrac{2}{x^3}}{7+\dfrac{5}{x}-\dfrac{3}{x^3}}=\frac{\lim\limits_{x\to\infty}3-\lim\limits_{x\to\infty}\dfrac{4}{x}+\lim\limits_{x\to\infty}\dfrac{2}{x^3}}{\lim\limits_{x\to\infty}7+\lim\limits_{x\to\infty}\dfrac{5}{x}-\lim\limits_{x\to\infty}\dfrac{3}{x^3}}=\frac{3-4\times 0+2\times 0}{7+5\times 0-3\times 0}=\frac{3}{7}.$$

例 6 求 $\lim\limits_{x\to\infty}\dfrac{3x^2-2x-1}{2x^3-x^2+5}$.

解 先用 x^3 同除分子及分母，然后取极限，得

$$\lim_{x\to\infty}\frac{3x^2-2x-1}{2x^3-x^2+5}=\lim_{x\to\infty}\frac{\frac{3}{x}-\frac{2}{x^2}-\frac{1}{x^3}}{2-\frac{1}{x}+\frac{5}{x^3}}=\frac{3\lim\limits_{x\to\infty}\frac{1}{x}-2\lim\limits_{x\to\infty}\frac{1}{x^2}-\lim\limits_{x\to\infty}\frac{1}{x^3}}{\lim\limits_{x\to\infty}2-\lim\limits_{x\to\infty}\frac{1}{x}+5\lim\limits_{x\to\infty}\frac{1}{x^3}}=\frac{0}{2}=0.$$

例 7 求 $\lim\limits_{n\to\infty}\dfrac{1+2+3+\cdots+(n-1)}{n^2}$.

解 因为 $1+2+3+\cdots+(n-1)=\dfrac{n}{2}(n-1)$，所以

$$\lim_{n\to\infty}\frac{1+2+3+\cdots+(n-1)}{n^2}=\lim_{n\to\infty}\frac{\frac{n}{2}(n-1)}{n^2}=\frac{1}{2}\lim_{n\to\infty}\frac{n-1}{n}=\frac{1}{2}\lim_{n\to\infty}\left(1-\frac{1}{n}\right)=\frac{1}{2}.$$

例 8 求 $\lim\limits_{n\to\infty}\dfrac{2^n-1}{4^n+1}$.

解 $$\lim_{n\to\infty}\frac{2^n-1}{4^n+1}=\lim_{n\to\infty}\frac{2^n-1}{2^{2n}+1}=\lim_{n\to\infty}\frac{\frac{2^n-1}{2^{2n}}}{\frac{2^{2n}+1}{2^{2n}}}=\lim_{n\to\infty}\frac{\frac{1}{2^n}-\frac{1}{2^{2n}}}{1+\frac{1}{2^{2n}}}=\frac{\lim\limits_{n\to\infty}\frac{1}{2^n}-\left(\lim\limits_{n\to\infty}\frac{1}{2^n}\right)^2}{1+\left(\lim\limits_{n\to\infty}\frac{1}{2^n}\right)^2}$$

$$=\frac{0}{1}=0.$$

4. 无穷小的定义

定义 11 如果当 $x\to x_0$(或$x\to\infty$) 时，函数 $f(x)$ 的极限为零，那么函数 $f(x)$ 称为当 $x\to x_0$(或$x\to\infty$) 时的**无穷小量**，简称**无穷小**.

例如，因为 $\lim\limits_{x\to 1}(x-1)=0$，所以函数 $x-1$ 是当 $x\to 1$ 时的无穷小. 又如，因为 $\lim\limits_{x\to\infty}\dfrac{1}{x}=0$，所以函数 $\dfrac{1}{x}$ 是当 $x\to\infty$ 时的无穷小.

注意 (1) 说一个函数 $f(x)$ 是无穷小，必须指明自变量 x 的变化趋势，如函数 $x-1$ 是当 $x\to 1$ 时的无穷小，而当 x 趋向其他数值时，$x-1$ 就不是无穷小.

(2) 不要把一个绝对值很小的常数（如 0.00001^{100000} 或 -0.00001^{100000}）说成是无

穷小.

(3) 常数中只有“0”可以看成是无穷小，因为 $\lim\limits_{\substack{x\to x_0\\(x\to\infty)}} 0 = 0$.

5. 无穷小的性质

性质 1　有限个无穷小的代数和是无穷小.

性质 2　有界函数与无穷小的乘积是无穷小.

性质 3　有限个无穷小的乘积是无穷小.

例 9　求 $\lim\limits_{x\to 0} x\sin\dfrac{1}{x}$.

解　因为 $\lim\limits_{x\to 0} x = 0$，所以 x 是当 $x\to 0$ 的无穷小，而 $\left|\sin\dfrac{1}{x}\right| \leqslant 1$, 所以 $\sin\dfrac{1}{x}$ 是有界函数. 由无穷小的性质 2，可知 $\lim\limits_{x\to 0} x\sin\dfrac{1}{x} = 0$.

6. 函数极限与无穷小的关系

下面的定理将说明函数、函数的极限与无穷小三者之间的重要关系.

定理 1　在自变量的同一变化过程 $x\to x_0$(或$x\to\infty$) 中，$\lim f(x) = A$ 的充分必要条件是：$f(x) = A + \alpha$，其中 A 为常数，α 为无穷小.

7. 无穷大的定义

定义 12　如果当 $x\to x_0$(或$x\to\infty$) 时，函数 $f(x)$ 的绝对值无限增大，那么函数 $f(x)$ 称为当 $x\to x_0$(或$x\to\infty$) 时的**无穷大量**，简称**无穷大**.

如果函数 $f(x)$ 当 $x\to x_0$(或$x\to\infty$) 时为无穷大，那么它的极限是不存在的. 但为了描述函数的这种变化趋势，也说“函数的极限是无穷大”，并记为 $\lim\limits_{\substack{x\to x_0\\(x\to\infty)}} f(x) = \infty$.

如果在无穷大的定义中，对于 x_0 左右近旁的 x(或对于绝对值相当大的 x)，对应的函数值都是正的或都是负的，就分别记为

$$\lim_{\substack{x\to x_0\\(x\to\infty)}} f(x) = +\infty,\quad \lim_{\substack{x\to x_0\\(x\to\infty)}} f(x) = -\infty.$$

例如，$\lim\limits_{x\to+\infty} e^x = +\infty$, $\lim\limits_{x\to+0} \ln x = -\infty$.

注意　(1) 说一个函数 $f(x)$ 是无穷大，必须指明自变量的变化趋势，如函数 $\dfrac{1}{x}$

是当 $x\to 0$ 时的无穷大.

(2) 无穷大是变量，不要把绝对值很大的常数（如 $100000000^{1000000}$ 或 $-100000000^{1000000}$）说成是无穷大.

8. 无穷大与无穷小的关系

一般地，无穷大与无穷小之间有以下倒数关系.

在自变量的同一变化过程中，如果 $f(x)$ 为无穷大，则 $\dfrac{1}{f(x)}$ 是无穷小；反之，如果 $f(x)$ 为无穷小，且 $f(x)\neq 0$，则 $\dfrac{1}{f(x)}$ 为无穷大.

利用无穷大与无穷小的关系可以求某些函数的极限.

例 10　求极限 $\lim\limits_{x\to 1}\dfrac{x+4}{x-1}$.

解　当 $x\to 1$ 时，分母的极限为零，所以不能应用极限运算法则(3)，但因为 $\lim\limits_{x\to 1}\dfrac{x-1}{x+4}=0$，所以 $\lim\limits_{x\to 1}\dfrac{x+4}{x-1}=\infty$.

例 11　求 $\lim\limits_{x\to\infty}(x^2-3x+2)$.

解　因为 $\lim\limits_{x\to\infty}x^2$ 和 $\lim\limits_{x\to\infty}3x$ 都不存在，所以不能应用极限的运算法则，但因为 $\lim\limits_{x\to\infty}\dfrac{1}{x^2-3x+2}=\lim\limits_{x\to\infty}\dfrac{\dfrac{1}{x^2}}{1-\dfrac{3}{x}+\dfrac{2}{x^2}}=0$，所以 $\lim\limits_{x\to\infty}(x^2-3x+2)=\infty$.

例 12　求 $\lim\limits_{x\to\infty}\dfrac{2x^3-x^2+5}{x^2+7}$.

解　因为分子及分母的极限都不存在，所以不能应用极限运算法则，但因为

$$\lim_{x\to\infty}\frac{x^2+7}{2x^3-x^2+5}=\lim_{x\to\infty}\frac{\dfrac{x^2+7}{x^3}}{\dfrac{2x^3-x^2+5}{x^3}}=\lim_{x\to\infty}\frac{\dfrac{1}{x}+\dfrac{7}{x^3}}{2-\dfrac{1}{x}+\dfrac{5}{x^3}}=0,$$

所以

$$\lim_{x\to\infty}\frac{2x^3-x^2+5}{x^2+7}=\infty.$$

例 13　求 $\lim\limits_{x\to-2}\left(\dfrac{1}{x+2}-\dfrac{12}{x^3+8}\right)$.

解　因为

$$\frac{1}{x+2}-\frac{12}{x^3+8}=\frac{(x^2-2x+4)-12}{(x+2)(x^2-2x+4)}=\frac{(x+2)(x-4)}{(x+2)(x^2-2x+4)}=\frac{x-4}{x^2-2x+4},$$

所以

$$\lim_{x\to-2}\left(\frac{1}{x+2}-\frac{12}{x^3+8}\right)=\lim_{x\to-2}\frac{x-4}{x^2-2x+4}=\frac{-6}{4+4+4}=-\frac{1}{2}.$$

例 14　求 $\lim\limits_{x\to\infty}\dfrac{x^2+x}{x^3-7}\cos(5x^2+1)$.

解　因为 $\lim\limits_{x\to\infty}\dfrac{x^2+x}{x^3-7}=0$，而 $\left|\cos(5x^2+1)\right|\leqslant 1$ 为有界函数，故

$$\lim_{x\to\infty}\frac{x^2+x}{x^3-7}\cos(5x^2+1)=0.$$

9. 连续性

定义 13　设函数 $y=f(x)$ 在点 x_0 及其近旁有定义，如果函数 $f(x)$ 当 $x\to x_0$ 时的极限存在，且等于它在点 x_0 处的函数值 $f(x_0)$，即若 $\lim\limits_{x\to x_0}f(x)=f(x_0)$，就称为函数在点 x_0 处**连续**，x_0 称为函数 $f(x)$ 的**连续点**.

这个定义指出了函数 $y=f(x)$ 在点 x_0 处连续要满足三个条件：

(1) 函数 $f(x)$ 在点 x_0 及其近旁有定义.

(2) $\lim\limits_{x\to x_0}f(x)$ 存在.

(3) 函数 $f(x)$ 在 $x\to x_0$ 时的极限值等于在点 $x=x_0$ 的函数值，即 $\lim\limits_{x\to x_0}f(x)=f(x_0)$.

例 15　根据定义 13 证明函数 $f(x)=3x^2-1$ 在点 $x=1$ 处连续.

证　(1) 函数 $f(x)=3x^2-1$ 的定义域为 $(-\infty,+\infty)$，故函数在点 $x=1$ 及其近旁有定义，且 $f(1)=2$.

(2) $\lim\limits_{x\to1}f(x)=\lim\limits_{x\to1}(3x^2-1)=2$.

(3) $\lim\limits_{x\to1}f(x)=2=f(1)$.

根据定义 13 可知函数 $f(x)=3x^2-1$ 在点 $x=1$ 处连续.

定理 2 初等函数在其定义区间内都是连续的.

根据函数 $f(x)$ 在点 x_0 处连续的定义，如果 $f(x)$ 是初等函数，且 x_0 是 $f(x)$ 定义区间内的点，那么求 $f(x)$ 当 $x\to x_0$ 时的极限，只要求 $f(x)$ 在点 x_0 的函数值就可以了，即 $\lim\limits_{x\to x_0} f(x)=f(x_0)$.

例 16 求 $\lim\limits_{x\to 0}\sqrt{1-x^2}$.

解 设 $f(x)=\sqrt{1-x^2}$ ，这是一个初等函数，它的定义域是$[-1,1]$，而 $x=0$ 在该区间内，所以

$$\lim_{x\to 0}\sqrt{1-x^2}=f(0)=1.$$

例 17 求 $\lim\limits_{x\to 4}\dfrac{\sqrt{x+5}-3}{x-4}$.

解
$$\lim_{x\to 4}\frac{\sqrt{x+5}-3}{x-4}=\lim_{x\to 4}\frac{\left(\sqrt{x+5}-3\right)\left(\sqrt{x+5}+3\right)}{(x-4)\left(\sqrt{x+5}+3\right)}=\lim_{x\to 4}\frac{1}{\sqrt{x+5}+3}$$
$$=\frac{1}{\sqrt{4+5}+3}=\frac{1}{6}.$$

归纳以上节的例 11、例 12 及例 17，可得以下的一般结论，即当 $a_0\neq 0,b_0\neq 0$ 时有

$$\lim_{x\to\infty}\frac{a_0x^m+a_1x^{m-1}+a_2x^{m-2}+\cdots+a_m}{b_0x^n+b_1x^{n-1}+b_2x^{n-2}+\cdots+b_n}=\begin{cases}\dfrac{a_0}{b_0}, & \text{当}n=m,\\ 0, & \text{当}n>m,\\ \infty, & \text{当}n<m.\end{cases}$$

10. 极限 $\lim\limits_{x\to\infty}\left(1+\dfrac{1}{x}\right)^x=\mathrm{e}$

先列表考察当 $x\to+\infty$ 及 $x\to-\infty$ 时，函数 $\left(1+\dfrac{1}{x}\right)^x$ 的变化趋势，分别如表 1.4 和表 1.5 所示.

表 1.4

x	1	2	5	10	100	1000	10000	100000	$\cdots\to+\infty$
$\left(1+\frac{1}{x}\right)^x$	2	2.25	2.49	2.59	2.705	2.717	2.718	2.718 27	$\cdots$

表 1.5

x	-10	-100	-1000	-10000	-100000	$\cdots\to-\infty$
$\left(1+\frac{1}{x}\right)^x$	2.88	2.732	2.720	2.7183	2.71828	$\cdots$

从表 1.4 和表 1.5 可以看出，当$x\to+\infty$或$x\to-\infty$时，函数$\left(1+\frac{1}{x}\right)^x$的对应值无限地趋近于一个确定的数$2.71828\cdots$.

可以证明，当$x\to+\infty$及$x\to-\infty$时，函数$\left(1+\frac{1}{x}\right)^x$的极限都存在而且相等，我们用 e 表示这个极限值，即

$$\lim_{x\to\infty}\left(1+\frac{1}{x}\right)^x=\mathrm{e}. \tag{1.1}$$

这个数 e 是个无理数，它的值是$\mathrm{e}=2.718281828459045\cdots$.

在式(1.1)中，设$z=\frac{1}{x}$，则当$x\to\infty$时，$z\to0$，于是式(1.1)又可以写成

$$\lim_{z\to0}(1+z)^{\frac{1}{z}}=\mathrm{e}. \tag{1.2}$$

例 18 $\lim\limits_{x\to\infty}\left(1+\frac{2}{x}\right)^x$.

解 先将$1+\frac{2}{x}$写成下列形式$1+\frac{2}{x}=1+\frac{1}{\frac{x}{2}}$，从而

$$\lim_{x\to\infty}\left(1+\frac{2}{x}\right)^{x}=\lim_{x\to\infty}\left(1+\frac{1}{\frac{x}{2}}\right)^{x}=\left[\lim_{x\to\infty}\left(1+\frac{1}{\frac{x}{2}}\right)^{\frac{x}{2}}\right]^{2}=\left[\lim_{\frac{x}{2}\to\infty}\left(1+\frac{1}{\frac{x}{2}}\right)^{\frac{x}{2}}\right]^{2}=\mathrm{e}^{2}.$$

例 19 求极限：(1) $\lim\limits_{x\to\infty}\left(1-\frac{1}{x}\right)^{x}$；(2) $\lim\limits_{x\to 0}(1+\tan x)^{\cot x}$.

解 (1) $\lim\limits_{x\to\infty}\left(1-\frac{1}{x}\right)^{x}=\lim\limits_{x\to\infty}\left(1+\frac{1}{-x}\right)^{x}=\lim\limits_{x\to\infty}\left[\left(1+\frac{1}{-x}\right)^{-x}\right]^{-1}$

$$=\lim_{-x\to\infty}\left[\left(1+\frac{1}{-x}\right)^{-x}\right]^{-1}=\left[\lim_{-x\to\infty}\left(1+\frac{1}{-x}\right)^{-x}\right]^{-1}=\mathrm{e}^{-1}=\frac{1}{\mathrm{e}}.$$

(2) $\lim\limits_{x\to 0}(1+\tan x)^{\cot x}=\lim\limits_{x\to 0}(1+\tan x)^{\frac{1}{\tan x}}=\lim\limits_{\tan x\to 0}(1+\tan x)^{\frac{1}{\tan x}}=\mathrm{e}.$

例 20 (1) $\lim\limits_{x\to 1}x^{\frac{1}{x-1}}$；(2) $\lim\limits_{x\to 0}\left(\frac{1-x}{1+x}\right)^{\frac{1}{x}}$.

解 (1) $\lim\limits_{x\to 1}x^{\frac{1}{x-1}}=\lim\limits_{x\to 1}[1+(x-1)]^{\frac{1}{x-1}}=\mathrm{e}.$

(2) $\lim\limits_{x\to 0}\left(\frac{1-x}{1+x}\right)^{\frac{1}{x}}=\lim\limits_{x\to 0}\frac{(1-x)^{\frac{1}{x}}}{(1+x)^{\frac{1}{x}}}=\frac{\lim\limits_{x\to 0}\left[(1-x)^{-\frac{1}{x}}\right]^{-1}}{\lim\limits_{x\to 0}(1+x)^{\frac{1}{x}}}=\frac{\mathrm{e}^{-1}}{\mathrm{e}}=\frac{1}{\mathrm{e}^{2}}.$

例 21 求极限 $\lim\limits_{x\to\infty}\left(\frac{2x-1}{2x+1}\right)^{x+\frac{1}{2}}$.

解 $\lim\limits_{x\to\infty}\left(\frac{2x-1}{2x+1}\right)^{x+\frac{1}{2}}=\lim\limits_{x\to\infty}\left(1-\frac{2}{2x+1}\right)^{x+\frac{1}{2}}=\lim\limits_{x\to\infty}\left(1+\frac{1}{-\frac{2x+1}{2}}\right)^{x+\frac{1}{2}}$

$$=\lim_{x\to\infty}\left(1+\frac{1}{-x-\frac{1}{2}}\right)^{x+\frac{1}{2}}=\lim_{x\to\infty}\left[\left(1+\frac{1}{-x-\frac{1}{2}}\right)^{-x-\frac{1}{2}}\right]^{-1}$$

$$= \left[\lim_{x \to \infty} \left(1 + \frac{1}{-x - \frac{1}{2}} \right)^{-x-\frac{1}{2}} \right]^{-1} = \left[\lim_{\left(-x-\frac{1}{2}\right) \to \infty} \left(1 + \frac{1}{-x - \frac{1}{2}} \right)^{-x-\frac{1}{2}} \right]^{-1}$$

$$= e^{-1} = \frac{1}{e}.$$

一般地，在自变量 x 的某个变化过程中，如有 $\varphi(x) \to \infty$，那么 $\left(1+\frac{1}{\varphi(x)}\right)^{\varphi(x)}$ 的极限是 e；如果 $\varphi(x) \to 0$，那么 $[1+\varphi(x)]^{\frac{1}{\varphi(x)}}$ 的极限是 e.

我们把 1000 万元资金存入银行，银行把 1000 万元借贷给生产经营者，经营者把1000万元投入生产经营，这些活动都可以称为投资，这1000万元就是本金. 假设经营者利用这 1000 万元通过一年的经营使得资金增值为 1500 万元，给予银行的投资回报是 400 万元，银行给存款人的回报是 50 万元，则 50 万元是本金 1000 万元的存款利息，400 万元是 1000 万元的贷款利息，经营者的利润是 100 万元. 资金这种随着时间进程的延长而增值的能力就是所谓“**资金的时间价值**”，利润和利息是资金的时间价值的基本形式.

$$\text{利率} = \frac{\text{利息}}{\text{本金}} \times 100\%.$$

这里的“一定时间”通常是一年，计算所得的利率是年利率，也称**名义利率**. 但是在实际操作过程中，往往不是一年才计算一次利息. 例如，我国多数银行实际上是按月计息，假设年利率为 12%，则月利率为 1%. 这里的一个月就是计息周期，12 是利息周期数.

利息的计算方法可分为单利计息与复利计息两种. 所谓单利，是指只计算原始本金的利息，而复利，是指以本金与累计利息的和作为下一周期计算的本金. 由于复利计息中已有的利息产生新的利息，故俗称“利滚利”.

复利是计算利息的一种方法. 复利是指不仅对本金计算利息，而且还要计算利息的利息. 也就是说，本期的本金加上利息作为下期计算利息的基数，俗称“利滚利”.

设 A_0 是本金，r 是计息期的利率，A 是本利和，则

第一个计息期末本利和为 $A = A_0(1+r)$；

第二个计息期末本利和为 $A=A_0(1+r)+\left[A_0(1+r)\right]r=A_0(1+r)^2$；

第 t 个计息期末本利和为 $A=A_0(1+r)^t$.

因此，本金为 A_0，计息期利率为 r，计息期数为 t 的本利和为

$$A=A_0(1+r)^t. \tag{1.3}$$

若每期结算 m 次，则此时每期的利率可认为是 $\dfrac{r}{m}$，容易推得 t 期末本利和为

$$A=A_0\left(1+\frac{r}{m}\right)^{mt}. \tag{1.4}$$

若每期结算次数 $m\to\infty$（即每时每刻结算）时，t 期末本利和为

$$A=\lim_{m\to\infty}A_0\left(1+\frac{r}{m}\right)^{mt}=A_0\lim_{m\to\infty}\left[\left(1+\frac{r}{m}\right)^{mt}\right]=A_0\mathrm{e}^{rt},$$

即

$$A=A_0\mathrm{e}^{rt}. \tag{1.5}$$

式(1.3)和式(1.4)称为离散复利公式，式(1.5)称为连续复利公式，其中 A_0 称为现值(或初值)，A 称为终值(或未来值). 显然利用式(1.5)计算的结果比用式(1.3)和式(1.4)计算的结果要大些.

同理，若用 r 表示人口的年平均增长率，A_0 表示原有人口数，$A_0\mathrm{e}^{rt}$ 表示 t 年末的人口数.

例 22 现将 100 元现金投入银行，年利率为 1.98%，分别用离散性和连续性的复利公式计算 10 年末的本利和(不扣利息税).

解 若一年结算一次，10 年末的本利和为

$$A=100(1+0.0198)^{10}\approx 121.66\ (\text{元}).$$

由连续复利公式，10 年末的本利和为

$$A=100\mathrm{e}^{0.0198\times 10}\approx 121.90\ (\text{元}).$$

例 23 某厂 1980 年的产值为 1000 万元，到 2000 年末产值翻两番，利用连续复利公式求出每年的平均增长率.

解 已知 $A=4000$ 万元, $A_0=1000$ 万元, $t=20$，将它们代入公式 $A=A_0\mathrm{e}^{rt}$，得

$$4000 = 1000e^{20r}, \quad e^{20r} = 4, \quad 20r = \ln 4 = 2\ln 2.$$

解得 $r = 6.93\%$，即为所求增长率.

若已知未来值 A，求现值 A_0，称为现值问题. 由式(1.3)和式(1.4)，得离散现值公式为

$$A_0 = A(1+r)^{-t}, \tag{1.6}$$

$$A_0 = A\left(1+\frac{r}{m}\right)^{-mt}. \tag{1.7}$$

连续现值公式为 $A_0 = Ae^{-rt}$.　(1.8)

例 24　设年投资收益率为 9%，按连续复利计算，现投资多少元，10 年末可达 200 万元?

解　由 $A_0 = Ae^{-rt}$, $A = 200$万元, $r = 0.09$，$t = 10$，由此

$$A_0 = 200e^{-0.9} \approx 81.314\,(万元).$$

例 25　设两室一厅商品房价值 100000 元，王某自筹了 40000 元，要购房还需贷款 60000 元，贷款月利率为 1%，条件是每月还一些，25 年内还清，假如还不起，房子归债权人. 问王某具有什么能力才能贷款购房?

分析　起始贷款 60000 元，贷款月利率 $r = 0.01$，贷款 n(月)=25(年)×12(月/年)=300(月)，每月还 x 元，y_n 表示第 n 个月仍欠前债主的钱.

建立模型：

$y_0 = 60000$.

$y_1 = y_0(1+r) - x$.

$y_2 = y_1(1+r) - x = y_0(1+r)^2 - x[(1+r)+1]$.

$y_3 = y_2(1+r) - x = y_0(1+r)^3 - x\left[(1+r)^2 + (1+r) + 1\right]$.

…

$$y_n = y_0(1+r)^n - x\left[(1+r)^{n-1} + (1+r)^{n-2} + \cdots + (1+r) + 1\right]$$

$$= y_0(1+r)^n - \frac{x\left[(1+r)^n - 1\right]}{r}.$$

当贷款还清时，$y_n=0$，可得 $x=\dfrac{y_0r(1+r)^n}{(1+r)^n-1}$.

把 $n=300, r=0.01, y_0=60000$ 代入得 $x\approx 631.93$ (元).

即王某如不具备每月还贷632元的能力，就不能贷款购房.

例 26 某企业获投资50万元，该企业将投资作为抵押品向银行贷款，得到相当于抵押品价值的0.75倍的贷款，该企业将此贷款再进行投资，并将再投资作为抵押品又向银行贷款，仍得到相当于抵押品的0.75倍的贷款，企业又将此贷款再进行投资，这样贷款——投资——再贷款——再投资，如此反复进行扩大再生产.问该企业共可获得投资多少万元?

分析 设企业获得投资本金为 A，贷款额占抵押品价值的百分比为 $r(0<r<1)$，第 n 次投资或再投资(贷款)额为 a_n，n 次投资与再投资的资金总和为 S_n，投资与再投资的资金总和为 S. $a_1=A, a_2=Ar, a_3=Ar^2,\cdots, a_n=Ar^{n-1}$，则

$$S_n=a_1+a_2+a_3+\cdots+a_n=A+Ar+Ar^2+\cdots+Ar^{n-1}=\frac{A(1-r^n)}{1-r}.$$

$$S=\lim_{n\to\infty}S_n=\lim_{n\to\infty}\frac{A(1-r^n)}{1-r}=\frac{A}{1-r}\quad (\lim_{n\to\infty}r^n=0).$$

在本题中，$A=50$ 万元，$r=0.75$，代入上式得 $S=\dfrac{50}{1-0.75}$=200(万元).

习题 1.5

1. 观察并写出下列极限.

(1) $\lim\limits_{x\to\infty}\dfrac{2}{x^3}$；(2) $\lim\limits_{x\to-\infty}3^x$；(3) $\lim\limits_{x\to-\infty}100^x$；

(4) $\lim\limits_{x\to+\infty}\left(\dfrac{1}{2}\right)^x$；(5) $\lim\limits_{x\to+\infty}\left(\dfrac{1}{30}\right)^x$；(6) $\lim\limits_{x\to\infty}\left(2-\dfrac{1}{x^2}\right)$.

2. 观察并写出下列极限.

(1) $\lim\limits_{x\to\frac{\pi}{2}}\cot x$；(2) $\lim\limits_{x\to\frac{\pi}{2}}\sin x$；(3) $\lim\limits_{x\to1}\ln(2-x)$；(4) $\lim\limits_{x\to1}3^{x-1}$；

(5) $\lim\limits_{x\to-3}\dfrac{x^2-9}{x+3}$；(6) $\lim\limits_{x\to2}(2x^2-6)$；(7) $\lim\limits_{x\to\frac{\pi}{4}}\cot x$；(8) $\lim\limits_{x\to3}(x^2-6x+8)$.

3. 设 $f(x)=\begin{cases}x^2, & x>0,\\ x, & x\leqslant 0,\end{cases}$ 画出图像，并求当 $x\to0$ 时 $f(x)$ 的左右极限，从而说明在 $x\to0$ 时，

$f(x)$ 的极限是否存在.

4. 设 $f(x)=\begin{cases}x+1, & x<0,\\ 2^x, & x\geqslant 0,\end{cases}$ 求当 $x\to 0$ 时 $f(x)$ 的左、右极限，并指出当 $x\to 0$ 时极限是否存在.

5. 讨论函数 $f(x)=\begin{cases}2^x, & x<0,\\ 2, & 0\leqslant x<1,\\ -x+3, & x\geqslant 1,\end{cases}$ 当 $x\to 0$ 和 $x\to 1$ 时是否有极限?

6. 证明函数 $f(x)=\begin{cases}x^2+1, & x<1,\\ 1, & x=1,\\ -1, & x>1,\end{cases}$ 当 $x\to 1$ 时极限不存在.

7. 设函数 $f(x)=\begin{cases}x+1, & x\geqslant 1,\\ ax^2, & x<1,\end{cases}$ 当 $x\to 1$ 时极限存在，求常数 a 的值.

8. 求下列各极限.

(1) $\lim\limits_{x\to 1}(2x^2+4x-4)$；　(2) $\lim\limits_{x\to 2}\dfrac{x^2+x-6}{x^2-4}$；　(3) $\lim\limits_{x\to 2}\dfrac{x+2}{x-1}$；

(4) $\lim\limits_{x\to\sqrt{3}}\dfrac{x^2-3}{x^4+x^2+1}$；　(5) $\lim\limits_{x\to -2}\dfrac{x-2}{x^2-1}$；　(6) $\lim\limits_{x\to 0}\left(1-\dfrac{2}{x-3}\right)$；

(7) $\lim\limits_{x\to 1}\dfrac{\sqrt{x}-1}{x-1}$；　(8) $\lim\limits_{x\to 1}\dfrac{x^2-2x+1}{x^2-1}$.

9. 求下列各极限.

(1) $\lim\limits_{x\to\infty}\dfrac{2x^3+3}{4x^3+x-1}$；　(2) $\lim\limits_{x\to\infty}\dfrac{3x^4+2x+1}{x^4+2x^2+5}$；

(3) $\lim\limits_{x\to\infty}\dfrac{2x^3-x^2}{x^5-3x^4+1}$；　(4) $\lim\limits_{x\to\infty}\dfrac{2x^3+3x^2-x}{3x^4+2x^2-5}$.

10. 求下列各极限.

(1) $\lim\limits_{x\to -2}\dfrac{x^2-4}{x+2}$；　(2) $\lim\limits_{x\to 5}\dfrac{x^2-6x+5}{x-5}$；　(3) $\lim\limits_{x\to 4}\dfrac{x^2-6x+8}{x^2-5x+4}$；

(4) $\lim\limits_{x\to 1}\dfrac{x^2-2x+1}{x^3-x}$；　(5) $\lim\limits_{x\to 0}\dfrac{4x^3-2x^2+x}{3x^2+2x}$；　(6) $\lim\limits_{h\to 0}\dfrac{(x+h)^3-x^3}{h}$；

(7) $\lim\limits_{x\to 3}\left(\dfrac{1}{x-3}-\dfrac{6}{x^2-9}\right)$；　(8) $\lim\limits_{x\to 0}\dfrac{\sqrt{1+3x^2}-1}{x^2}$.

11. 求下列各极限.

(1) $\lim\limits_{x\to\infty}\dfrac{2x^2-4x+8}{x^3+2x^2-1}$；　(2) $\lim\limits_{x\to\infty}\dfrac{8x^3-1}{6x^3-5x+1}$；　(3) $\lim\limits_{x\to+\infty}\dfrac{5^{x+1}+2}{5^x+1}$；

(4) $\lim\limits_{n\to\infty}\left(1+\dfrac{1}{3}+\dfrac{1}{9}+\cdots+\dfrac{1}{3^n}\right)$；　(5) $\lim\limits_{n\to\infty}\dfrac{n(n+1)}{(n+2)(n+3)}$；　(6) $\lim\limits_{x\to\infty}\dfrac{x^4+3x^2+5}{(x+2)^5}$.

12. 求下列各极限.

(1) $\lim\limits_{x\to\infty}\left(1+\dfrac{1}{2x}\right)^x$；　(2) $\lim\limits_{x\to\infty}\left(1+\dfrac{1}{x}\right)^{-x}$；　(3) $\lim\limits_{x\to\infty}\left(1+\dfrac{1}{x}\right)^{\frac{x}{3}}$；

(4) $\lim\limits_{x\to0}(1-x)^{\frac{1}{x}}$；　(5) $\lim\limits_{x\to0}(1+2x)^{\frac{1}{x}}$；　(6) $\lim\limits_{x\to0}(1-3x)^{\frac{2}{x}}$；

(7) $\lim\limits_{x\to\infty}\left(\dfrac{1+x}{x}\right)^{2x}$；　(8) $\lim\limits_{x\to\infty}\left(1+\dfrac{4}{x}\right)^{x+4}$；　(9) $\lim\limits_{n\to\infty}\left(1+\dfrac{1}{n+2}\right)^n$.

13. 试完成表 1.6(按连续复利计算).

表 1.6

起初账户资金/元	利息率	翻一番时间/年	5 年后的总量/元
35000	6.2%		
5000			7130.90
	8.4%		11414.71

14. 若按复利计算，200 元钱在 10 年后得到的本利和为 500 元，那么年利率是多少？

15. 某企业计划发行公司债券，若以年利率 8.5%的连续复利计息，发行时每份债券的面值是 500 元，问 5 年后每份债券一次偿还本息是多少元?

16. 一台机器的原价为 26000 元，因逐年变旧，每年价值减少 6%，问 5 年后机器的价值是多少元?

复习题 1

1. 判断题

(1) $f(x)=\sin x$ 与 $g(x)=\sqrt{1-\cos^2 x}$ 是同一函数.　(　　)

(2) $f(x)=x^2$ 是单调函数.　(　　)

(3) 函数 $f(x)=x^3\cos x$ 是奇函数.　(　　)

(4) $y=\sin^2 x$ 由 $y=\sin u$，$u=\sin x$ 复合而成.　(　　)

(5) 零是无穷小量.　(　　)

(6) $f(x)=\dfrac{1}{\sqrt{1-x^2}}$ 的定义域是 $[-1,1]$.　(　　)

(7) $f(x)$ 在 x_0 处无定义，则 $\lim\limits_{x\to x_0} f(x)$ 不存在.　(　　)

(8) $f(x)$ 当 $x\to x_0$ 时有极限，则 $f(x)$ 在 x_0 处一定连续.　(　　)

(9) $f(x)$ 在区间 (a,b) 内连续，则对区间 (a,b) 内的每一点 x_0，当 $x\to x_0$ 时 $f(x)$ 都有极限.

(　　)

(10) 在 (a,b) 内的连续函数 $f(x)$ 一定有最大值和最小值.　(　　)

2. 填空题

(1) 函数 $f(x)=\ln(4x-3)-\arcsin(2x-1)$ 的定义域是________.

(2) 若 $f(x)=\begin{cases} x+1, & x>0, \\ \pi, & x=0, \\ 0, & x<0, \end{cases}$ 则 $f\{f[f(-1)]\}=$________.

(3) 函数 $f(x)=x^2+a$，当 $x\to 2$ 时极限为 1，则 $a=$________.

(4) $\lim\limits_{\varphi(x)\to 0}\dfrac{\sin[2\varphi(x)]}{\varphi(x)}=$________.

(5) 函数 $f(x)=\dfrac{x-3}{x^2-9}$ 的间断点有________个.

(6) 函数 $y=\left(\arcsin\sqrt{x}\right)^2$ 是由________复合而成的复合函数.

(7) $\lim\limits_{x\to 0}\left(x\sin\dfrac{1}{x}+\dfrac{1}{x}\sin x\right)=$________.

(8) $\lim\limits_{x\to\infty}\left(1-\dfrac{1}{x}\right)^{x+1}=$________.

(9) 当 $x\to$________时，$f(x)=\dfrac{1}{(x-1)^2}$ 是无穷大.

(10) $f(x)=\begin{cases} x^2+1, & x\leqslant 0, \\ \cos x, & x>0, \end{cases}$ 则 $\lim\limits_{x\to 0} f(x)=$________.

3. 选择题

(1) 下列各对函数中，为偶函数的是(　　).

A. $f(x)=e^x$　　B. $f(x)=x^3\sin x$　　C. $f(x)=x^3+1$　　D. $f(x)=x^3\cos x$

(2) 下列 y 能成为 x 的复合函数的是(　　).

A. $y=\ln u$，$u=-x^2$　　B. $y=\dfrac{1}{\sqrt{u}}$，$u=2x-x^2-1$

C. $y=\sin u$，$u=-x^2$　　D. $y=\arccos u$，$u=3+x^2$

(3) 若 $\lim\limits_{x\to x_0-0}f(x)=A$，$\lim\limits_{x\to x_0+0}f(x)=A$，则下列说法正确的是（　　）.

A. $f(x_0)=A$　　B. $\lim\limits_{x\to x_0}f(x)=A$

C. $f(x)$ 在点 x_0 有定义　　D. $f(x)$ 在点 x_0 连续

(4) 下列极限值等于 1 的是（　　）.

A. $\lim\limits_{x\to\infty}\dfrac{\sin x}{x}$　　B. $\lim\limits_{x\to 0}\dfrac{\sin 2x}{x}$　　C. $\lim\limits_{x\to 2\pi}\dfrac{\sin x}{x}$　　D. $\lim\limits_{x\to\pi}\dfrac{\sin x}{\pi-x}$

(5) 设 $f(x)=\dfrac{|x|}{x}$，则 $\lim\limits_{x\to 0}f(x)$ 是（　　）.

A. 1　　B. -1　　C. 0　　D. 不存在

(6) 函数 $f(x)=\dfrac{x-2}{x^2-4}$ 在点 $x=2$ 处（　　）.

A. 有定义　　B. 有极限　　C. 没有极限　　D. 连续

(7) 当 $x\to 1$ 时，下列变量中不是无穷小的是（　　）.

A. x^2-1　　B. $\sin(x^2-1)$　　C. e^{x-1}　　D. $\ln x$

(8) 当 $x\to 0$ 时，$\sin\dfrac{1}{x}$（　　）.

A. 极限为零　　B. 极限为无穷大　　C. 有界变量　　D. 无界变量

(9) $\lim\limits_{x\to\infty}\dfrac{x^2-1}{3x^2-2x+1}=$（　　）.

A. $\dfrac{1}{3}$　　B. 3　　C. 0　　D. ∞

(10) $\lim\limits_{n\to\infty}\left(1-\dfrac{4}{n}\right)^{2n}=$（　　）.

A. e^4　　B. e^{-8}　　C. e^{-4}　　D. e^8

4. 求下列各极限.

(1) $\lim\limits_{x\to 2}\dfrac{x^2+2x-4}{x-1}$；　　(2) $\lim\limits_{x\to 5}\dfrac{x^2-7x+10}{x^2-25}$；　　(3) $\lim\limits_{x\to 0}\dfrac{\sqrt{x+4}-2}{\sin 5x}$；

(4) $\lim\limits_{x\to\infty}\dfrac{3x^2+2}{1-4x^3}$；　　(5) $\lim\limits_{x\to 0}\dfrac{\sin^2\sqrt{x}}{x}$；　　(6) $\lim\limits_{x\to 0}\dfrac{\sqrt{1+x^2}-1}{x}$；

(7) $\lim\limits_{x\to 0}\dfrac{\ln(1+3x)}{2x}$；　　(8) $\lim\limits_{x\to 0}\dfrac{\sqrt{1+x}-\sqrt{1-x}}{x}$；　　(9) $\lim\limits_{x\to -1}\dfrac{\sin(x+1)}{2(x+1)}$；

(10) $\lim\limits_{x\to 0}x\sqrt{\left|\sin\dfrac{1}{x^2}\right|}$；　　(11) $\lim\limits_{x\to\infty}\left(\dfrac{2x-1}{2x+1}\right)^x$；　　(12) $\lim\limits_{x\to\infty}\left(1-\dfrac{1}{x}\right)^{kx}$.

5. 设 $f(x)=\begin{cases} 2x+1, & x<0, \\ 0, & x=0, \\ x^2-x+1, & x>0, \end{cases}$ 讨论 $f(x)$ 在 $x=0$ 处是否连续？并写出连续区间.

6. 设 $f(x)=\begin{cases} \left(\dfrac{1-x}{1+x}\right)^{\frac{1}{x}}, & x>0, \\ a, & x=0, \\ \dfrac{\sin kx}{x}, & x<0, \end{cases}$ 若 $f(x)$ 在点 $x=0$ 处连续，求 a 与 k.

7. 一种商品进价每件 8 元，卖出价每件 10 元时，每天可卖出 120 件，今想提高售价来增加利润，已知价格每件每升高 0.5 元，每天少卖 10 件，求

(1) 每天这种商品利润 y 与售价 x 之间的函数关系；

(2) 当售价为 12 元时，商家每天获利多少元？

8. 王先生了解到：某商店对音响进行分期付款销售. 每台售价为 4000 元的音响，如果分 36 个月付款，每月只需付 150 元. 同时来自银行的贷款信息为：5000 元以下的贷款，在 3 年内还清，年利率为15%. 那么，他应该向银行贷款，还是分期付款，以购得这种音响？

9. 某企业计划发行公司债券，若以年利率 8.5%的连续复利计息，发行时每份债券的面值是 500 元，问 5 年后每份债券一次偿还本息是多少元？

10. 一台机器的原价为 26000 元，因逐年变旧，每年价值减少 6%，问 5 年后机器的价值是多少元？

11. 一种商品进价每件 8 元，卖出价每件 10 元时，每天可卖出 120 件，今想提高售价来增加利润，已知价格每件每升高 0.5 元，每天少卖 10 件，求：

(1) 每天这种商品利润 y 与售价 x 之间的函数关系；

(2) 当售价为 12 元时，商家每天获利多少元？

12. 设生产某种产品 x 件时的总成本为 $C(x)=50+x+0.2x^2$ (万元)，若销售价格为 $P=50-x$ (x 为需求量)，试写出总利润函数.

13. 某厂生产一种元器件，设计能力为日产 100 件，每日的固定成本为 200 元，每件的平均可变成本为 20 元.

(1) 试求该厂此元器件的日总成本函数及平均成本函数；

(2) 若每件售价 45 元，试写出总收入函数；

(3) 试写出利润函数，并求无盈亏点.

14. 某商品的成本函数(单位：元)为 $C(Q)=80+5Q$，其中 Q 为该商品的数量.

(1) 如果商品的售价为 15 元/件，该商品的保本点是多少？

(2) 售价为 15 元/件，售出 10 件商品的利润是多少？

(3) 该商品的售价为什么不应定为 4 元/件？

15. 某人存入银行 1000 元，年利率 6%，若按连续复利计算，10 年后的本利和是多少？

第2章　导数、微分及其应用

微积分是在17世纪末由英国物理学家、数学家牛顿和德国数学家莱布尼茨建立起来的. 微积分由微分学和积分学两部分组成. 微分学从20世纪初开始，有了非常广泛的应用，基本概念是导数和微分，核心概念是导数. 导数反映了函数相对于自变量变化而变化的快慢程度，即函数的变化率，它使得人们能够用数学工具描述事物变化的快慢及解决一系列与之相关的问题. 例如，物体运动的速度、国民经济发展的速度、劳动生产率等. 并利用导数研究函数的性态，例如判断函数的单调性和曲线的凹凸性，求函数的极值、最值和函数作图的方法，进一步讨论导数在经济问题中的一些应用. 微分学中另一个基本概念是微分. 微分反映了当自变量有微小改变时，函数变化的线性近似.

2.1　曲线的切线斜率

典型例题　求下列曲线过相应点的切线斜率.

(1) $x^2+y^2=1$ 过 $A\left(\frac{1}{2},\frac{\sqrt{3}}{2}\right)$；

(2) $x^2+y^2=1$ 过 $B(2，2)$；

(3) $\frac{x^2}{9}+\frac{y^2}{4}=1$ 过 $C\left(1,\frac{4}{3}\sqrt{2}\right)$；

(4) $x^2-y^2=1$ 过 $D\left(2,\sqrt{3}\right)$；

(5) $y^2=x$ 过 $E(1，1)$.

初步分析　本例要求圆锥曲线的斜率. 圆的切线斜率，可以用圆的几何意义求. 椭圆、双曲线、抛物线的斜率，高中常用待定系数法，即先设切线方程，再与曲线方程联立方程组，消元得到一元二次方程，相切时判别式等于零. 解题过程非常麻烦. 现在，我们可用导数的几何意义求切线斜率，需要掌握求导的各种方法，包括隐函数求导.

预备知识　导数的概念与求法.

2.1.1　导数的概念

1. 导数的定义

1) 平面曲线的切线及切线的斜率.

平面曲线 Γ 由方程 $y=f(x)$ 表示时(图 2.1)，我们进一步考察曲线切线的斜率.

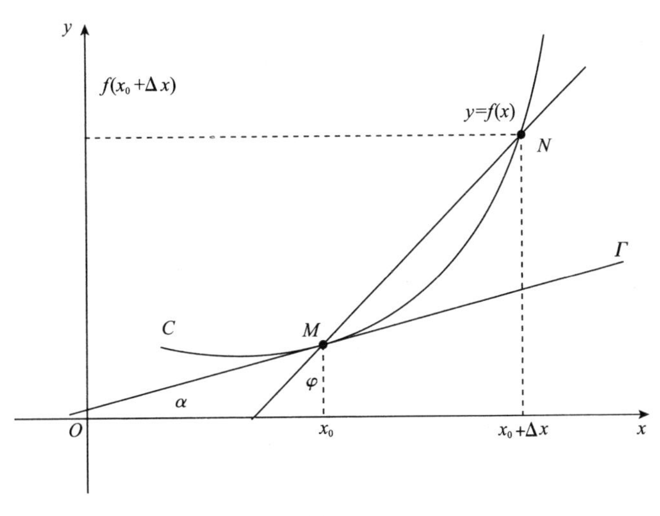

图 2.1

设定点 M 的坐标为 (x_0,y_0) $(y_0=f(x_0))$，动点 N 的坐标为 (x,y)，其中 $x=x_0+\Delta x$，$y=f(x_0+\Delta x)$，则割线 MN 的斜率为

$$\tan\varphi=\frac{\Delta y}{\Delta x}=\frac{f(x_0+\Delta x)-f(x_0)}{\Delta x}.$$

注意到动点 $N\xrightarrow{\text{沿曲线}}$定点 M 等价于 $\Delta x\to 0$，故切线 MT 的斜率为

$$k=\tan\alpha=\lim_{\Delta x\to 0}\frac{\Delta y}{\Delta x}=\lim_{\Delta x\to 0}\frac{f(x_0+\Delta x)-f(x_0)}{\Delta x}.$$

定义 1　设函数 $y=f(x)$ 在点 x_0 及其近旁有定义，如果极限 $\lim\limits_{\Delta x\to 0}\dfrac{f(x_0+\Delta x)-f(x_0)}{\Delta x}$ 存在，则称函数 $y=f(x)$ 在点 x_0 处是可导的，称此极限值为函数 $y=f(x)$ 在点 x_0 处的**导数**，记为 $f'(x_0)$，即

$$f'(x_0) = \lim_{\Delta x \to 0} \frac{\Delta y}{\Delta x} = \lim_{\Delta x \to 0} \frac{f(x_0 + \Delta x) - f(x_0)}{\Delta x}$$

或

$$f'(x_0) = \lim_{x \to 0} \frac{f(x_0 + x) - f(x_0)}{x}.$$

否则，称函数 $y = f(x)$ 在点 x_0 处不可导. 函数 $y = f(x)$ 在点 x_0 处的导数也可记为

$$y'\big|_{x=x_0}, \left.\frac{\mathrm{d}y}{\mathrm{d}x}\right|_{x=x_0} \text{或} \left.\frac{\mathrm{d}}{\mathrm{d}x}f(x)\right|_{x=x_0}.$$

2) 函数在区间内可导

(1) 开区间 (a,b) 内的导数.

如果函数 $y = f(x)$ 在区间 (a,b) 内的每一点都可导，就称函数 $y = f(x)$ 在区间 (a,b) 内可导. 这时，对于 (a,b) 内的每一个 x 值，都有唯一确定的导数值与之对应，这就构成了 x 的一个新的函数，这个新的函数称为函数 $y = f(x)$ 的**导函数**，记为 y'，$f'(x)$，$\frac{\mathrm{d}y}{\mathrm{d}x}$ 或 $\frac{\mathrm{d}}{\mathrm{d}x}f(x)$.

由导函数的定义可知，对于任意 $x \in (a,b)$ 有

$$f'(x) = \lim_{\Delta x \to 0} \frac{\Delta y}{\Delta x} = \lim_{\Delta x \to 0} \frac{f(x + \Delta x) - f(x)}{\Delta x}, \quad x \in (a,b).$$

显然，函数 $y = f(x)$ 在点 x_0 处的导数 $f'(x_0)$ 就是导函数 $f'(x)$ 在点 x_0 处的导数值，即

$$f'(x_0) = f'(x)\big|_{x=x_0}.$$

(2) 闭区间 $[a,b]$ 上的导数.

函数 $y = f(x)$ 在点 x_0 处的导数 $f'(x_0) = \lim\limits_{\Delta x \to 0} \frac{f(x_0 + \Delta x) - f(x_0)}{\Delta x}$ 存在的充要条件是 $\lim\limits_{\Delta x \to 0^-} \frac{f(x_0 + \Delta x) - f(x_0)}{\Delta x} = f'_-(x_0) = f'_+(x_0) = \lim\limits_{\Delta x \to 0^+} \frac{f(x_0 + \Delta x) - f(x_0)}{\Delta x}$. 把 $f'_-(x_0) = \lim\limits_{\Delta x \to 0^-} \frac{f(x_0 + \Delta x) - f(x_0)}{\Delta x}$ 与 $f'_+(x_0) = \lim\limits_{\Delta x \to 0^+} \frac{f(x_0 + \Delta x) - f(x_0)}{\Delta x}$ 分别称为函数 $y = f(x)$ 在点 x_0 处的**左导数**与**右导数**.

如果 $y = f(x)$ 在开区间 (a,b) 内可导，且在端点 a，b 处的右导数 $f'_+(a)$ 与左导数

$f'_{-}(b)$都存在，那么，我们称函数 $y=f(x)$ 在闭区间 $[a,b]$ 上可导.

3) 求导举例

利用定义求导数一般有三个步骤：

(1) 求函数增量 Δy；(2) 作比值 $\dfrac{\Delta y}{\Delta x}$；(3) 求极限 $\lim\limits_{\Delta x\to 0}\dfrac{\Delta y}{\Delta x}$.

例 1　求函数 $y=x^n$ $(n\in\mathbf{N})$ 的导数.

解　(1) 求增量：$\Delta y=f(x+\Delta x)-f(x)=(x+\Delta x)^n-x^n$

$$=\mathrm{C}_n^0x^n+\mathrm{C}_n^1x^{n-1}\Delta x+\mathrm{C}_n^2x^2(\Delta x)^2+\cdots+(\Delta x)^n-x^n$$

$$=\mathrm{C}_n^1x^{n-1}\Delta x+\mathrm{C}_n^2x^2(\Delta x)^2+\cdots+(\Delta x)^n.$$

(2) 算比值：$\dfrac{\Delta y}{\Delta x}=\dfrac{\mathrm{C}_n^1x^{n-1}\Delta x+\mathrm{C}_n^2x^2(\Delta x)^2+\cdots+(\Delta x)^n}{\Delta x}$

$$=\mathrm{C}_n^1x^{n-1}+\mathrm{C}_n^2x^2\Delta x+\cdots+(\Delta x)^{n-1}$$

$$=nx^{n-1}+\mathrm{C}_n^2x^2\Delta x+\cdots+(\Delta x)^{n-1}.$$

(3) 求极限：$y'=\lim\limits_{\Delta x\to 0}\dfrac{\Delta y}{\Delta x}=\lim\limits_{\Delta x\to 0}[nx^{n-1}+\mathrm{C}_n^2x^2\Delta x+\cdots+(\Delta x)]^{n-1}=nx^{n-1}$.

所以

$$(x^n)'=nx^{n-1}.$$

一般地，对于任意非零实数 α，$(x^\alpha)'=\alpha x^{\alpha-1}$（$\alpha\in\mathbf{R}$）.

例 2　已知 $f(x)=x(x-1)(x-2)\cdots(x-99)$，求 $f'(0)$.

解　(1) 求增量：$\Delta y=f(0+x)-f(0)=x(x-1)(x-2)\cdots(x-99)$.

(2) 算比值：$\dfrac{\Delta y}{\Delta x}=(x-1)(x-2)\cdots(x-99)$.

(3) 求极限：$f'(0)=\lim\limits_{x\to 0}\dfrac{\Delta y}{\Delta x}=\lim\limits_{x\to 0}(x-1)(x-2)\cdots(x-99)=-99!$.

2. 导数的几何意义

导数的几何意义为：函数 $y=f(x)$ 在点 x_0 处的导数表示曲线 $y=f(x)$ 在点 $M_0(x_0,y_0)$ 处的切线斜率. 因此，曲线 $y=f(x)$ 在点 $M_0(x_0,y_0)$ 处的切线方程为

$$y-y_0=f'(x_0)(x-x_0).$$

过切点 M_0 且与该切线垂直的直线称为曲线 $y=f(x)$ 在点 M_0 处的法线. 如果 $f'(x_0)\neq 0$，那么相应法线方程为 $y-y_0=-\dfrac{1}{f'(x_0)}(x-x_0)$.

例 3 求曲线 $y=\sqrt{x}$ 在点 $(4,2)$ 处的切线方程和法线方程.

解 因为 $y'=\left(\sqrt{x}\right)'=\dfrac{1}{2\sqrt{x}}$，所求切线的斜率为 $k_1=y'|_{x=4}=\dfrac{1}{2\sqrt{4}}=\dfrac{1}{4}$，法线斜率 $k_2=-\dfrac{1}{k_1}=-4$.

所以所求切线的方程为 $y-2=\dfrac{1}{4}(x-4)$，法线方程为 $y-2=-4(x-4)$.

2.1.2 求导的方法

1. 利用函数和、差、积、商的求导法则和求导公式求导

法则 1 设 $u(x),v(x)$ 在点 x 处可导，则它们的和、差在点 x 处也可导，且

$$[u(x)\pm v(x)]'=u'(x)\pm v'(x).$$

该法则可以推广为

$$\left(u_1\pm u_2\pm\cdots\pm u_n\right)'=u_1'\pm u_2'\pm\cdots\pm u_n'.$$

法则 2 设 $u(x),v(x)$ 在点 x 处可导，则它们的积在点 x 处也可导，且

$$[u(x)\cdot v(x)]'=u'(x)v(x)+u(x)v'(x).$$

$$(uvw)'=u'vw+uv'w+uvw'.$$

特别地

$$[cu(x)]'=cu'(x)\quad（c\text{ 是常数}）.$$

法则 3 设 $u(x),v(x)$ 在点 x 处可导，且 $v(x)\neq 0$，则它们的商在点 x 处也可导，且

$$\left(\frac{u(x)}{v(x)}\right)'=\frac{u'(x)v(x)-u(x)v'(x)}{v^2(x)}.$$

基本初等函数的导数公式如表 2.1.

表 2.1

序　号	基本初等函数的导数公式	序　号	基本初等函数的导数公式
(1)	$C'=0$	(9)	$(a^x)'=a^x\ln a$
(2)	$(x^a)'=ax^{a-1}$	(10)	$(\mathrm{e}^x)'=\mathrm{e}^x$
(3)	$(\sin x)'=\cos x$	(11)	$(\log_a x)'=\dfrac{1}{x\ln a}$
(4)	$(\cos x)'=-\sin x$	(12)	$(\ln\lvert x\rvert)'=\dfrac{1}{x}$（$x\neq 0$）
(5)	$(\tan x)'=\sec^2 x$	(13)	$(\arcsin x)'=\dfrac{1}{\sqrt{1-x^2}}$
(6)	$(\cot x)'=-\csc^2 x$	(14)	$(\arccos x)'=-\dfrac{1}{\sqrt{1-x^2}}$
(7)	$(\sec x)'=\sec x\tan x$	(15)	$(\arctan x)'=\dfrac{1}{1+x^2}$
(8)	$(\csc x)'=-\csc x\cot x$	(16)	$(\mathrm{arc\,cot}\,x)'=-\dfrac{1}{1+x^2}$

例 4　设 $y=\sqrt{x}+\ln x-3$，求 y'.

解　$y'=\left(\sqrt{x}+\ln x-3\right)'=\left(\sqrt{x}\right)'+\left(\ln x\right)'-\left(3\right)'=\dfrac{1}{2\sqrt{x}}+\dfrac{1}{x}=\dfrac{\sqrt{x}+2}{2x}$.

例 5　设 $f(x)=(x^2-2\ln x)\sin x$，求 $f'(x)$.

解　$y'=\left(x^2-2\ln x\right)'\sin x+\left(x^2-2\ln x\right)\left(\sin x\right)'=\left(2x-\dfrac{2}{x}\right)\sin x+\left(x^2-2\ln x\right)\cos x$.

例 6　求正切函数 $y=\tan x$ 的导数.

解

$$y'=\left(\tan x\right)'=\left(\frac{\sin x}{\cos x}\right)'=\frac{\cos x\left(\sin x\right)'-\left(\cos x\right)'\sin x}{\cos^2 x}$$

$$=\frac{\cos^2 x+\sin^2 x}{\cos^2 x}=\frac{1}{\cos^2 x}=\sec^2 x,$$

即

$$\left(\tan x\right)'=\sec^2 x.$$

同样方法可得导数

$$(\cot x)' = -\csc^2 x .$$

例 7 求正割函数 $y = \sec x$ 的导数.

解 $y' = (\sec x)' = \left(\dfrac{1}{\cos x}\right)' = -\dfrac{(\cos x)'}{\cos^2 x} = \dfrac{\sin x}{\cos^2 x} = \sec x \tan x$,

即

$$(\sec x)' = \sec x \tan x .$$

同样方法可得

$$(\csc x)' = -\csc x \cot x .$$

例 8 设 $y = x \sin x \tan x$，求 y'.

解 $y' = (x)' \sin x \tan x + x(\sin x)' \tan x + x \sin x(\tan x)'$

$= \sin x \tan x + x \cos x \tan x + x \sin x \sec^2 x$.

例 9 设 $y = \dfrac{5\sin x}{1+\cos x}$，求 y'.

解 $y' = \left(\dfrac{5\sin x}{1+\cos x}\right)' = \dfrac{(5\sin x)'(1+\cos x) - 5\sin x(1+\cos x)'}{(1+\cos x)^2}$

$= \dfrac{5\cos x(1+\cos x) - 5\sin x(-\sin x)}{(1+\cos x)^2} = \dfrac{5\cos x + 5(\cos^2 x + \sin^2 x)}{(1+\cos x)^2}$

$= \dfrac{5(1+\cos x)}{(1+\cos x)^2} = \dfrac{5}{1+\cos x}$.

2. 反函数求导

定理 1 在区间 I 内严格单调的可导函数 $x = \varphi(y)$，如果 $\varphi(y)' \neq 0$，则由 $x = \varphi(y)$ 得到的函数 $y = f(x)$ 在对应区间内可导，且有

$$f'(x) = \frac{1}{\varphi'(y)} \text{ 或 } \frac{\mathrm{d}y}{\mathrm{d}x} = \frac{1}{\dfrac{\mathrm{d}x}{\mathrm{d}y}} .$$

简言之，反函数的导数等于直接函数的导数的倒数.

例 10　求反正弦函数 $y=\arcsin x$ $(-1<x<1)$ 的导数.

解　由函数 $y=\arcsin x$，得到 $x=\sin y$ $\left(-\frac{\pi}{2}<y<\frac{\pi}{2}\right)$ 严格单调、可导，所以

$$\frac{\mathrm{d}y}{\mathrm{d}x}=\frac{1}{\frac{\mathrm{d}x}{\mathrm{d}y}}=\frac{1}{(\sin y)'}=\frac{1}{\cos y}=\frac{1}{\sqrt{1-\sin^2 y}}=\frac{1}{\sqrt{1-x^2}},$$

即

$$(\arcsin x)'=\frac{1}{\sqrt{1-x^2}}.$$

用类似的方法可得下列公式：

$$(\arccos x)'=-\frac{1}{\sqrt{1-x^2}},\quad (\arctan x)'=\frac{1}{1+x^2},\quad (\operatorname{arc}\cot x)'=-\frac{1}{1+x^2}.$$

3. 复合函数求导

法则 4　设函数 $u=\varphi(x)$ 在点 x 处可导，函数 $y=f(u)$ 在点 u 处可导，则复合函数 $y=f[\varphi(x)]$ 在点 x 处可导，且 $\frac{\mathrm{d}y}{\mathrm{d}x}=\frac{\mathrm{d}y}{\mathrm{d}u}\cdot\frac{\mathrm{d}u}{\mathrm{d}x}=f'(u)\cdot\varphi'(x)=f'[\varphi(x)]\cdot\varphi'(x)$ 或记为 $y'_x=y'_u\cdot u'_x$.

该式称为复合函数的**链式求导法则**. 该法则表明：函数 y 对自变量 x 的导数等于 y 对内层(中间变量 u)的导数乘以内层(中间变量 u)对自变量 x 的导数.

例 11　$y=\ln\tan x$，求 $\frac{\mathrm{d}y}{\mathrm{d}x}$.

解　复合函数 $y=\ln\tan x$ 的外层，可以看成是关于内层(中间变量 $u=\tan x$)的对数函数 $y=\ln u$；复合函数的求导法则 $\frac{\mathrm{d}y}{\mathrm{d}x}=\frac{\mathrm{d}y}{\mathrm{d}u}\cdot\frac{\mathrm{d}u}{\mathrm{d}x}$ 可以理解为 y 对自变量的导数等于 y 对内层的导数乘以内层对自变量的导数. 则

$$\frac{\mathrm{d}y}{\mathrm{d}x}=\frac{\mathrm{d}y}{\mathrm{d}u}\cdot\frac{\mathrm{d}u}{\mathrm{d}x}=\frac{1}{\tan x}\cdot(\tan x)'=\frac{1}{\tan x}\cdot\sec^2 x=\frac{1}{\sin x\cos x}=\frac{2}{\sin 2x}.$$

例 12　$y=\tan^3(\ln x)$.

解　函数 $y=\tan^3(\ln x)$ 的外层是幂函数 $y=u^3$，内层是 $u=\tan(\ln x)$，y 对内层的

导数$\frac{\mathrm{d}y}{\mathrm{d}u}=3u^2=3\tan^2(\ln x)$，内层对自变量的导数$\frac{\mathrm{d}u}{\mathrm{d}x}=[\tan(\ln x)]'$；对于$\tan(\ln x)$求导时，再分外层和内层，如此层层推进. 于是

$$\frac{\mathrm{d}y}{\mathrm{d}x}=\frac{\mathrm{d}y}{\mathrm{d}u}\cdot\frac{\mathrm{d}u}{\mathrm{d}x}=3\tan^2(\ln x)\left[\tan(\ln x)\right]'=3\tan^2(\ln x)\sec^2(\ln x)(\ln x)'$$

$$=3\tan^2(\ln x)\sec^2(\ln x)\frac{1}{x}=\frac{3}{x}\tan^2(\ln x)\sec^2(\ln x).$$

注意 复合函数的求导，关键是分清外层和内层，利用链式法则层层推进. 我们有口诀："分清内外，层层推进".

例 13 求$y=\tan^2\frac{x}{2}$的导数.

解 $\frac{\mathrm{d}y}{\mathrm{d}x}=2\tan\frac{x}{2}\left(\tan\frac{x}{2}\right)'=2\tan\frac{x}{2}\sec^2\left(\frac{x}{2}\right)\left(\frac{x}{2}\right)'=\tan\frac{x}{2}\sec^2\left(\frac{x}{2}\right).$

例 14 求函数$y=\ln\sqrt{\frac{1+x}{1-x}}$的导数.

解 因为$y=\ln\sqrt{\frac{1+x}{1-x}}=\frac{1}{2}[\ln(1+x)-\ln(1-x)]$，

所以 $y'=\frac{1}{2}\left[\frac{1}{1+x}(1+x)'-\frac{1}{1-x}(1-x)'\right]=\frac{1}{2}\left(\frac{1}{1+x}-\frac{-1}{1-x}\right)=\frac{1}{1-x^2}.$

例 15 求函数$y=\mathrm{e}^{\sin\frac{1}{x}}$的导数.

解 $y'=\mathrm{e}^{\sin\frac{1}{x}}\left(\sin\frac{1}{x}\right)'=\mathrm{e}^{\sin\frac{1}{x}}\cos\frac{1}{x}\left(\frac{1}{x}\right)'=-\frac{1}{x^2}\mathrm{e}^{\sin\frac{1}{x}}\cos\frac{1}{x}.$

例 16 求下列函数的导数.

(1) $y=\sin^2(2-3x)$； (2) $y=\log_3\cos\sqrt{x^2+1}.$

解 (1) $y'=2\sin(2-3x)\cos(2-3x)(-3)=-3\sin(4-6x).$

(2) $y'=\frac{1}{\cos\sqrt{x^2+1}\cdot\ln 3}\left(-\sin\sqrt{x^2+1}\right)\cdot\frac{2x}{2\sqrt{x^2+1}}=-\frac{x}{\ln 3\sqrt{x^2+1}}\tan\sqrt{x^2+1}.$

4. 隐函数求导

我们以前所遇到的函数大多是一个变量明显是另一个变量的函数，形如

$y=f(x)$，称为显函数. 如果一个函数的自变量 x 和变量 y 之间的对应关系是由一个二元方程所确定的，那么这样的函数称为隐函数. 如方程 $x^3-2y+1=0$，$x+y-e^y=0$ 都是隐函数，前者能化成显函数，而后者不能.

隐函数的求导法则：方程两边对 x 求导，变量 y 是 x 的函数，y 视为中间变量，运用求导法则(和、差、积、商及复合函数的导数)求导，然后解出 y'.

注意　隐函数求导的本质是利用复合函数求导法则.

例 17　求隐函数 $x+y-e^y=0$ 的导数.

解　方程两边对 x 求导

$$1+y'-e^y\cdot y'=0,$$

解得

$$y'=\frac{1}{e^y-1}.$$

例 18　设 $y=x\ln y$，求 y'.

解　方程两边同时对 x 求导，得

$$y'=\ln y+x\cdot\frac{1}{y}\cdot y',$$

所以

$$\left(1-\frac{x}{y}\right)y'=\ln y,$$

故

$$y'=\frac{y\ln y}{y-x}.$$

注意　有时，一些显函数不易直接求导，化成隐函数求导是比较方便的. 如幂指函数 $y=u^v$ (其中 $u=u(x),v=v(x)$ 都是 x 的函数，且 $u>0$)；又如，由多次乘除运算与乘方、开方运算得到的函数. 对这样的函数求导，可先对等式两边取对数，化成隐函数的形式，再用隐函数的求导方法求导数，这种求导方法称为**对数求导法**.

例 19　求导数

(1) $y=x^x$ ($x>0$)；　　　(2) $y^x=x^y$.

解　(1) **方法 1**　两边取对数 $\ln y=x\ln x$，两边对 x 求导

$$\frac{1}{y}\cdot y' = \ln x + 1\,; \qquad y' = y(1+\ln x) = x^x(1+\ln x)\,.$$

方法 2 我们可以用对数恒等式把函数作恒等变形

$$y' = (x^x)' = (\mathrm{e}^{x\ln x})' = \mathrm{e}^{x\ln x}\cdot(x\ln x)' = x^x\cdot\left(1\cdot\ln x + x\cdot\frac{1}{x}\right) = x^x(1+\ln x)\,.$$

(2) 等式两边取对数，得

$$x\ln y = y\ln x,$$

两边同时对 x 求导，得

$$\ln y + \frac{x}{y}y' = y'\left(\frac{x}{y} - \ln x\right) = \frac{y}{x} - \ln y\,,$$

解得

$$y' = \frac{\dfrac{y}{x} - \ln y}{\dfrac{x}{y} - \ln x} = \frac{y^2 - xy\ln y}{x^2 - xy\ln x}.$$

例 20 求 $y = \sqrt{\dfrac{(x-4)(x-3)}{(x-2)(x-1)}}$ 的导数.

解 先两边取对数 $\ln y = \dfrac{1}{2}[\ln(x-4) + \ln(x-3) - \ln(x-2) - \ln(x-1)]$，然后方程两边对 x 求导

$$\frac{1}{y}\cdot y' = \frac{1}{2}\left(\frac{1}{x-4} + \frac{1}{x-3} - \frac{1}{x-2} - \frac{1}{x-1}\right),$$

解得

$$y' = \frac{1}{2}\sqrt{\frac{(x-4)(x-3)}{(x-2)(x-1)}}\left(\frac{1}{x-4} + \frac{1}{x-3} - \frac{1}{x-2} - \frac{1}{x-1}\right).$$

5. 参数方程所确定的函数求导

对于平面曲线的描述，除了已经介绍的显函数 $y = f(x)$ 和隐函数 $F(x,y) = 0$，还可以用曲线的参数方程. 例如，参数方程 $\begin{cases} x = a\cos\theta, \\ y = a\sin\theta \end{cases}$ $(0 \leqslant \theta \leqslant 2\pi)$ 表示中心在原

点，半径为 a 的圆.

般地，如果参数方程 $\begin{cases} x=\varphi(t), \\ y=\psi(t) \end{cases}$ $(t\subset T)$ 确定 y 与 x 之间的函数关系，则称此函数关系所表达的函数为该参数方程所确定的函数.

当 $x=\varphi(t)$，$y=\psi(t)$ 可导，且 $\varphi(t)\neq 0$ 时，$x=\varphi(t)$ 有反函数 $t=\varphi^{-1}(x)$，代入 y 中得 $y=\psi(\varphi^{-1}(x))$ 为 x 的复合函数，视 t 为中间变量，利用复合函数和反函数的求导法则，有 $\dfrac{\mathrm{d}y}{\mathrm{d}x}=\dfrac{\mathrm{d}y}{\mathrm{d}t}\cdot\dfrac{\mathrm{d}t}{\mathrm{d}x}=\dfrac{\mathrm{d}y/\mathrm{d}t}{\mathrm{d}x/\mathrm{d}t}=\dfrac{\psi'(x)}{\varphi'(x)}$，这就是由参数方程所确定的函数的导数.

例 21　求由参数方程 $\begin{cases} x=a(t-\sin t), \\ y=a(1-\cos t) \end{cases}$ 确定的函数 $y=f(x)$ 的导数 $\dfrac{\mathrm{d}y}{\mathrm{d}x}$.

解　$\dfrac{\mathrm{d}y}{\mathrm{d}x}=\dfrac{\mathrm{d}y/\mathrm{d}t}{\mathrm{d}x/\mathrm{d}t}=\dfrac{[a(1-\cos t)]'}{[a(t-\sin t)]'}=\dfrac{a\sin t}{a(1-\cos t)}=\dfrac{\sin t}{1-\cos t}$.

2.1.3　初等函数求导方法总结

前面给出了所有基本初等函数的导数公式，函数的和、差、积、商的求导法则、复合函数的求导法则，至此，我们完全解决了任意初等函数的求导问题. 为便于查阅，见表 2.2.

表 2.2

序　号	求导法则
(1)	$[u(x)\pm v(x)]'=u'(x)\pm v'(x)$
(2)	$[u(x)v(x)]'=u'(x)v(x)+u(x)v'(x)$
(3)	$[Cu(x)]'=C[u(x)]'$
(4)	$\left[\dfrac{u(x)}{v(x)}\right]'=\dfrac{u'(x)v(x)-u(x)v'(x)}{v^2(x)}$
(5)	设 $y=f(u)$，$u=\varphi(x)$，则复合函数 $y=f[\varphi(x)]$ 的求导法则为 $\dfrac{\mathrm{d}y}{\mathrm{d}x}=\dfrac{\mathrm{d}y}{\mathrm{d}u}\cdot\dfrac{\mathrm{d}u}{\mathrm{d}x}$
(6)	反函数的求导法：设 $y=f(x)$ 是 $x=\varphi(y)$ 的反函数，则 $f'(x)=\dfrac{1}{\varphi'(y)}(\varphi'(y)\neq 0)$ 或 $\dfrac{\mathrm{d}y}{\mathrm{d}x}=\dfrac{1}{\dfrac{\mathrm{d}x}{\mathrm{d}y}}\left(\dfrac{\mathrm{d}x}{\mathrm{d}y}\neq 0\right)$

续表

序　号	求导法则
(7)	隐函数的导数：方程两边同时对自变量求导，y 视为中间变量，是 x 的函数
(8)	取对数法：由多次乘除运算与乘方、开方运算得到的函数的导数，可利用取对数法，化为隐函数求导
(9)	幂函数的导数求法有两种方法：①取对数法；②利用对数恒等式变形求导

典型例题解答　(1)记圆心为 O，切线为 l，$k_{OA}=\sqrt{3}$．因为 $OA\perp l$，所以 $k_{OA}\cdot k_l=-1$，所以 $k_l=-\dfrac{\sqrt{3}}{3}$．

(2)设切线为 $y-2=k(x-2)$．$d=\dfrac{|k\times 0-0+2-2k|}{\sqrt{k^2+1}}=1$，解得 $k=\dfrac{4\pm\sqrt{7}}{3}$．

(3)因为 $\dfrac{x^2}{9}+\dfrac{y^2}{4}=1$，方程两边求导得 $\dfrac{2x}{9}+\dfrac{2y}{4}y'=0$．

$$k_l=y'\bigg|_{\substack{x=1\\ y=\frac{4\sqrt{2}}{3}}}=-\frac{4x}{9y}\bigg|_{\substack{x=1\\ y=\frac{4\sqrt{2}}{3}}}=-\frac{\sqrt{2}}{6}.$$

(4)因为 $x^2-y^2=1$，方程两边求导得 $2x-2yy'=0$．

$$k_l=y'\bigg|_{\substack{x=2\\ y=\sqrt{3}}}=\frac{x}{y}\bigg|_{\substack{x=2\\ y=\sqrt{3}}}=\frac{2\sqrt{3}}{3}.$$

(5)因为 $y^2=x$，方程两边求导得 $2yy'=1$．

$$k_l=y'\bigg|_{\substack{x=1\\ y=1}}=\frac{1}{2y}\bigg|_{\substack{x=1\\ y=1}}=\frac{1}{2}.$$

习题 2.1

1. 什么是函数 $f(x)$ 在 $(x,x+\Delta x)$ 上的平均变化率？什么是函数 $f(x)$ 在点 x 处的变化率？

2. 已知函数 $f(x)=5-3x$，根据导数的定义求 $f'(x),f'(5)$．

3. 用导数公式，求下列函数的导数：

(1) $y = x^3\sqrt[3]{x^2}$；　(2) $y = \frac{x\sqrt[3]{x^2}}{\sqrt{x}}$；　(3) $y = \ln 4x$；　(4) $y = 2\sin\frac{x}{x}\cos\frac{x}{2}$.

4. 求函数 $y = x^3$ 在点 $(2, 8)$ 处的切线斜率，并问在曲线上哪一点的切线平行于直线 $y = 3x - 1$？

5. 求曲线 $y = \ln x$ 在点 $x = \mathrm{e}$ 处的切线方程和法线方程.

6. 求曲线 $y = \sin x$ 在 $x = \frac{\pi}{3}$ 处的切线方程和法线方程.

7. 若曲线 $y = \ln ax (a > 0)$ 与曲线 $y = x^2$ 相切，求常数 a 的值.

2.2　洛必达法则

洛必达(L'Hospital,1661—1704)，法国数学家. 他很早就显示出其数学才能，15 岁时解决了帕斯卡所提出的一个摆线难题，他还成功的解答过他的老师约翰·伯努利提出的"最速降线"问题. 他是法国科学院院士. 他的最大的功绩是撰写了世界上第一本系统的微积分教程——《用于理解曲线的无穷小分析》. 由于他豁达大度，并与当时欧洲各国主要数学家都有交往，从而成为全欧洲转播微积分的著名人物.

典型例题　求 $\lim\limits_{x\to 0^+}(\cot x)^{\frac{1}{\ln x}}$ (∞^0).

初步分析　洛必达法则主要是解决"$\frac{0}{0}$"型、"$\frac{\infty}{\infty}$"型以及可转化为这两种类型的函数极限，如"$\infty - \infty$""$0\cdot\infty$""1^∞""0^0""∞^0"等类型的极限，洛必达法则是求极限的一种有效方法，既简单又实用.

预备知识　洛必达法则及其应用.

2.2.1　未定式的洛必达法则

1. "$\frac{0}{0}$"型、"$\frac{\infty}{\infty}$"型的洛必达法则

若 $f(x), g(x)$ 满足下列条件：

(1) $\lim\limits_{x\to\Delta} f(x) = \lim\limits_{x\to\Delta} g(x) = 0$ 或 (∞), Δ 表示 x_0, x_0^-, x_0^+ 或 $\infty, +\infty, -\infty$；

(2) $f(x), g(x)$ 在 Δ 某邻域内(或 $|x|$ 充分大时)可导，且 $g'(x) \neq 0$；

(3) $\lim\limits_{x\to\Delta}\dfrac{f'(x)}{g'(x)}=A$ 或 (∞)；则 $\lim\limits_{x\to\Delta}\dfrac{f(x)}{g(x)}\overset{\left(\frac{0}{0}\right)}{\underset{\left(\frac{\infty}{\infty}\right)}{=}}\lim\limits_{x\to\Delta}\dfrac{f'(x)}{g'(x)}=A$ 或 (∞).

2. 使用洛必达法则求“$\dfrac{0}{0}$”型、“$\dfrac{\infty}{\infty}$”型极限需注意

(1)使用洛必达法则之前，应该先检验分子、分母是否均为 0 或均为 ∞.

(2)使用一次洛必达法则之后，需进行化简；若算式仍是未定式，且仍符合洛必达法则的条件，可以继续使用洛必达法则.

(3)如果“$\dfrac{0}{0}$”型和“$\dfrac{\infty}{\infty}$”型极限中含有非零因子，则可以对该非零因子单独求极限(不必参与洛必达法则运算)，以简化运算.

(4)使用一次洛必达法则求极限时，如果能结合运用以前的知识(进行等价无穷小代换或恒等变形)可简化运算.

(5)定理的条件是充分的，不是必要的，即如果 $\lim\limits_{x\to\Delta}\dfrac{f'(x)}{g'(x)}$ 的极限不存在(不是 ∞ 时的不存在)，不能断定 $\dfrac{f(x)}{g(x)}$ 的极限不存在，出现这种情况，洛必达法则失效，需要用其他方法.

例 1 求 $\lim\limits_{x\to 1}\dfrac{\ln x}{2x-2}$.

解 $\lim\limits_{x\to 1}\dfrac{\ln x}{2x-2}\overset{\left(\frac{0}{0}\right)}{=}\lim\limits_{x\to 1}\dfrac{\frac{1}{x}}{2}=\dfrac{1}{2}$.

例 2 求 $\lim\limits_{x\to 0}\dfrac{1-\cos x}{x^2}$.

解 $\lim\limits_{x\to 0}\dfrac{1-\cos x}{x^2}\overset{\left(\frac{0}{0}\right)}{=}\lim\limits_{x\to 0}\dfrac{\sin x}{2x}=\dfrac{1}{2}$.

例 3 求 $\lim\limits_{x\to +\infty}\dfrac{\frac{\pi}{2}-\arctan x}{\frac{1}{x}}$.

解　$\lim\limits_{x\to+\infty}\dfrac{\dfrac{\pi}{2}-\arctan x}{\dfrac{1}{x}}\overset{\left(\frac{0}{0}\right)}{=}\lim\limits_{x\to+\infty}\dfrac{-\dfrac{1}{1+x^2}}{-\dfrac{1}{x^2}}=\lim\limits_{x\to+\infty}\dfrac{x^2}{1+x^2}=1.$

洛必达法则可以连续使用. 每次使用时要检验它是否是未定式，如果不是，则不能再应用.

例 4　求 $\lim\limits_{x\to1}\dfrac{x^3-3x+2}{x^3-x^2-x+1}$.

解　$\lim\limits_{x\to1}\dfrac{x^3-3x+2}{x^3-x^2-x+1}\overset{\left(\frac{0}{0}\right)}{=}\lim\limits_{x\to1}\dfrac{3x^2-3}{3x^2-2x-1}\overset{\left(\frac{0}{0}\right)}{=}\lim\limits_{x\to1}\dfrac{6x}{6x-2}=\dfrac{6\times1}{6\times1-2}=\dfrac{3}{2}$.

例 5　求 $\lim\limits_{x\to\infty}\dfrac{x^3+2x}{6x^3+5}$.

解　$\lim\limits_{x\to\infty}\dfrac{x^3+2x}{6x^3+5}\overset{\left(\frac{\infty}{\infty}\right)}{=}\lim\limits_{x\to\infty}\dfrac{3x^2+2}{18x^2}\overset{\left(\frac{\infty}{\infty}\right)}{=}\lim\limits_{x\to\infty}\dfrac{6x}{36x}=\dfrac{1}{6}$（此题也可不用洛必达法则）.

例 6　求 $\lim\limits_{x\to\frac{\pi}{2}}\dfrac{\tan x}{\tan 3x}$.

解　$\lim\limits_{x\to\frac{\pi}{2}}\dfrac{\tan x}{\tan 3x}\overset{\left(\frac{\infty}{\infty}\right)}{=}\lim\limits_{x\to\frac{\pi}{2}}\dfrac{\sec^2 x}{3\sec^2 3x}=\lim\limits_{x\to\frac{\pi}{2}}\dfrac{\dfrac{1}{\cos^2 x}}{3\dfrac{1}{\cos^2 3x}}=\lim\limits_{x\to\frac{\pi}{2}}\dfrac{\cos^2 3x}{3\cos^2 x}\overset{\left(\frac{0}{0}\right)}{=}\lim\limits_{x\to\frac{\pi}{2}}\dfrac{\cos 3x\sin 3x}{\cos x\sin x}$

$=\lim\limits_{x\to\frac{\pi}{2}}\dfrac{\sin 6x}{\sin 2x}\overset{\left(\frac{0}{0}\right)}{=}\lim\limits_{x\to\frac{\pi}{2}}\dfrac{6\cos 6x}{2\cos 2x}=3$（本题中，若 $x\to0$ 怎样做？）.

例 7　$\lim\limits_{x\to0}\dfrac{e^{-\frac{1}{x^2}}}{x^{100}}$.

解　$\lim\limits_{x\to0}\dfrac{e^{-\frac{1}{x^2}}}{x^{100}}\overset{令u=\frac{1}{x^2}}{=\!=\!=}\lim\limits_{u\to+\infty}\dfrac{u^{50}}{e^u}=\lim\limits_{u\to+\infty}\dfrac{50u^{49}}{e^u}=\lim\limits_{u\to+\infty}\dfrac{50\times49u^{48}}{e^u}=\cdots=\lim\limits_{u\to+\infty}\dfrac{50!}{e^u}=0$.

注意　洛必达法则并非万能，有少数情况虽然满足洛必达法则的条件，但无法用洛必达法则求出极限.

例 8 求 $\lim\limits_{x \to +\infty} \dfrac{\sqrt{1+x^2}}{x}$.

解 $\lim\limits_{x \to +\infty} \dfrac{\sqrt{1+x^2}}{x} = \lim\limits_{x \to +\infty} \dfrac{x}{\sqrt{1+x^2}} = \lim\limits_{x \to +\infty} \dfrac{1}{\dfrac{x}{\sqrt{1+x^2}}} = \lim\limits_{x \to +\infty} \dfrac{\sqrt{1+x^2}}{x}$. 由此可见，使用两次洛必达法则后失效，又还原为原来的问题. 事实上 $\lim\limits_{x \to +\infty} \dfrac{\sqrt{1+x^2}}{x} = \lim\limits_{x \to +\infty} \sqrt{\dfrac{1}{x^2}+1} = 1$.

2.2.2 其他类型的未定式

1. “$\infty - \infty$”型未定式

例 9 求 $\lim\limits_{x \to \frac{\pi}{2}} (\sec x - \tan x)$.

解 $\lim\limits_{x \to \frac{\pi}{2}} (\sec x - \tan x) \xlongequal{(\infty - \infty)} \lim\limits_{x \to \frac{\pi}{2}} \dfrac{1 - \sin x}{\cos x} \overset{\left(\frac{0}{0}\right)}{=} \lim\limits_{x \to \frac{\pi}{2}} \dfrac{-\cos x}{-\sin x} = 0$.

2. “$0 \cdot \infty$”型未定式

例 10 求 $\lim\limits_{x \to 0^+} \sqrt{x} \ln x$.

解 $\lim\limits_{x \to 0^+} \sqrt{x} \ln x \xlongequal{(0 \cdot \infty)} \lim\limits_{x \to 0^+} \dfrac{\ln x}{x^{-\frac{1}{2}}} \overset{\left(\frac{\infty}{\infty}\right)}{=} \lim\limits_{x \to 0^+} \dfrac{\frac{1}{x}}{-\frac{1}{2} x^{-\frac{3}{2}}} = \lim\limits_{x \to 0^+} (-2x^{\frac{1}{2}}) = 0$.

3. 幂指函数的未定式

“1^∞”“0^0”“∞^0”型的未定式均属于幂指函数 u^v 的极限，可通过对数恒等式变形 $u^v = \mathrm{e}^{v \ln u}$，化为“$0 \cdot \infty$”型的未定式.

例 11 求 $\lim\limits_{x \to 0^+} x^x (0^0)$.

解 设 $y = x^x$，两边取对数 $\ln y = x \ln x$，两边取极限

$$\lim_{x \to 0^+} \ln y = \lim_{x \to 0^+} x \ln x = \lim_{x \to 0^+} \frac{\ln x}{\frac{1}{x}} = \lim_{x \to 0^+} \frac{\frac{1}{x}}{-\frac{1}{x^2}} = \lim_{x \to 0^+} (-x) = 0,$$

所以

$$\lim_{x\to 0^+} x^x = \lim_{x\to 0^+} y = \lim_{x\to 0^+} e^{\ln y} = e^0 = 1.$$

典型例题解答　设 $y=(\cot x)^{\frac{1}{\ln x}}$，两边取对数 $\ln y=\dfrac{\ln\cot x}{\ln x}$.

因为

$$\lim_{x\to 0^+}\ln y=\lim_{x\to 0^+}\frac{\ln\cot x}{\ln x}=\lim_{x\to 0^+}\frac{\frac{1}{\cot x}(-\csc^2 x)}{\frac{1}{x}}=\lim_{x\to 0^+}\frac{-x}{\cos x\sin x}$$

$$=-\lim_{x\to 0^+}\frac{x}{\sin x}\cdot\frac{1}{\cos x}=-1,$$

所以

$$\lim_{x\to 0^+} y=\lim_{x\to 0^+} e^{\ln y}=e^{\lim\limits_{x\to 0^+}\ln y}=e^{-1}=\frac{1}{e},$$

即

$$\lim_{x\to 0^+}(\cot x)^{\frac{1}{\ln x}}=\frac{1}{e}.$$

习题 2.2

1. 求下列函数的极限.

(1) $\lim\limits_{x\to 0}\dfrac{e^x-1}{x}$；　(2) $\lim\limits_{x\to 1}\dfrac{x^2-3x+2}{x^3-1}$；　(3) $\lim\limits_{x\to 0}\dfrac{x-\arctan x}{\ln(1+x^2)}$；

(4) $\lim\limits_{x\to 0}\dfrac{\tan x-x}{x-\sin x}$；　(5) $\lim\limits_{x\to 1}\dfrac{\cos\frac{\pi}{2}x}{1-x}$；　(6) $\lim\limits_{x\to\frac{\pi}{2}}\dfrac{\sec x}{\tan x}$.

2. 求下列函数的极限.

(1) $\lim\limits_{x\to 0}\dfrac{e^x-e^{-x}}{\sin x}$；　(2) $\lim\limits_{x\to +\infty}\dfrac{x\ln x}{x^2+\ln x}$；　(3) $\lim\limits_{x\to\infty}\dfrac{x-\sin x}{x+\sin x}$；

(4) $\lim\limits_{x\to 1}\left(\dfrac{x}{x-1}-\dfrac{1}{\ln x}\right)$；　(5) $\lim\limits_{x\to 0^+}x^2\ln x$；　(6) $\lim\limits_{x\to 0}\dfrac{\tan x-x}{x^2\sin x}$；

(7) $\lim\limits_{x\to\infty}\dfrac{x+\sin x}{x}$； (8) $\lim\limits_{x\to+\infty}\dfrac{\ln x}{x^2}$； (9) $\lim\limits_{x\to+\infty}\dfrac{e^x}{x^2}$；

(10) $\lim\limits_{x\to0}\dfrac{\tan x-\sin x}{\sin^3 x}$； (11) $\lim\limits_{x\to1}(1-x)\tan\dfrac{\pi}{2}x$.

3. 求下列函数的极限.

(1) $\lim\limits_{x\to+\infty}\dfrac{\ln\left(1+\dfrac{1}{x}\right)}{\operatorname{arccot} x}$； (2) $\lim\limits_{x\to1^-}(1-x)^{\cos\frac{\pi}{2}x}$； (3) $\lim\limits_{x\to\infty}x\left(e^{\frac{1}{x}}-1\right)$；

(4) $\lim\limits_{x\to1}\left(\dfrac{3}{x^3-1}-\dfrac{1}{x-1}\right)$； (5) $\lim\limits_{x\to1}x^{\frac{1}{1-x}}$； (6) $\lim\limits_{x\to0^+}\left(\ln\dfrac{1}{x}\right)^x$.

2.3 函数单调性判定

典型例题 判定函数 $y=(2x-5)\sqrt[3]{x^2}$ 的单调性.

初步分析 用求导方法判断函数单调性非常实用. 我们需要掌握函数单调性的判定条件及做题步骤.

预备知识 函数单调性判定.

由图 2.2(a)可以看出，如果函数 $y=f(x)$ 在 $[a,b]$ 上单调增加，那么它的图像是一条沿 x 轴正向上升的曲线，这时曲线上各点切线的倾斜角都是锐角，因此它们的斜率 $f'(x)$ 都是正的，即 $f'(x)>0$. 同样，由图 2.2(b)可以看出，如果函数 $y=f(x)$ 在区间 $[a,b]$ 上单调减少，那么它的图像是一条沿 x 轴正向下降的曲线，这时曲线上各点切线的倾斜角都是钝角，它们的斜率 $f'(x)$ 都是负的，即 $f'(x)<0$.

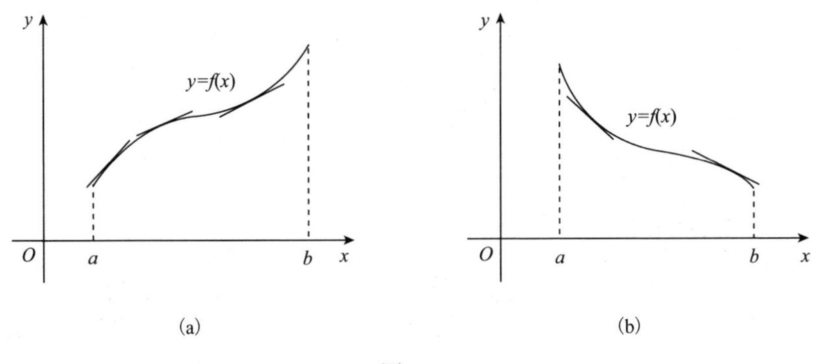

图 2.2

由此可见，函数的单调性与一阶导数的符号有关.

2.3.1　函数单调性的判别法

定理 2　设函数 $y=f(x)$ 在区间 $[a,b]$ 上连续，在 (a,b) 内可导：

(1) 如果在 (a,b) 内 $f'(x)>0$，那么函数 $y=f(x)$ 在 $[a,b]$ 上单调增加；

(2) 如果在 (a,b) 内 $f'(x)<0$，那么函数 $y=f(x)$ 在 $[a,b]$ 上单调减少.

例 1　判定函数的单调性：(1) $y=x-\sin x$ 在区间 $(0,\pi)$ 内；(2) $f(x)=x^5+5^x$.

解　(1) 因为在区间 $(0,\pi)$ 内，$y'=1-\cos x>0$，所以，函数 $y=x-\sin x$ 在区间 $(0,\pi)$ 内单调递增.

(2) 函数的定义域为 $(-\infty,+\infty)$，$f'(x)=5x^4+5^x\ln 5>0$．所以，函数 $f(x)$ 在 $(-\infty,+\infty)$ 内单调增加.

有时，函数在其定义域上并不具有单调性，但是在定义域的不同范围内却具有单调性. 对于这种情形可将函数的定义域分成若干个部分区间，函数在这些区间上具有单调性，我们称这些区间为函数的单调区间. 对于可导函数，其单调区间的分界点处函数的导数为零.

我们把使 $f'(x)=0$ 的点 $x=x_0$ 称为函数 $f(x)$ 的**稳定点**(也称**驻点**)；使函数导数为零的点 x_0 却不一定是其单调区间的分界点. 例如函数 $y=x^3$ 在点 $x=0$ 处的导数为零，但 $x=0$ 却不是函数 $y=x^3$ 增减性的分界点. $y=x^3$ 在 $(-\infty,+\infty)$ 内都是单调递增的.

另外，某些一阶导数不存在的点也可能是单调性的分界点. 如函数 $y=|x|$ 在点 $x=0$ 处不可导，但 $x=0$ 处是该函数单调性的分界点.

2.3.2　函数单调性的一般判定步骤

(1) 求出函数的定义域；

(2) 求出驻点及 $f'(x)$ 不存在的点；

(3) 用驻点及导数不存在的点将定义域分为若干部分区间；

(4) 在不同区间上判断一阶导数的正、负号，从而给出单调性判定.

例 2　求函数 $y=2x^3+3x^2-12x+1$ 的单调区间和稳定点.

解　函数的定义域为 $(-\infty,+\infty)$，$y'=6x^2+6x-12=6(x+2)(x-1)$，令 $y'=0$，得 $x_1=-2$，$x_2=1$，用 $x_1=-2$ 和 $x_2=1$ 划分函数的定义域成三个区间，如表 2.3 所示.

表 2.3

x	$(-\infty,-2)$	-2	$(-2,1)$	1	$(1,+\infty)$
y'	+	0	−	0	+
y	递增		递减		递增

表 2.3 说明函数 $y=2x^3+3x^2-12x+1$ 在 $(-\infty,-2)$ 内单调递增，在 $(-2,1)$ 内单调递减，在 $(1,+\infty)$ 内单调递增； $x=-2$ 和 x=1 是稳定点.

典型例题解答

解 函数 $y=(2x-5)\sqrt[3]{x^2}$ 的定义域为 $(-\infty,+\infty)$，因为 $y'=\frac{10}{3}x^{\frac{2}{3}}-\frac{10}{3}x^{-\frac{1}{3}}=\frac{10}{3}\cdot\frac{x-1}{\sqrt[3]{x}}$，所以 $x=1$ 为函数的驻点， $x=0$ 是函数的不可导点，如表 2.4 所示.

表 2.4

x	$(-\infty,0)$	0	$(0,1)$	1	$(1,+\infty)$
y'	+	不存在	−	0	+
y	递增		递减		递增

由表 2.5 可以看出，驻点 $x=1$ 和不可导点 $x=0$ 都是函数单调性的分界点. 所以，函数 $y=(2x-5)\sqrt[3]{x^2}$ 在 $(-\infty,0)\cup(1,+\infty)$ 内单调增加，在 $(0,1)$ 内单调递减.

习题 2.3

1. 判断下列函数在指定区间内的单调性.

(1) $y=\sin x, x\in\left(-\frac{\pi}{2},\frac{\pi}{2}\right)$；　　(2) $f(x)=\arctan x-x, x\in(-\infty,+\infty)$.

2. 判定下列函数的单调性.

(1) $f(x)=2x^3-6x^2-18x-7$；　　(2) $f(x)=2x^2-\ln x$；

(3) $y=x^2(x-3)$；　　(4) $y=x\mathrm{e}^x$.

3. 求下列函数的稳定点(驻点).

(1) $y=6x^2-x^4$；　　(2) $y=\frac{2}{1+x^2}$.

4. 求下列函数的单调区间.

(1) $f(x)=e^{-x^2}$；　　(2) $f(x)=e^x-x-1$；

(3) $f(x)=x+\sqrt{1+x}$；　　(4) $f(x)=x^2-\ln x^2$；

(5) $f(x)=2x^3-9x^2+12x-3$；　　(6) $f(x)=x^2-8\ln x$.

2.4　函数极值及其求法

典型例题　求函数 $y=x-3(x-1)^{\frac{2}{3}}$ 的极值.

初步分析　用求导的方法求极值，是最常用的方法. 需要学习函数极值的概念、判定条件和求法步骤.

预备知识　函数极值的概念、判定和求法.

2.4.1　函数的极值

函数极值的定义以前已讲过. 如图 2.3 所示，$f(x_1)$ 和 $f(x_3)$ 是函数 $f(x)$ 的极大值，x_1 和 x_3 是 $f(x)$ 的极大值点；$f(x_2)$ 和 $f(x_4)$ 是函数 $f(x)$ 的极小值，x_2 和 x_4 是 $f(x)$ 的极小值点.

关于函数的极值，有以下三点说明：

(1) 极值是指函数值，而极值点是指自变量的值，两者不应混淆.

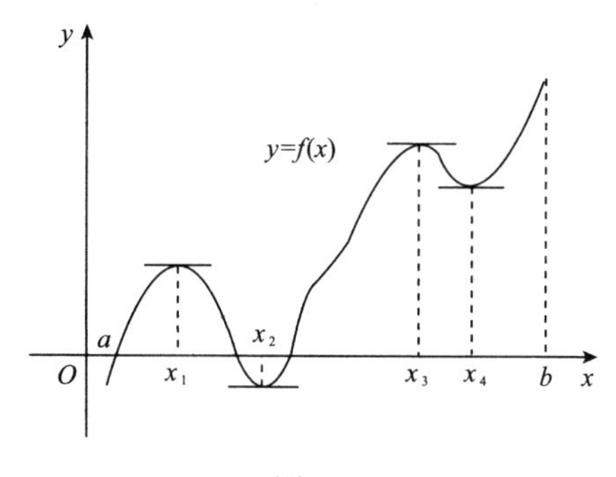

图 2.3

(2) 函数的极值是一个局部性概念，它只是对在与极值点近旁的所有点的函数值相比较而言为最大或最小，并不意味着它在函数的整个定义域内最大或最小. 因此，函数的极大值不一定比极小值大. 如图 2.3 所示，极大值 $f(x_1)$ 就比极小值

$f(x_4)$还小.

(3)函数的极值点一定出现在区间内部，区间的端点不能成为极值点；而使函数取得最大值、最小值的点可能在区间内部，也可能是区间的端点.

2.4.2 函数极值的判定和求法

定理 3 设函数$f(x)$在点x_0处可导，且在点x_0处取得极值，则必有$f'(x_0)=0$.

此定理说明可导函数的极值点必定是驻点，但函数的驻点并不一定是极值点，例如，$x=0$是函数$f(x)=x^3$的驻点，但$x=0$不是它的极值点，如图 2.4 所示.

因此，在求出了驻点后，我们需要对其是否是极值点进行判断. 由图 2.5 可知函数在极值点两侧的导数符号相异，因此有如下定理.

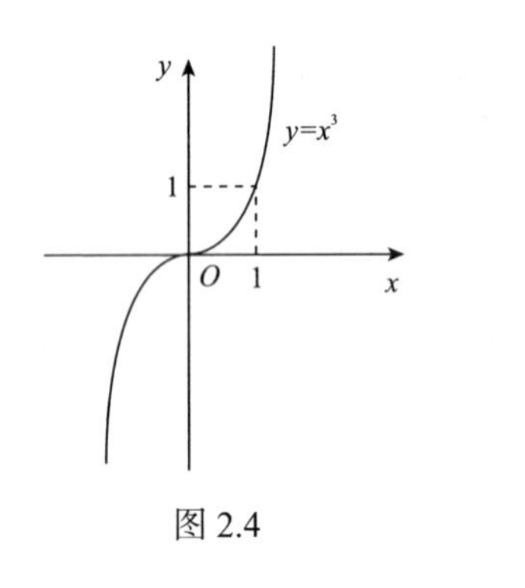

图 2.4

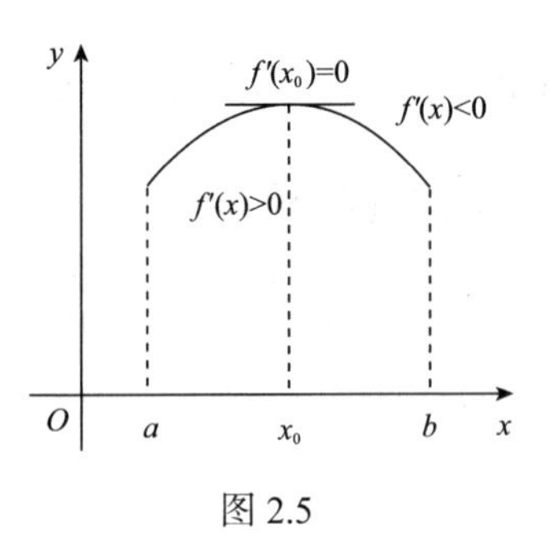

图 2.5

1. 函数极值的判别法

定理 4 设函数$f(x)$在点x_0的空心邻域内可导，在x_0处连续，且$f'(x_0)=0$或$f'(x_0)$不存在，若

(1) $x<x_0$时，$f'(x)>0$，而$x>x_0$时，$f'(x)<0$，那么$f(x)$在x_0处取得极大值；

(2) $x<x_0$时，$f'(x)<0$，而$x>x_0$时，$f'(x)>0$，那么$f(x)$在x_0处取得极小值；

(3)在x_0的左、右两侧$f'(x)$不变符号，那么$f(x)$在x_0处不取得极值.

例 1 求函数$f(x)=\frac{1}{3}x^3-9x+4$的极值.

解 (1)函数$f(x)=\frac{1}{3}x^3-9x+4$的定义域为$(-\infty,+\infty)$；

(2) $f'(x)=x^2-9=(x+3)(x-3)$，令$f'(x)=0$，得驻点$x_1=-3, x_2=3$；

(3)列表考察$f'(x)$的符号，如表 2.5 所示.

表 2.5

x	$(-\infty,-3)$	-3	$(-3,3)$	3	$(3,+\infty)$
$f'(x)$	+	0	−	0	+
$f(x)$	↗	极大值 22	↘	极小值−14	↗

由表 2.5 可知，函数的极大值为 $f(-3)=22$，极小值为 $f(3)=-14$.

例 2　求函数 $f(x)=(x^2-1)^3+1$ 的极值.

解　(1) $f(x)$ 的定义域为 $(-\infty,+\infty)$.

(2) $f'(x)=3(x^2-1)^2\cdot 2x=6x(x+1)^2(x-1)^2$. 令 $f'(x)=0$，解之得驻点 $x_1=-1$，$x_2=0,x_3=1$.

(3) 列表考察 $f'(x)$ 的符号，如表 2.6 所示.

表 2.6

x	$(-\infty,-1)$	-1	$(-1,0)$	0	$(0,1)$	1	$(1,+\infty)$
$f'(x)$	−	0	−	0	+	0	+
$f(x)$	↘		↘	极小值 0	↗		↗

由表 2.6 可知，函数有极小值 $f(0)=0$.

定理 5　设函数 $f(x)$ 在点 x_0 处具有二阶导数且 $f'(x_0)=0,f''(x_0)\neq 0$，则

(1) 如果 $f''(x_0)<0$，那么 x_0 为 $f(x)$ 的极大值点，$f(x_0)$ 为极大值；

(2) 如果 $f''(x_0)>0$，那么 x_0 为 $f(x)$ 的极小值点，$f(x_0)$ 为极小值.

例 3　利用定理 5 求例 1 中的极值.

解　$f'(x)=x^2-9=(x+3)(x-3)$，令 $f'(x)=0$，得驻点 $x_1=-3,x_2=3$.

因为 $f''(x)=2x,f''(-3)=-6<0,f''(3)=6>0$，所以函数 $f(x)=\frac{1}{3}x^3-9x+4$ 在 $x_1=-3$ 处取得极大值是 $f(-3)=22$，在 $x_2=3$ 处取得极小值是 $f(3)=-14$.

注意　定理 5 是用来判定可导函数在驻点处的极值，当 $f'(x_0)=0$ 且 $f''(x)=0$ (或 $f''(x_0)$ 不存在) 时，定理 5 失效，这时可考虑定理 4.

例 4　求函数 $f(x)=3x^4-8x^3+6x^2+1$ 的极值.

解　$f'(x)=12x^3-24x^2+12x=12x(x-1)^2,f''(x)=12(3x-1)(x-1)$. 令 $f'(x)=0$,

得驻点 $x=0, x=1$，且 $f''(0)=12>0, f''(1)=0$，所以函数在 $x=0$ 取得极小值，极小值是 $f(0)=1$.

因为 $f''(1)=0$，所以用二阶导数判定极值失效.

由于在 $x=1$ 的两侧 $0<x<1$ 及 $x>1$ 时皆有 $f'(x)>0$，故函数在 $x=1$ 处不取得极值.

注意　应该指出可导函数的极值仅可能在驻点处取得. 然而，连续函数的极值，不仅可能在驻点处取得，也可能在导数不存在的点处取得.

如函数 $y=|x|$ 在 $x=0$ 处导数不存在，但点 $x=0$ 是极小值点，极小值是 $f(0)=0$，如图 2.6 所示.

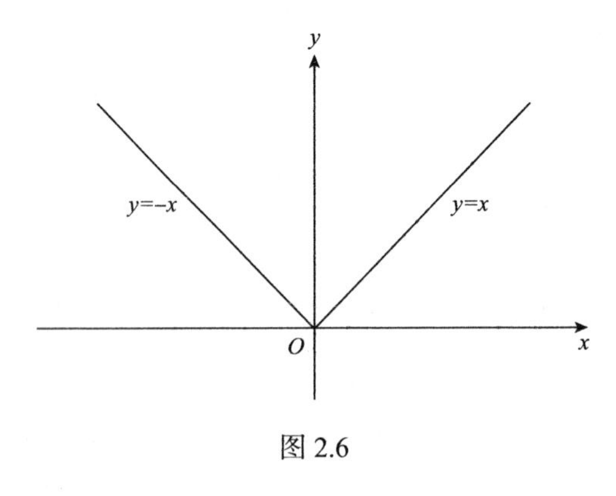

图 2.6

2. 函数极值判定的一般步骤

(1) 求出 $f(x)$ 的定义域；

(2) 求出 $f'(x)$，找出 $f(x)$ 的所有驻点及导数不存在的点；

(3) 用驻点和导数不存在的点划分定义域成若干子区间；

(4) 判定导数 $f'(x)$ 的符号，给出函数增减性的判定；

(5) 根据极值的概念，判定驻点和导数不存在的点是否为极值点，从而判定函数的极值.

例 5　求函数 $y=(2x-5)\sqrt[3]{x^2}$ 的极值.

解　(1) 函数 $y=(2x-5)\sqrt[3]{x^2}$ 的定义域为 $(-\infty,+\infty)$.

(2) $y'=\frac{10}{3}x^{\frac{2}{3}}-\frac{10}{3}x^{-\frac{1}{3}}=\frac{10}{3}\frac{x-1}{\sqrt[3]{x}}$，显然，$x=1$ 为驻点，且 $x=0$ 时，导数不存在.

(3) 列表观察 $f'(x)$ 的符号，如表 2.7 所示.

表 2.7

x	$(-\infty,0)$	0	$(0,1)$	1	$(1,+\infty)$
y'	+	不存在	−	0	+
y	↗	0	↘	−3	↗

(4) 由表 2.7 可知，在 $x=1$ 处，函数取得极小值 $f(1)=-3$；在 $x=0$ 处，函数取得极大值 $f(0)=0$.

典型例题解答

解 (1) 函数的定义域为 $(-\infty,+\infty)$.

(2) $y'=1-\dfrac{2}{(x-1)^{\frac{1}{3}}}=\dfrac{(x-1)^{\frac{1}{3}}-2}{(x-1)^{\frac{1}{3}}}$. 令 $y'=0$ 得驻点 $x=9$， $x=1$ 是不可导点，但函数在 $x=1$ 处连续.

(3) y' 的符号如表 2.8 所示.

表 2.8

x	$(-\infty,1)$	1	$(1,9)$	9	$(9,+\infty)$
y'	+	不存在	−	0	+
y	↗	1	↘	−3	↗

由表 2.8 可知，函数 $y=x-3(x-1)^{\frac{2}{3}}$ 在不可导点 $x=1$ 处取得极大值 $f(1)=1$，在驻点 $x=9$ 处取得极小值 $f(9)=-3$.

习题 2.4

1. 求下列函数的极小值与极大值.

(1) $f(x)=\dfrac{\ln x}{x}$；　(2) $f(x)=x^3+3x^2-24x-20$；　(3) $y=2x^2-\ln x$；

(4) $y=2x+\dfrac{8}{x}$；　(5) $y=2x^3-3x^2$；　(6) $y=x^2\ln x$；

(7) $f(x)=\mathrm{e}^x+\mathrm{e}^{-x}$.

2. 求下列函数在指定区间内的极值.

(1) $y=\sin x+\cos x$, $x\in\left(-\dfrac{\pi}{2},\dfrac{\pi}{2}\right)$;　　(2) $y=\mathrm{e}^{x}\cos x$, $x\in(0,2\pi)$.

3. 求函数 $y=(x-2)\sqrt[3]{(x-1)^2}$ 的极值.

2.5 函数最大值和最小值求法

典型例题 铁路线上 AB 段的距离为 100 千米，工厂 C 距离 A 处为 20 千米，AC 垂直于 AB(图 2.7). 为了运输需要，要在 AB 线上选定一点 D，向工厂修筑一条公路，已知铁路上每吨每千米货运的费用与公路上每吨每千米货运的费用之比为 3∶5，为了使货物从供应站 B 运到工厂 C 每吨货物的总运费最省，问 D 应选在何处?

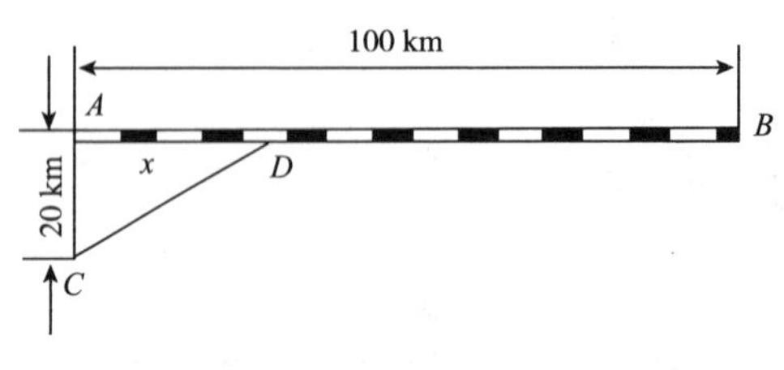

图 2.7

初步分析 极值是局部性概念，是描述函数在某一点邻域内的性态. 最值是整体性的，表示在整个区间上函数值最大或最小，这个区间可能是闭区间也可能是开区间. 最值比极值的应用更加广泛，更具有实际意义. 需要学习最值的求法及做题步骤.

预备知识 函数最值的求法.

2.5.1 闭区间上的连续函数最值的求法

由第 1 章闭区间上连续函数的性质可知：在闭区间 $[a,b]$ 上的连续函数 $f(x)$，必在 $[a,b]$ 上存在最大值和最小值.

连续函数在 $[a,b]$ 上的最大值和最小值只可能在区间内的极值点或端点处取得，因此，对于闭区间上的连续函数，我们有函数最值的一般求法：

求出函数在 $[a,b]$ 上所有可能的极值点(即驻点及导数不存在的点)和端点处的函数值，比较这些函数值的大小，其中最大的是最大值，最小的就是最小值.

例 1　求函数 $f(x)=x^3-3x^2-9x+1$ 在 $[-2,6]$ 上的最大值和最小值.

解　(1) $f'(x)=3x^2-6x-9=3(x+1)(x-3)$.

(2) 令 $f'(x)=0$，解稳定点 $x_1=-1, x_2=3$.

(3) 计算 $f(-2)=-1, f(-1)=6, f(3)=-26, f(6)=55$.

(4) 比较大小可得，函数 $f(x)=x^3-3x^2-9x+1$ 在 $[-2,6]$ 上的最大值为 $f(6)=55$，最小值为 $f(3)=-26$.

2.5.2　开区间内的可导函数最值的求法

对于开区间内的可导函数，我们有如下结论.

结论 1　如果函数 $f(x)$ 在一个开区间或无穷区间 $(-\infty,+\infty)$ 内可导，且有唯一的极值点 x_0，那么，当 $f(x_0)$ 是极大值时，它也是 $f(x)$ 在该区间上的最大值；当 $f(x_0)$ 是极小值时，它也是 $f(x)$ 在该区间上的最小值.

例 2　求函数 $y=x^2-4x+3$ 的最值.

解　函数的定义域为 $(-\infty,+\infty)$，$y'=2x-4$，令 $y'=0$，得驻点 $x=2$. 容易知道，$x=2$ 是函数的极小值点，因为函数在 $(-\infty,+\infty)$ 有唯一的极值点，因此，函数的极小值就是函数的最小值，最小值为 $f(2)=-1$.

2.5.3　实际问题中函数最值的求法

结论 2　一般地，如果可导函数 $f(x)$ 在某区间内只有一个驻点 x_0，且实际问题又有最大值(或最小值)，那么，函数的最大值(或最小值)必在 x_0 处取得.

例 3　用一块边长为 48cm 的正方形铁皮做一个无盖的铁盒时，在铁皮的四角各截取一个大小相同的小正方形(图 2.8)，然后将四边折起做成一个无盖的方盒(图 2.9)，问截取的小正方形的边长为多少时，做成的铁盒容积最大?

解　设截取的小正方形的边长为 x cm，铁盒的容积为 $V\text{cm}^3$. 则有

$$V=x(48-2x)^2 \quad (0<x<24),$$

$$V'=(48-2x)^2+x^2(48-2x)(-2)=12(24-x)(8-x).$$

令 $V'=0$，求得函数在 $(0,24)$ 内的驻点为 $x=8$. 由于铁盒必然存在最大容积，因此，当 $x=8$ 时，函数 V 有最大值，即当小正方形边长为 8cm 时，铁盒容积最大.

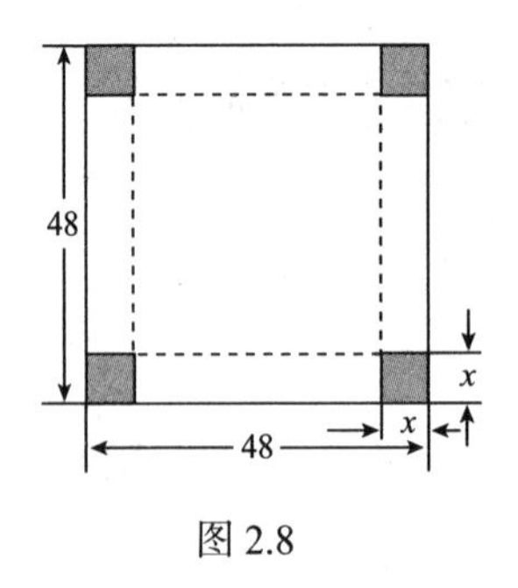

图 2.8

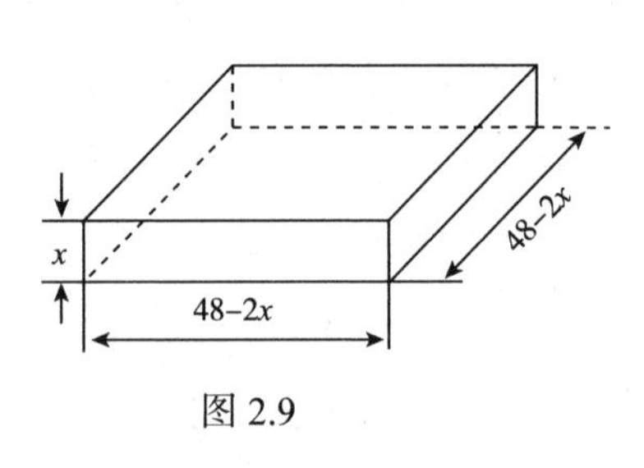

图 2.9

例 4 做一个有盖的圆柱形杯子，规定容积为V，问怎样选取底面半径r和高h，使材料最省？

解 材料最省即表面积最小，由$V=\pi r^2 h$，得$h=\dfrac{V}{\pi r^2}$，则表面积

$$S=2\pi r^2+2\pi rh=2\pi r^2+\frac{2V}{r}.$$

令$S'=4\pi r-\dfrac{2V}{r^2}=0$，得唯一驻点$r=\sqrt[3]{\dfrac{V}{2\pi}}$，故当$r=\sqrt[3]{\dfrac{V}{2\pi}}$时，$S$最小，此时

$$h=\frac{V}{\pi r^2}=\frac{Vr}{\pi r^3}=2r.$$

即高与底面直径相等.

典型例题解答 设D点应选在距离A处x km，则

$$DB=100-x,\quad CD=\sqrt{20^2+x^2}=\sqrt{400+x^2},$$

设铁路上每吨每千米货运的运费为$3k$，则公路上每吨每千米货运的运费为$5k$(k为常数). 设货物从B点运到C点每吨货物需要的总运费为y，则

$$y=5k\sqrt{400+x^2}+3k(100-x)\quad (0\leqslant x\leqslant 100),$$

求导数

$$y'=5k\frac{x}{\sqrt{400+x^2}}-3k=\frac{k\left(5x-3\sqrt{400+x^2}\right)}{\sqrt{400+x^2}}.$$

令$y'=0$得驻点$x_1=15, x_2=-15$(舍去).

$y|_{x=15}=380k$, $y|_{x=0}=400k$, $y|_{x=100}=5\sqrt{10400}k>500k$ ，因此，当 x=15 时，y 取得最小值，即 D 应选在距离 A 点 15 千米处，这时每吨货物的总运费最省.

习题 2.5

1. 求下列函数的最大值和最小值.

(1) $y=x^4-2x^2+5$, $x\in[-2,2]$;　　(2) $y=\sin 2x-x$, $x\in\left[-\dfrac{\pi}{2},\dfrac{\pi}{2}\right]$;

(3) $y=x+\sqrt{1-x}$, $x\in[-5,1]$;　　(4) $y=\dfrac{x^2}{1+x}$, $x\in\left[-\dfrac{1}{2},1\right]$;

(5) $y=x+2\sqrt{x}$, $x\in[0,4]$;　　(6) $y=x^2-4x+6$, $x\in[-3,10]$.

2. 设两正数之和为定数 a，求其积的最大值.

3. 甲、乙两个单位合用一变压器，其位置如图 2.10 所示，问变压器设在何处时，所需电线最短?

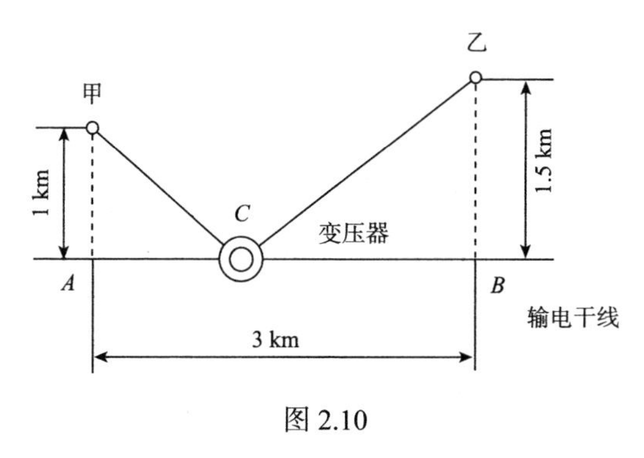

图 2.10

4. 甲轮船位于乙轮船东 75 海里(1 海里=1.852 千米)，以每小时 12 海里的速度向西行驶，而乙轮船则以每小时 6 海里的速度向北行驶，如图 2.11 所示，问经过多少时间两船相距最近?

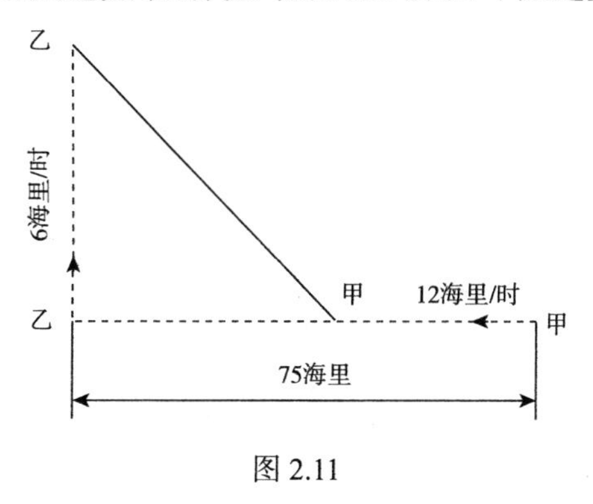

图 2.11

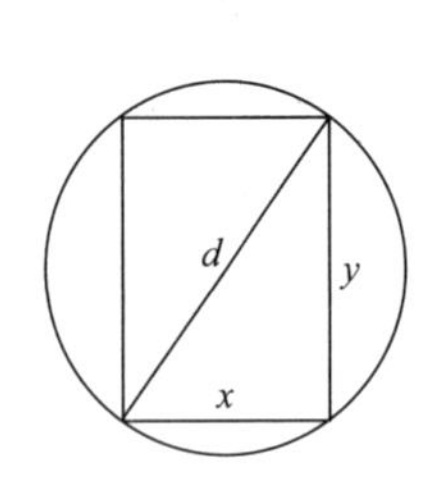

图 2.12

5. 已知横梁的强度与它的矩形断面的宽及高的平方之积成正比. 要将直径为 d 的圆木锯成强度最大的横梁(图 2.12),问断面的高和宽应是多少?

6. 用围墙围成面积为 216 m^2 的一块矩形土地，并在此矩形土地的正中用一堵墙将其分成相等的两块，问这块土地的长与宽的尺寸各为多少时，才能使建筑材料最省?

7. 要造一个容积为 V 的圆柱形容器(无盖)，问底半径和高分别为多少时所用材料最省?

8. 某农场需要建一个面积为 512 m^2 的矩形晒谷场，一边可利用原来的石条沿，其他三边需要砌新的石条沿，问晒谷场的长和宽各为多少时用料最省?

2.6 曲线的凹凸性和拐点

典型例题 讨论曲线 $y=(x-1)\cdot\sqrt[3]{x^2}$ 的凹凸性和拐点.

初步分析 为能更好地把握函数的性态，我们需要利用二阶导数来研究曲线的弯曲方向，即凹凸性和拐点.

预备知识 曲线凹凸性和拐点的定义、判定和求法.

2.6.1 曲线的凹凸性定义以及判定法

图 2.13 是函数 $y=\sqrt[3]{x}$ 的图像，因为 $y'=\dfrac{1}{3}x^{-\frac{2}{3}}=\dfrac{1}{3\sqrt[3]{x^2}}>0$，所以函数 $y=\sqrt[3]{x}$ 在 $(-\infty,+\infty)$ 上单调递增，但曲线弧的弯曲方向不同. 函数 $y=\sqrt[3]{x}$ 在 $(-\infty,0)$ 上曲线的弧位于每点切线的上方，在 $(0,+\infty)$ 上曲线弧位于每点切线的下方. 根据曲线弧与其切线的位置关系的不同，我们给出如下定义.

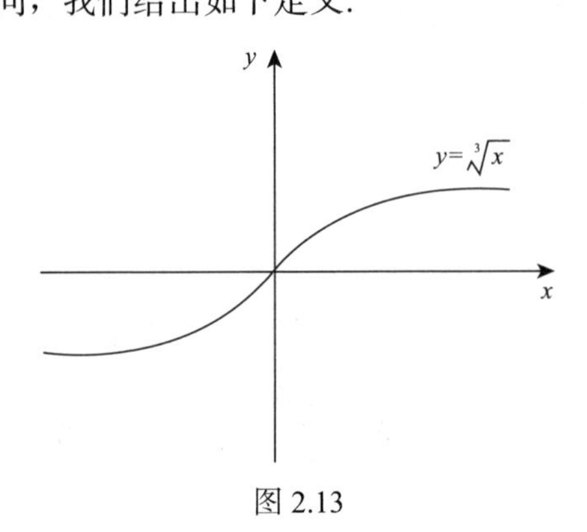

图 2.13

定义 2 如果在某区间内的曲线弧位于其任意点切线的上方，那么此曲线弧就称为在该区间内是**凹的**；如果在某区间内的曲线弧位于其任意点切线的下方，那么此曲线弧就称为在该区间内是**凸的**. 并称连续曲线的凹凸部分的分界点为此曲线的**拐点**.

如函数 $y=\sqrt[3]{x}$ 在 $(-\infty,0)$ 上是凹曲线，在 $(0,+\infty)$ 上是凸曲线，点 $(0,0)$ 是拐点. 该函数的二阶导数 $y''=-\dfrac{2}{9x\cdot\sqrt[3]{x^2}}$，我们观察到，在 $(-\infty,0)$ 上 $y''>0$，曲线是凹的；在 $(0,+\infty)$ 上 $y''<0$，曲线是凸的. 因此，函数的二阶导数的符号与曲线的凹凸性有关.

定理 6 (曲线凹凸性的判定定理) 设函数 $f(x)$ 在开区间 (a,b) 内具有二阶导数 $f''(x)$. 如果在 (a,b) 内 $f''(x)>0$，那么曲线在 (a,b) 内是凹的；如果在 (a,b) 内 $f''(x)<0$，那么曲线在 (a,b) 内是凸的.

例 1 判定曲线 $y=\dfrac{1}{x}$ 的凹凸性.

解 函数的定义域为 $(-\infty,0)\cup(0,+\infty)$, $y'=-\dfrac{1}{x^2}$, $y''=\dfrac{2}{x^3}$. 当 $x<0$ 时，$y''<0$；当 $x>0$ 时，$y''>0$，所以曲线在 $(-\infty,0)$ 内是凸曲线，在 $(0,+\infty)$ 内是凹曲线. 该曲线 (在 $x=0$ 处不连续) 没有拐点，如图 2.14 所示.

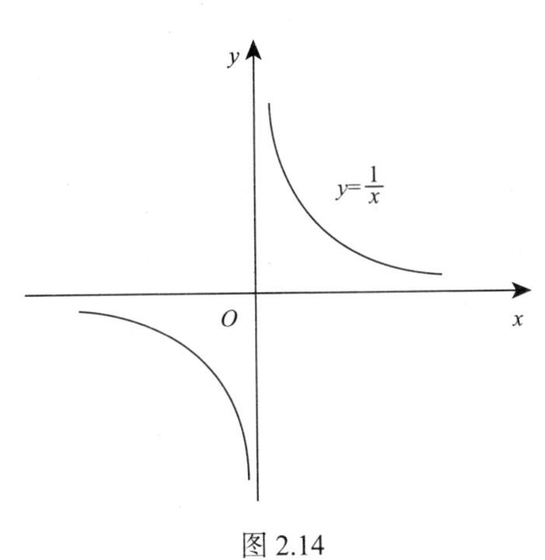

图 2.14

注意 拐点一定是连续曲线上凹凸的分界点 $(x_0,f(x_0))$，它是一个有序实数对.

例 2 判定函数 $y=x^3$ 的凹凸性.

解 (1) 函数的定义域为 $(-\infty,+\infty)$；

(2) $y'=3x^2$, $y''=6x$. 令 $y''=0$，得 $x=0$；

(3) 当 $x<0$ 时，$y''<0$；当 $x>0$ 时，$y''>0$；

(4) 根据函数凹凸性和拐点的定义知，曲线在 $(-\infty,0)$ 内是凸的，在 $(0,+\infty)$ 内是凹的. 点 $(0,0)$ 是拐点.

定理 7（可导函数拐点判别法） 设函数 $y=f(x)$ 在 (a,b) 内具有二阶导数，x_0 是 (a,b) 内的一点，且 $f''(x_0)=0$，如果在 x_0 的左、右近旁 $f''(x)$ 异号，则点 $(x_0,f(x_0))$ 是曲线 $f(x)$ 的拐点.

注意 二阶导数不存在的连续点也有可能是拐点.

例 3 讨论曲线 $y=(x-2)^{\frac{5}{3}}$ 的凹凸区间和拐点的坐标.

解 (1) 函数的定义域是 $(-\infty,+\infty)$.

(2) 求导数 $y'=\frac{5}{3}(x-2)^{\frac{2}{3}}$, $y''=\frac{10}{9}(x-2)^{-\frac{1}{3}}$.

(3) 函数没有使二阶导数为零的点，但有二阶不可导点 $x=2$.

(4) 曲线的凹凸性及拐点如表 2.9 所示.

表 2.9

x	$(-\infty,2)$	2	$(2,+\infty)$
y''	$-$	不存在	$+$
y	凸	拐点 $(2,0)$	凹

(5) 由表 2.9 可知，曲线 $y=(x-2)^{\frac{5}{3}}$ 在 $(-\infty,2)$ 内是凸的，在 $(2,+\infty)$ 内是凹的，$x=2$ 时，y'' 不存在，但点 $(2,0)$ 是拐点，如图 2.15 所示.

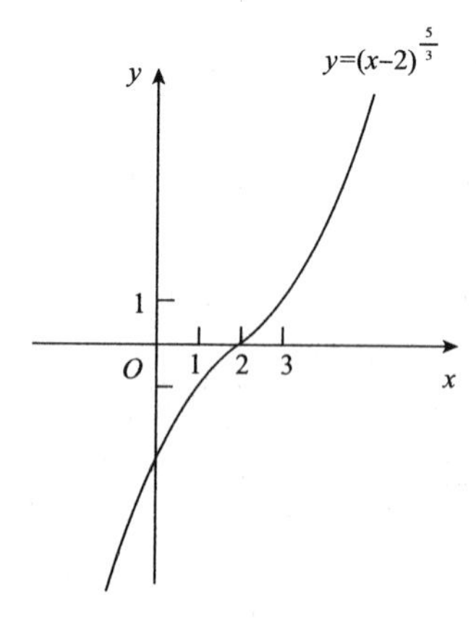

图 2.15

根据以上所述，我们得到曲线凹凸性和拐点的一般求法.

2.6.2　曲线凹凸性和拐点的一般求法

(1) 确定函数 $f(x)$ 的定义域；

(2) 求函数 $f(x)$ 的二阶导数；

(3) 求出使 $f''(x)=0$ 的所有点及二阶导数不存在的点；

(4) 用上述点将定义区间划分成若干部分子区间，考察二阶导数在各个区间内的符号；

(5) 根据定理进行判定.

典型例题解答

解　(1) 函数的定义域为 $(-\infty,+\infty)$.

(2) $y'=\dfrac{5}{3}x^{\frac{2}{3}}-\dfrac{2}{3}x^{-\frac{1}{3}}$, $y''=\dfrac{10}{9}x^{-\frac{1}{3}}+\dfrac{2}{9}x^{-\frac{4}{3}}$，令 $y''=0$ 得 $x=-\dfrac{1}{5}$；又 $x=0$ 时，y'' 不存在.

(3) 函数的凹凸性及拐点如表 2.10 和图 2.16 所示.

表 2.10

x	$\left(-\infty,-\frac{1}{5}\right)$	$-\frac{1}{5}$	$\left(-\frac{1}{5},0\right)$	0	$(0,+\infty)$
y''	−	0	+	不存在	+
y	凸	拐点 $\left(-\frac{1}{5},-\frac{6}{25}\sqrt[3]{5}\right)$	凹	无拐点	凹

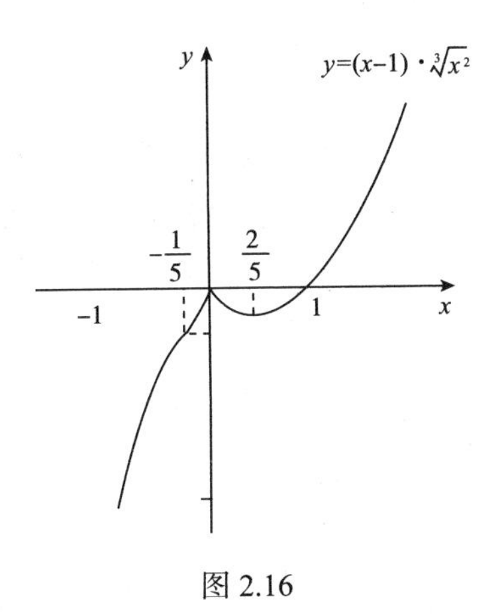

图 2.16

习题 2.6

1. 判断下列曲线的凹凸性.

(1) $y=e^x$； (2) $y=\ln x$； (3) $y=x+\dfrac{1}{x^2}$；

(4) $y=(x-2)^{\frac{5}{3}}$； (5) $y=x^2+\ln x$.

2. 求下列曲线的凹凸区间及拐点.

(1) $y=x^3-5x^2+3x+5$； (2) $y=xe^{-x}$； (3) $y=e^{\arctan x}$；

(4) $y=\ln(1+x^2)$； (5) $y=e^{-x^2}$； (6) $y=2+(x-1)^{\frac{1}{3}}$.

3. 曲线 $y=ax^3+bx^2$ 以 $(1,3)$ 为拐点，求 a,b.

4. 说明曲线 $y=x^5-5x^3+30$ 在点 $(1,11)$ 及点 $(3,3)$ 附近的凹凸性.

2.7 边 际 分 析

典型例题 已知某产品的需求函数 $P=10-\dfrac{Q}{5}$，总成本函数为 $C(Q)=50+2Q$，求产量为多少时总利润最大？

初步分析 要求总利润的最大值，需要先求出总利润函数，再用求导方法解决. 总利润的导函数，就是边际利润. 类似地还有边际成本、边际收入，有关边际分析，是财务分析的主要手段，有广泛的应用.

预备知识 边际分析的概念、意义及应用举例.

2.7.1 边际分析

1. 边际函数的概念

设函数 $f(x)$ 可导，导函数 $f'(x)$ 在经济与管理中称为边际函数，$f'(x_0)$ 称为 $f(x)$ 在点 x_0 的边际函数值. 它描述了 $f(x)$ 在点 x_0 处的变化速度(或称变化率).

2. 边际函数的意义

边际函数也称为已知函数的边际，所谓边际就是已知函数的一阶导数.

由微分概念可知，在点 x_0 处 x 的改变量 Δx，则 y 在相应点的改变量可用 dy 来近似表示，

$$\Delta y \approx dy = f'(x_0)\Delta x .$$

若 x 在点 x_0 处改变一个单位，即 $\Delta x=1, \mathrm{d}y=f'(x_0)$，因此，边际函数值 $f'(x_0)$ 的含义是当 x 在点 x_0 处改变一个单位时函数的改变量. 例如，某种产品的成本 C 是产量 Q 的函数 $C=C(Q)$，边际成本值 $C'(Q_0)$ 称为产量 Q_0 时的边际成本，它描述了产量达到 Q_0 时，生产 Q_0 前最后一个单位产品所增加的成本；或产量达到 Q_0 后，再增加一个单位产品所增加的成本.

边际成本函数. 总成本对产量的变化率 $C'(Q)$ 称为边际成本函数(或称成本函数的边际).

总收益对产量 Q 的变化率 $R'(Q)$ 称为边际收益函数.

经济学中所关注的问题常常是最大的利润问题，即总利润函数 $L(Q)$ 取最大值的问题. $L(Q)$ 取最大值的充分条件是 $L'(Q)=0$ 且 $L''(Q)<0$，即

$$R'(Q)=C'(Q) \text{ 且 } R''(Q)<C''(Q).$$

由此得出取得最大利润的充分条件是边际收益的变化率小于边际成本的变化率，这就是最大利润的原则.

例 1　设工厂生产某种产品，固定成本为 10000 元，每多生产一单位产品成本增加 100 元，该产品的需求函数 $Q=500-2P$，求工厂日产量 Q 为多少时，总利润 L 最大.

解　总成本函数

$$C(Q)=10000+100Q;$$

总收益函数

$$R(Q)=Q\cdot P=Q\cdot\frac{500-Q}{2}=250Q-\frac{Q^2}{2};$$

总利润函数为

$$L(Q)=R(Q)-C(Q)=150Q-\frac{Q^2}{2}-10000, \quad L'(Q)=150-Q.$$

令 $L'(Q)=0$，得 $Q=150$，且 $L''(Q)=-1<0$，故当 $Q=150$ 时利润最大.

例 2　某厂生产某种产品，总成本函数为 $C(Q)=200+4Q+0.05Q^2$ (元)，要求：

(1) 指出固定成本、可变成本；

(2) 求边际成本函数及产量 $Q=200$ 时的边际成本；

(3) 说明其经济意义.

解 (1)固定成本$C_0 = 200$，可变成本$C_1(Q) = 4Q + 0.05Q^2$；

(2)边际成本函数$C'(Q) = 4 + 0.1Q$, $C'(200) = 24$；

(3)经济意义：在产量为200时，再多生产一个单位产品，总成本增加24元.

例3 通过调查得知某种家具的需求函数为$Q = 1200 - 3P$，其中P(单位：元)为家具的销售价格，Q(单位：件)为需求量. 求销售该家具的边际收入函数，以及当销售量$Q = 450$, 600和700件时的边际收入.

解 由需求函数得价格

$$P = \frac{1}{3}(1200 - Q);$$

总收入函数为

$$R(Q) = QP(Q) = \frac{1}{3}Q(1200 - Q) = 400Q - \frac{1}{3}Q^2;$$

则边际收入函数为

$$R'(Q) = 400 - \frac{2}{3}Q,$$

$$R'(450) = 400 - \frac{2}{3} \times 450 = 100, \quad R'(600) = 400 - \frac{2}{3} \times 600 = 0,$$

$$R'(750) = 400 - \frac{2}{3} \times 750 = -100.$$

由此例看出，当家具的销售量为450件时，$R'(450) = 100 > 0$，此时再增加销售量，总收入会增加，而且再多销售一件家具，总收入会增加100元；当家具的销售量为600件时，$R'(600) = 0$，说明总收入函数达到最大值，此时再增加销售量，总收入不会增加；当家具的销售量为750件时，$R'(750) = -100 < 0$，此时再增加销售量，总收入会减少，而且再多销售一件家具，总收入会减少100元.

例4 某工厂生产某产品的总成本函数为

$$C(Q) = 9000 + 40Q + 0.001Q^2 \text{ (元/件)}.$$

问该厂生产多少件产品时的平均成本最低?

解 平均成本函数

$$\overline{C}(Q) = \frac{C(Q)}{Q} = \frac{9000}{Q} + 40 + 0.001Q, \quad \overline{C}'(Q) = -\frac{9000}{Q^2} + 0.001,$$

令 $\overline{C}'(Q)=0$，得唯一驻点 $Q=3000$，又 $\overline{C}''(Q)=\dfrac{18000}{Q^3}$，令 $\overline{C}''(3000)>0$，因此，$Q=3000$ 是 $\overline{C}(Q)$ 的极小值点，也就是最小值点，即当该厂生产 3000 件产品时平均成本最低.

例 5　已知某产品的需求函数 $P=10-\dfrac{Q}{5}$，总成本函数为 $C(Q)=50+2Q$，求产量为多少时总利润最大？并验证是否符合最大利润原则.

解　由需求函数 $P=10-\dfrac{Q}{5}$，得总收入函数为

$$R(Q)=Q\left(10-\frac{Q}{5}\right)=10Q-\frac{Q^2}{5},$$

总利润函数为

$$L(Q)=R(Q)-C(Q)=10Q-\frac{Q^2}{5}-(50+2Q)=8Q-\frac{Q^2}{5}-50.$$

$L'(Q)=8-\dfrac{2}{5}Q=0$，得 $Q=20$，而 $L''(20)=-\dfrac{2}{5}<0$，此时总利润最大.

此时，

$$R'(20)=2,\quad C'(20)=2,\quad R''(20)=-\frac{2}{5},\quad C''(20)=0.$$

所以有 $R'(20)=C'(20)$ 且 $R''(20)<C''(20)$，故符合最大利润原则.

例 6　设商品的需求函数为 $P+Q=30$，总成本函数为 $C(Q)=\dfrac{1}{2}Q^2+6Q+7$，其中 P 表示商品价格，Q 表示产出水平.

(1) 找出使总收益最大的产出水平；

(2) 找出使总利润最大的产出水平.

解　(1) 设总收益函数为 $R(Q)$，则

$$R(Q)=PQ=(30-Q)Q=-Q^2+30Q,\quad R'(Q)=-2Q+30,\quad R''(Q)=-2.$$

令 $R'(Q)=2Q-30=0$，解出 $Q=15$. 由 $R''(Q)=-2<0$，总收益函数 $R(Q)$ 在 $Q=15$ 处取得最大值.

(2)　$L(Q)=R(Q)-C(Q)$.

$$L(Q)=-Q^2+30Q-\left(\frac{1}{2}Q^2+6Q+7\right)=-\frac{3}{2}Q^2+24Q-7.$$

$$L'(Q)=-3Q+24, \quad L''(Q)=-3<0.$$

令$L'(Q)=-3Q+24=0$，解出$Q=8$. 即在$Q=8$时总利润最大.

例 7 设商品的供给函数和需求函数分别为$Q_s=P+9$和$Q_d=-\frac{1}{3}P+30$，政府决定对单位商品征税t(其中P为商品价格，单位：元). 假设市场达到均衡，试最大化政府税收的t值.

解 在表面上，商品的供给函数和需求函数中并没有包含政府的税收，而实际上，商品需求中的价格由供给价格和政府税收两部分组成，即

$$Q_d=-\frac{1}{3}(P+t)+30.$$

设市场达到均衡即$Q_s=Q_d$时，产量为Q，则

$$\begin{cases} Q=P+9, \\ Q=-\frac{1}{3}(P+t)+30. \end{cases}$$

解出$Q=\frac{99-t}{4}$.

政府总税收为

$$T=tQ=\frac{99t-t^2}{4}.$$

令$\frac{\mathrm{d}T}{\mathrm{d}t}=\frac{99-2t}{4}=0$，解出$t=\frac{99}{2}$. $\frac{\mathrm{d}^2T}{\mathrm{d}t^2}=-\frac{1}{2}<0$，说明$t=\frac{99}{2}$时总税收最大. 即政府应该对每单位产品征税49.5元.

典型例题解答 $L=\left(10-\frac{Q}{5}\right)Q-(50+2Q)=-\frac{Q^2}{5}+8Q-50$. $L'=8-\frac{2Q}{5}=0$, $Q=20$.

根据实际意义，产量为20，利润最大.

习题 2.7

1. 求函数$f(x)=\frac{\mathrm{e}^x}{x}$的边际函数.

2. 已知某商品的成本函数为$C(Q)=100+\frac{Q^2}{4}$，求出产量$Q=10$时的总成本、平均成本、边际成本并解释其经济意义.

3. 某小型机械厂，主要生产某种机器的配件，其最大生产能力为每日100件，假设日产量的总成本C(元)是日产量x(件)的函数$C(x)=\frac{1}{4}x^2+60x+2050$，求日产量为75件时的总成本和平均单位成本；日产量由75件提高到90件时总成本的平均改变量；日产量为75件时的边际成本.

4. 生产x单位某产品的总成本C为x的函数$C=C(x)=1200+\frac{x^2}{200}$.

(1)求生产400单位产品时的平均单位成本；

(2)求生产400单位产品到500单位产品时总成本的平均变化率；

(3)求生产400单位产品时的边际成本.

5. 设生产x单位某产品的总收益函数$R(x)=200x-0.01x^2$，求生产50单位产品时的总收益、平均收益、边际收益.

6. 设某商品的总成本函数为$C(Q)=125+3Q+\frac{1}{25}Q^2$，需求函数为$Q=60-2P$（其中$P$为需求单价），试求：

(1)平均成本函数、边际成本函数；

(2)销量为25单位时的边际成本、边际收入、边际利润.

2.8　弹性分析

典型例题　设某商品的需求函数为$Q=\mathrm{e}^{-\frac{P}{5}}$(其中，$P$是商品价格，$Q$是需求量)，求(1)需求弹性函数；(2) $P=3,P=5,P=6$时的需求弹性，并说明其经济意义.

初步分析　弹性分析是经济活动中常用的一种分析方法，是由对价格的相对变化引起商品需求量相对变化大小的分析，找到生产、供应、需求之间的关系，使生产者或营销者取得最佳效益.

预备知识　弹力分析的概念、意义及应用举例.

1. 函数的弹性

设函数$y=f(x)$，当自变量x在点x_0有增量Δx时，函数有相应的增量Δy，将比值$\frac{\Delta x}{x_0}$称为自变量的相对增量，将$\frac{\Delta y}{y_0}$称为函数的相对增量.

(1)函数在点x_0处的弹性.

定义 3 对于函数 $y=f(x)$，如果极限 $\lim\limits_{\Delta x\to 0}\dfrac{\dfrac{\Delta y}{y_0}}{\dfrac{\Delta x}{x_0}}$ 存在，那么称此极限为函数 $y=f(x)$ 在点 $x=x_0$ 处的弹性，记为 $E(x_0)$，即

$$E(x_0)=\lim_{\Delta x\to 0}\frac{\dfrac{\Delta y}{y_0}}{\dfrac{\Delta x}{x_0}}=\lim_{\Delta x\to 0}\frac{\Delta y}{\Delta x}\cdot\frac{x_0}{y_0}=f'(x_0)\frac{x_0}{f(x_0)}.$$

(2) 函数的弹性.

定义 4 对于函数 $y=f(x)$，如果极限 $\lim\limits_{\Delta x\to 0}\dfrac{\dfrac{\Delta y}{y}}{\dfrac{\Delta x}{x}}$ 存在，则称此极限为函数 $y=f(x)$ 在点 x 处的弹性，记为 $E(x)$，即

$$E(x)=\lim_{\Delta x\to 0}\frac{\dfrac{\Delta y}{y}}{\dfrac{\Delta x}{x}}=\lim_{\Delta x\to 0}\frac{\Delta y}{\Delta x}\cdot\frac{x}{y}=y'\cdot\frac{x}{y}.$$

$E(x)$ 也称为函数 $y=f(x)$ 的弹性函数.

函数 $y=f(x)$ 在点 x 处的弹性 $E(x)$ 反映了随 x 的变化，$f(x)$ 变化幅度的大小，也就是 $f(x)$ 对 x 变化反应的灵敏度，即当产生 1%的改变时，$f(x)$ 近似地改变 $E(x)\%$. 在应用问题中解释弹性的具体意义时，经常略去“近似”二字.

例 1 求函数 $y=\left(\dfrac{1}{3}\right)^x$ 的弹性函数及在 $x=1$ 处的弹性.

解 弹性函数 $E(x)=\left(\dfrac{1}{3}\right)^x\ln\dfrac{1}{3}\cdot\dfrac{x}{\left(\dfrac{1}{3}\right)^x}=-x\ln 3$，$E(1)=-\ln 3$.

2. 需求弹性

设某商品的需求函数为 $Q=Q(P)$，则需求弹性为

$$E(P)=Q'(P)\frac{P}{Q(P)}.$$

需求弹性 $E(P)$ 表示某种商品需求量 Q 对价格 P 的变化的敏感程度. 因为需求函数是一个递减函数，需求弹性一般为负值，所以其经济意义为：当某种商品的价格下降(或上升)1%时，其需求量将增加(或减少) $|E(P)|\%$.

当 $E(P)=-1$ 时，称为单位弹性，即商品需求量的相对变化与价格的相对变化基本相等，此价格是最优价格.

当 $E(P)<-1$ 时，称为富有弹性，此时，商品需求量的相对变化大于价格的相对变化，此时价格的变动对需求量的影响较大，换句话说，适当降价会使需求量较大幅度上升，从而增加收入.

当 $-1<E(P)<0$ 时，称为缺乏弹性，即商品需求量的相对变化小于价格的相对变化，此时的价格变化对需求量的影响较小，在适当的涨价后，不会使需求量有太大的下降，从而增加收入. 需求弹性的大小反映了价格变化对市场需求量的影响程度，在市场经济中，企业经营者关心的是商品涨价(或降价)对总收入的影响程度，因此，利用弹性分析了解市场变化，制定行之有效的营销策略，是生产者和商家的必行之道.

例 2　我国为了切实鼓励农业发展，真正增加农民收入，计划于明年春天开始采取提高关税等措施限制从北美地区进口小麦，估计这些措施将使可以得到的小麦数量减少 20%，如果小麦的需求价格弹性为−0.8，那么预计从明年起，我国小麦的价格会上涨多少？

解

$$E_PQ=\frac{\frac{\Delta Q}{Q}}{\frac{\Delta P}{P}}=-0.8,$$

$$\frac{\Delta P}{P}=\frac{\frac{\Delta Q}{Q}}{E_PQ}=\frac{-0.2}{-0.8}=\frac{1}{4}=25\%,$$

即明年起小麦的价格会上涨 25%.

例 3　设北京华润超市每周对某种品牌巧克力的需求量 Q(单位：kg)是价格 P(单位：元)的函数

$$Q=f(P)=\frac{1000}{(2P+1)^2}.$$

(1)求需求弹性函数；

(2)当$P=10$时的需求弹性，并说明其经济意义；

(3)当$P=10$时，如果价格上涨1%，总收益增加还是减少？变化多少？

解 (1) $E_PQ=\dfrac{\mathrm{d}Q}{\mathrm{d}P}\cdot\dfrac{P}{Q}=-4000(2P+1)^{-3}\cdot\dfrac{P}{Q}=-\dfrac{4P}{2P+1}$.

(2) $E_PQ(10)=-\dfrac{4P}{2P+1}\bigg|_{P=10}=-\dfrac{40}{21}$.

巧克力的需求弹性的绝对值$\left|-\dfrac{40}{21}\right|=\dfrac{40}{21}>1$，说明巧克力的需求函数是富于弹性的，需求量随价格变化会呈现较大波动，同时，弹性$-\dfrac{40}{21}<0$说明需求量随价格变化会呈现反向波动，即涨价则需求量减小，降价则需求量增加. 这在一个方面说明巧克力是一种生活中的奢侈品.

(3)总收益函数$R(P)=P\cdot Q(P)$，所以

$$E_pR(10)=1+E_pQ(10)=1-\frac{40}{21}=-\frac{19}{21},\quad \frac{\Delta R}{R}\bigg|_{P=10}=-\frac{19}{21}\cdot\frac{\Delta P}{P}=-\frac{19}{21}\cdot 1\%\approx -0.9\%,$$

即总收益量将减少0.9%.

典型例题解答 (1) $Q'(P)=-\dfrac{1}{5}\mathrm{e}^{-\frac{P}{5}}$，所求需求弹性函数为

$$E(P)=Q'(P)\frac{P}{Q(P)}=-\frac{1}{5}\mathrm{e}^{-\frac{P}{5}}\frac{P}{\mathrm{e}^{-\frac{P}{5}}}=-\frac{P}{5}.$$

(2) $E(3)=-\dfrac{3}{5}=-0.6$, $E(5)=-\dfrac{5}{5}=-1$, $E(6)=-\dfrac{6}{5}=-1.2$.

经济意义：当$P=3$时，$E(3)=-0.6>-1$，此时价格上涨 1%时，需求只减少0.6%，需求量的变化幅度小于价格变化的幅度，适当提高价格可增加销售量，从而增加总收入；当$P=5$时，$E(5)=-1$，此时价格上涨1%，需求将减少1%，需求量的变化幅度等于价格变化的幅度，是最优价格；当$P=6$时，$E(6)=-1.2$，此时价格上涨 1%，需求将减少 1.2%，需求量的变化幅度大于价格变化的幅度，适当降低价格可增加销售量，从而增加收入.

习题 2.8

1. 设某商品的需求函数为 $Q = 12 - \frac{P}{2}(0 < P < 24)$，求

(1) 需求弹性函数；

(2) P 为何值时，需求为高弹性或低弹性？

(3) 当 $P = 6$ 时的需求弹性，并说明经济意义.

2. 设某商品的需求函数为 $Q = \mathrm{e}^{-P}$（其中, P 是商品价格, Q 是需求量），求

(1) 需求弹性函数；

(2) $P = 3, P = 5, P = 6$ 时的需求弹性，并说明其经济意义.

3. 求函数 $y = 3^x$ 的弹性函数及在 $x = 1$ 处的弹性.

2.9　微分在近似计算中的应用

典型例题　求 $\mathrm{e}^{-0.03}$ 的近似值.

初步分析　求函数值的近似值，这是微分的应用，有近似计算公式.

预备知识　微分的概念、求法及应用.

2.9.1　微分的概念

定义 5　如果函数 $y = f(x)$ 在点 x_0 处具有导数 $f'(x_0)$，则 $f'(x_0)\Delta x$（Δy 的线性主部）称为函数 $y = f(x)$ 在点 x_0 处的**微分**，记为 $\mathrm{d}y\big|_{x=x_0}$，即 $\mathrm{d}y\big|_{x=x_0} = f'(x_0)\Delta x$.

一般地，函数 $y = f(x)$ 在点 x 处的微分，称为函数的微分，记为 $\mathrm{d}y$ 或 $\mathrm{d}f(x)$，即 $\mathrm{d}y = f'(x)\Delta x$，而把自变量的微分定义为自变量增量，记为 $\mathrm{d}x$，即 $\mathrm{d}x = \Delta x$，于是函数 $y = f(x)$ 的微分为 $\mathrm{d}y = f'(x)\mathrm{d}x$. 该式又可写成 $f'(x) = \frac{\mathrm{d}y}{\mathrm{d}x}$. 由此可知，函数的导数等于函数的微分与自变量的微分之商. 因而，导数也称微商. 这样，求一个函数的微分，只要求出这个函数的导数，再乘以自变量的微分 $\mathrm{d}x$ 即可.

例 1　求下列函数的微分.

(1) $y = \cos x$；　　　　(2) $y = 2x + x\mathrm{e}^x$.

解　(1) 因为 $y' = -\sin x$，所以 $\mathrm{d}y = -\sin x\mathrm{d}x$.

(2) 因为 $y' = (2x + x\mathrm{e}^x)' = 2 + \mathrm{e}^x + x\mathrm{e}^x$，所以 $\mathrm{d}y = (2 + \mathrm{e}^x + x\mathrm{e}^x)\mathrm{d}x$.

从上例可以看出，求导数和求微分在本质上没有什么区别，但不要把导数和微分的概念混淆.

例 2 已知隐函数 $xy=e^{x+y}$，求 dy.

解 方程两边对 x 求导，

$$(xy)'=(e^{x+y})',\quad y+xy'=e^{x+y}(1+y'),\quad (x-e^{x+y})y'=e^{x+y}-y,$$

$$y'=\frac{e^{x+y}-y}{x-e^{x+y}},\quad dy=y'dx=\frac{e^{x+y}-y}{x-e^{x+y}}dx.$$

设函数 $y=f(x)$ 在 x_0 处可导，当 $|\Delta x|\to 0$ 时，有 $\Delta y\approx f'(x_0)\Delta x$，即

$$f(x_0+\Delta x)-f(x_0)\approx f'(x_0)\Delta x$$

2.9.2 微分的几何意义

如图 2.17 所示，在曲线 $y=f(x)$ 上取一点 $P(x,y)$，作切线 PT，则切线的斜率为 $\tan\alpha=f'(x)$，自变量 x 处有增量 Δx，则 $PN=\Delta x=dx$, $MN=\Delta y$，而 $NT=PN\tan\alpha=f'(x)dx=dy$. 因此，微分的几何意义为：函数 $y=f(x)$ 的微分 dy 等于曲线 $y=f(x)$ 在点 $P(x,y)$ 处的切线的纵坐标的增量.

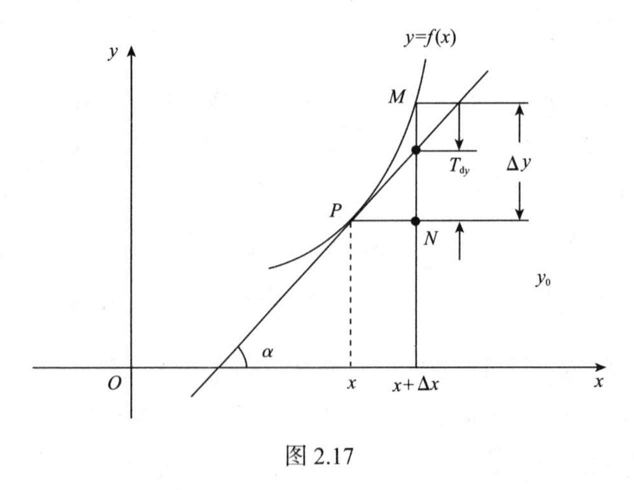

图 2.17

2.9.3 微分公式及运算法则

根据导数与微分的关系，可从导数的基本公式和运算法则推出微分的基本公式和运算法则，如表 2.11 和表 2.12 所示.

1. 微分公式

表 2.11

序　号	导数的基本公式	微分的基本公式
(1)	$C'=0$	$\mathrm{d}C=0$
(2)	$(x^{\alpha})'=\alpha x^{\alpha-1}$	$\mathrm{d}(x^{\alpha})=\alpha x^{\alpha-1}\mathrm{d}x$
(3)	$(\sin x)'=\cos x$	$\mathrm{d}(\sin x)=\cos x\mathrm{d}x$
(4)	$(\cos x)'=-\sin x$	$\mathrm{d}(\cos x)=-\sin x\mathrm{d}x$
(5)	$(\tan x)'=\sec^2 x$	$\mathrm{d}(\tan x)=\sec^2 x\mathrm{d}x$
(6)	$(\cot x)'=-\csc^2 x$	$\mathrm{d}(\cot x)=-\csc^2 x\mathrm{d}x$
(7)	$(\sec x)'=\sec x\tan x$	$\mathrm{d}(\sec x)=\sec x\tan x\mathrm{d}x$
(8)	$(\csc x)'=-\csc x\cot x$	$\mathrm{d}(\csc x)=-\csc x\cot x\mathrm{d}x$
(9)	$(a^x)'=a^x\ln a$	$\mathrm{d}(a^x)=a^x\ln a\mathrm{d}x$
(10)	$(\mathrm{e}^x)'=\mathrm{e}^x$	$\mathrm{d}(\mathrm{e}^x)=\mathrm{e}^x\mathrm{d}x$
(11)	$(\log_a x)'=\dfrac{1}{x\ln a}$	$\mathrm{d}(\log_a x)=\dfrac{1}{x\ln a}\mathrm{d}x$
(12)	$(\ln\|x\|)'=\dfrac{1}{x}$（$x\neq 0$）	$\mathrm{d}(\ln\|x\|)=\dfrac{1}{x}\mathrm{d}x$（$x\neq 0$）
(13)	$(\arcsin x)'=\dfrac{1}{\sqrt{1-x^2}}$	$\mathrm{d}(\arcsin x)=\dfrac{1}{\sqrt{1-x^2}}\mathrm{d}x$
(14)	$(\arccos x)'=-\dfrac{1}{\sqrt{1-x^2}}$	$\mathrm{d}(\arccos x)=-\dfrac{1}{\sqrt{1-x^2}}\mathrm{d}x$
(15)	$(\arctan x)'=\dfrac{1}{1+x^2}$	$\mathrm{d}(\arctan x)=\dfrac{1}{1+x^2}\mathrm{d}x$
(16)	$(\mathrm{arc}\cot x)'=-\dfrac{1}{1+x^2}$	$\mathrm{d}(\mathrm{arc}\cot x)=-\dfrac{1}{1+x^2}\mathrm{d}x$

2. 微分法则

表 2.12

序　号	导数的运算法则	微分的运算法则
(1)	$(u\pm v)'=u'\pm v'$	$\mathrm{d}(u\pm v)=\mathrm{d}u\pm \mathrm{d}v$
(2)	$[uv]'=u'v+uv'$	$\mathrm{d}(uv)=v\mathrm{d}u+u\mathrm{d}v$
(3)	$(Cu)'=Cu'$	$\mathrm{d}(Cu)=C\mathrm{d}u$
(4)	$\left(\dfrac{u}{v}\right)'=\dfrac{u'v-uv'}{v^2}$	$\mathrm{d}\left(\dfrac{u}{v}\right)=\dfrac{v\mathrm{d}u-u\mathrm{d}v}{v^2}$
(5)	设 $y=f(u)$, $u=\varphi(x)$ ，则复合函数 $y=f[\varphi(x)]$ 的求导法则为 $\dfrac{\mathrm{d}y}{\mathrm{d}x}=\dfrac{\mathrm{d}y}{\mathrm{d}u}\cdot\dfrac{\mathrm{d}u}{\mathrm{d}x}=f'(u)u'$	设 $y=f(u)$, $u=\varphi(x)$ ，则复合函数 $y=f[\varphi(x)]$ 的微分法则为 $\mathrm{d}y=\dfrac{\mathrm{d}y}{\mathrm{d}u}\cdot\dfrac{\mathrm{d}u}{\mathrm{d}x}\cdot\mathrm{d}x=f'(u)\mathrm{d}u=f'(u)u'\mathrm{d}x$

3. 复合函数的微分法则(一阶微分形式的不变性)

当u是自变量时，函数$y=f(u)$的微分为$\mathrm{d}y=f'(u)\mathrm{d}u$.

当u不是自变量，而是x的函数$u=\varphi(x)$时，复合函数$y=f[\varphi(x)]$的导数为$y'_x=f'(u)\varphi'(x)$，于是复合函数$y=f[\varphi(x)]$的微分为$\mathrm{d}y=y'_x\mathrm{d}x=f'(u)\varphi'(x)\mathrm{d}x=f'(u)\mathrm{d}u$. 因此，从形式上看，不论$u$是自变量还是中间变量，函数$y=f(u)$的微分总保持同一形式，即$\mathrm{d}y=f'(u)\mathrm{d}u$. 微分的这一性质，称为微分一阶形式的不变性. 因此，在求复合函数的微分时，可以根据微分定义求，也可以利用微分形式的不变性来求.

例 3　求函数$y=\ln\sin x$的微分.

解　方法 1　求导数$y'=\dfrac{1}{\sin x}\cos x$，则$\mathrm{d}y=\dfrac{1}{\sin x}\cos x\mathrm{d}x=\cot x\mathrm{d}x$.

方法 2　$\mathrm{d}y=\mathrm{d}(\ln\sin x)=\dfrac{1}{\sin x}\mathrm{d}(\sin x)=\dfrac{1}{\sin x}\cos x\mathrm{d}x=\cot x\mathrm{d}x$.

例 4　在下列括号中填上适当的函数，使等式成立.

(1) $\mathrm{d}(\quad)=x^2\mathrm{d}x$；　　　　(2) $\mathrm{d}(\quad)=\sin\omega x\mathrm{d}x$.

解　(1) 因为 $(x^3)'=3x^2$，所以 $\left(\frac{1}{3}x^3\right)'=x^2$，显然，对任意常数 C 有 $\mathrm{d}\left(\frac{1}{3}x^3+C\right)=x^2\mathrm{d}x$.

(2) 因为 $\left(-\frac{1}{\omega}\cos\omega x+C\right)'=\sin\omega x$，所以 $\mathrm{d}\left(-\frac{1}{\omega}\cos\omega x+C\right)=\sin\omega x\mathrm{d}x$.

2.9.4　微分的应用

我们主要从近似计算与误差估计两个方面介绍微分的应用.

设函数 $y=f(x)$ 在 x_0 处可导，当 $|\Delta x|\to 0$ 时，有 $\Delta y\approx f'(x_0)\Delta x$，即

$$f(x_0+\Delta x)-f(x_0)\approx f'(x_0)\Delta x,$$

得计算函数值的近似公式

$$f(x)=f(x_0+\Delta x)\approx f(x_0)+f'(x_0)\Delta x.$$

1. 近似计算

1) 求函数在某点附近函数值的近似值.

当 $|\Delta x|$ 很小时，$f(x)=f(x_0+\Delta x)\approx f(x_0)+f'(x_0)\Delta x$;

当 $x_0=0$ 且 $|x|$ 很小时，$f(x)\approx f(0)+f'(0)x$.

当 $|x|$ 很小时，可推得下面一些常用近似公式.

$\sqrt[n]{1+x}\approx 1+\frac{x}{n}$;　　$\mathrm{e}^x\approx 1+x$;　　$\ln(1+x)\approx x$;

$\sin x\approx x$;　　$\tan x\approx x$;　　$1-\cos x\approx\frac{x^2}{2}$.

利用公式 $f(x)=f(x_0+\Delta x)\approx f(x_0)+f'(x_0)\Delta x$ 计算在点 x_0 附近的点 $x=x_0+\Delta x$ 处的近似值的一般方法.

(1) 选择合适的函数；取点 x_0 及 Δx (点 x_0 应使 $f(x_0)$ 及 $f'(x_0)$ 易于计算，且使 $|\Delta x|$ 充分小).

(2) 求出 $f(x_0)$ 及 $f'(x_0)$.

(3) 代入公式计算.

例 5 求$\sqrt[3]{7.988}$的近似值.

解 (1)设$f(x)=\sqrt[3]{x}$，由$x=7.988$，取$x_0=8,\Delta x=x-x_0=-0.012$.

(2) $f(8)=2,f'(8)=\frac{1}{3}x^{-\frac{2}{3}}\Big|_{x=8}=\frac{1}{12}$.

(3)因为$f(x)=f(x_0+\Delta x)\approx f(x_0)+f'(x_0)\Delta x$，所以

$f(7.988)=f[8+(-0.012)]\approx f(8)+f'(8)(-0.012)=2+\frac{1}{12}(-0.012)=1.999$.

所以$\sqrt[3]{7.988}\approx 1.999$.

例 6 求$\sqrt{4.20}$的值.

解 (1)因为$\sqrt{4.20}=\sqrt{4(1.05)}=2\sqrt{1+0.05}$，所以可设函数$f(x)=2\sqrt{x}$，取$x=1.05,x_0=1,\Delta x=0.05$.

(2) $f'(x)=x^{-\frac{1}{2}},f(1)=2,f'(1)=1$.

(3) $\sqrt{4.20}=f(x)=f(x_0+\Delta x)\approx f(1)+f'(1)\Delta x=2+1\times 0.05=2.05$.

例 7 求$\sin 33^\circ$的近似值.

解 由于$\sin 33^\circ=\sin\left(\frac{\pi}{6}+\frac{\pi}{60}\right)$，因此取$f(x)=\sin x$，$x_0=\frac{\pi}{6},\Delta x=\frac{\pi}{60}$，所以

$$\sin 33^\circ=\sin\left(\frac{\pi}{6}+\frac{\pi}{60}\right)\approx f\left(\frac{\pi}{6}\right)+f'\left(\frac{\pi}{6}\right)\Delta x$$

$$=\sin\left(\frac{\pi}{6}\right)+\cos\frac{\pi}{6}\cdot\frac{\pi}{60}=\frac{1}{2}+\frac{\sqrt{3}}{2}\cdot\frac{\pi}{60}\approx 0.545.$$

2)求函数改变量的近似值.

例 8 半径为10cm的金属圆片受热膨胀，半径伸长了0.05cm，问面积大约扩大了多少?

解 (1)设半径为r，圆面积为S，则$S(r)=\pi r^2$. 由题意知$r_0=10\text{cm},\Delta r=0.05\text{cm}$.

(2) $S'(r)=2\pi r,S'(10)=2\pi\cdot 10=20\pi$.

(3) $\Delta S\approx \mathrm{d}S=S'(10)\Delta r=20\pi\cdot 0.05=\pi\approx 3.14(\text{cm}^2)$.

2. 误差估计

(1)设某量真值为x，其测量为x_0，则称$\Delta x=x-x_0$为x的测量误差或度量误

差，$|\Delta x| = |x - x_0|$ 为 x 的绝对误差，$\left|\dfrac{\Delta x}{x_0}\right|$ 为 x 的相对误差.

(2) 设某量 y 由函数 $y = f(x)$ 确定，如果 x 有度量误差 Δx，则相应的 y 也有度量误差 $\Delta y = f(x_0 + \Delta x) - f(x_0)$，绝对误差 $|\Delta y|$ 及相对误差 $\left|\dfrac{\Delta y}{y}\right|$.

(3) 设函数 $y = f(x)$ 可微，以 $\mathrm{d}y$ 代替 Δy，则绝对误差估计公式和相对误差估计公式分别为

$$|\Delta y| \approx |\mathrm{d}y| = |f'(x)||\Delta x|, \quad \left|\frac{\Delta y}{y}\right| \approx \left|\frac{\mathrm{d}y}{y}\right| = \left|\frac{f'(x)}{f(x)}\right||\Delta x|.$$

例 9 有一立方体水箱，测得它的边长为 70cm，度量误差为 ±0.1 cm. 试估计：用此测量数据计算水箱的体积时，产生的绝对误差与相对误差.

解 设立方体边长为 x，体积为 V，则 $V = x^3$.

(1) 由题意知 $x_0 = 70, \Delta x = \pm 0.1$.

(2) $V'(70) = (x^3)'|x = 70 = 14700$.

(3) 由误差估计公式，体积的绝对值误差为

$$|\Delta V| \approx |\mathrm{d}V| = |V'(70)||\Delta x| = 14700 \times 0.1 = 1470(\mathrm{cm}^2),$$

体积的相对误差为

$$\left|\frac{\Delta V}{V}\right| \approx \left|\frac{\mathrm{d}V}{V}\right| = \left|\frac{V'(70)}{V(70)}\right| \cdot |\Delta x| = \left|\frac{14700}{343000}\right| \times 0.1 = \frac{0.3}{70} \approx 0.43\%.$$

典型例题解答 令 $f(x) = \mathrm{e}^x, f'(x) = \mathrm{e}^x$，取 $x_0 = 0, \Delta x = -0.03$，那么

$$\mathrm{e}^{-0.03} = f(x_0 + \Delta x) \approx f(x_0) + f'(x_0)\Delta x \approx f(0) + f'(0)\Delta x = \mathrm{e}^0 + \mathrm{e}^0(-0.03) = 0.97.$$

习题 2.9

1. 设函数 $y = x^2 - 1$，当自变量从 1 改变到 1.02 时，求函数的增量与函数的微分.

2. 求下列函数在指定点处的微分.

(1) $y = \sqrt{x+1}, x = 0$；

(2) $y = \arcsin\sqrt{x}, x = \dfrac{1}{2}$；

(3) $y = \dfrac{x}{1+x^2}, x = 0$；

(4) $y = (x^2+5)^3, x = 1$.

3. 将适当的函数填入括号内，使等式成立.

(1) $d(\quad)=\frac{1}{1+x^2}dx$；　(2) $d(\quad)=\frac{1}{\sqrt{1-x^2}}dx$；

(3) $d(\quad)=e^x dx$；　(4) $d(\quad)=\frac{1}{x}dx$；

(5) $d(\quad)=\frac{1}{x^2}dx$；　(6) $d(\quad)=\sqrt{x}dx$；

(7) $d(\quad)=\frac{1}{\sqrt{x}}dx$；　(8) $d(\quad)=\sec^2 x dx$；

(9) $d(\cos 2x)=(\quad)dx$；　(10) $d(e^{-\frac{1}{2}x})=(\quad)dx$；

(11) $xdx=(\quad)d(1-x^2)$；　(12) $\cos\frac{x}{3}dx=(\quad)d\left(\sin\frac{x}{3}\right)$；

(13) $e^{3x}dx=(\quad)d(e^{3x})$；　(14) $\frac{1}{x^2}dx=(\quad)d\left(\frac{1}{x}\right)$.

4. 求下列函数微分 dy.

(1) $y=e^{\sin 3x}$；　(2) $y=\tan x+2^x-\frac{1}{\sqrt{x}}$；

(3) $y=e^{-x}\cos(3-x)$；　(4) $y=\ln(\sqrt{1-\ln x})$；

(5) $y=(e^x+e^{-x})^{\sin x}$；　(6) $xy=a^2$；

(7) $y=\frac{\cos x}{1-x^2}$；　(8) $y=[\ln(1-x)]^2$；

(9) $y=\arctan e^{2x}$；　(10) $y=\tan^2(1+2x^2)$.

5. 一平面圆环形，其内半径为 10cm，宽为 0.1cm，求其面积的精确值与近似值.

6. 利用微分求下列函数的近似值.

(1) $\cos 59^\circ$；　(2) $\sqrt{0.97}$；　(3) $\ln 0.98$；　(4) $e^{0.04}$.

7. 已知一正方体的棱长为 10m，如果它的棱长增加 0.1m，求体积的绝对误差与相对误差.

复习题 2

1. 判断题

(1) 极大值就是最大值.　(　　)

(2) 单调性的分界点一定是驻点.　(　　)

(3) 驻点是指使一阶导数 $f'(x)=0$ 的点 $(x_0, f(x_0))$.　(　　)

(4) 闭区间上的连续函数的最值必在驻点和端点处取得.　(　　)

(5) 函数的极值不可能在区间的端点取得.　(　　)

(6) 设函数 $f(x)$ 在 (a,b) 内连续，则 $f(x)$ 在 (a,b) 内一定有最大值和最小值.　(　　)

(7) 函数 $f(x)$ 在点 x_0 处不可导，则 $f(x)$ 在 x_0 处不可能取得极值.　(　　)

(8) 曲线 $y=\ln(1+x^2)$ 的拐点是 $x=\pm 1$.　(　　)

(9) 拐点是凹凸性的分界点.　(　　)

(10) 曲线 $y=\dfrac{1}{x+1}+2$ 的水平渐近线为 $y=2$，铅直渐近线 $x=-1$.　(　　)

2. 填空题

(1) 设函数 $f(x)$ 在 (a,b) 内可导，如果 $f'(x)>0$，则函数 $f(x)$ 在 (a,b) 内________；如果 $f'(x)<0$，则函数 $f(x)$ 在 (a,b) 内________；如果 $f'(x)=0$，则函数 $f(x)$ 在 (a,b) 内________.

(2) 曲线 $y=2+5x-3x^3$ 的拐点是________.

(3) 曲线 $y=\dfrac{x^2}{x^2-1}$ 的水平渐近线为________，垂直渐近线为________.

(4) 连续函数 $f(x)$ 的极值点只能是________点.

(5) 曲线 $f(x)=xe^x$ 在区间________内是凸的，________内是凹的，拐点是________.

(6) 若 $x=1, x=2$ 都是函数 $y=x^3+ax^2+bx$ 的驻点，则 $a=$________，$b=$________.

(7) $\lim\limits_{x\to 0}\dfrac{e^x-e^{-x}}{x}=$________.

(8) 函数 $f(x)=4+8x^3-3x^4$ 的极大值是________.

(9) 如果函数 $f(x)$ 在 x_0 可导，且在该点取得极值，则 $f'(x_0)=$________.

(10) $\lim\limits_{x\to 1}\dfrac{\ln x}{x-1}=$________.

3. 选择题

(1) 设 $y=-x^2+4x-7$，那么在区间 $(-5,-3)$ 和 $(3,5)$ 内 y 分别为(　　).

A. 单调增加，单调增加　　B. 单调增加，单调减少

C. 单调减少，单调增加　　D. 单调减少，单调减少

(2) 下列函数在指定区间 $(-\infty,+\infty)$ 内单调递增的有(　　).

A. $\sin x$　　B. e^x　　C. x^2　　D. $3-x$

(3) 函数 $y=f(x)$ 有驻点 $x=x_0$，则(　　)不成立.

A. $f(x)$ 在 x_0 处连续　　B. $f(x)$ 在 x_0 处可导

C. $f(x)$ 在 x_0 处有极值　　D. 点 $(x_0,f(x_0))$ 处曲线的切线平行于 x 轴

(4) 设曲线 $y=x^3-3x^2-8$，那么在区间 $(-1,1)$ 和 $(2,3)$ 内曲线分别为(　　).

A. 凸的，凸的　　B. 凸的，凹的　　C. 凹的，凸的　　D. 凹的，凹的

(5) 若在区间 (a,b) 内函数 $f(x)$ 的一阶导数 $f'(x)>0$，二阶导数 $f''(x)>0$，则 $f(x)$ 在该区间内(　　).

A. 单调递减、凹的　　B. 单调递减、凸的

C. 单调递增、凹的　　D. 单调递增、凸的

(6) $f'(x_0)=0$ 是可导函数 $f(x)$ 在 x_0 处有极值的(　　).

A. 充分条件　　B. 必要条件

C. 充要条件　　D. 非充分又非必要条件

(7) 极限 $\lim\limits_{x\to e}\dfrac{\ln x-1}{x-e}$ 的值为(　　).

A. 1　　B. e^{-1}　　C. e　　D. 0

(8) 设函数 $f(x)$ 在区间 I 上的导数恒为零，则 $f(x)$ 在区间 I 上(　　).

A. 恒为零　　B. 恒不为零　　C. 是一个常数　　D. 以上说法均不正确

(9) 函数 $y=f(x)$ 在点 $x=x_0$ 处取得极小值，则必有(　　).

A. $f'(x_0)=0$　　B. $f''(x_0)>0$

C. $f'(x_0)=0$，且 $f''(x_0)>0$　　D. $f'(x_0)=0$ 或 $f'(x_0)$ 不存在

(10) 函数 $f(x)=\dfrac{1}{x}$ 在 $(0,1)$ 内最小值是(　　).

A. 0　　B. 1　　C. 任何小于 1 的数　　D. 不存在

4. 求下列各极限.

(1) $\lim\limits_{x\to+\infty}\dfrac{x}{x+\sqrt{x}}$；　(2) $\lim\limits_{x\to0}\dfrac{\ln(1+3x)}{e^{2x}-1}$；　(3) $\lim\limits_{x\to\frac{\pi}{4}}\dfrac{\tan x-1}{\sin 4x}$；

(4) $\lim\limits_{x\to0}\dfrac{x-\arctan x}{x^3}$；　(5) $\lim\limits_{x\to0^+}\dfrac{\ln\tan x}{\ln\sin x}$；　(6) $\lim\limits_{x\to0}\dfrac{e^x-x-1}{x\sin x}$；

(7) $\lim\limits_{x\to+\infty}x\left(\sqrt{x^2+1}-x\right)$；　(8) $\lim\limits_{x\to0}\left(\dfrac{1}{x}-\dfrac{1}{\sin x}\right)$.

5. 求函数 $f(x)=1-\dfrac{1}{2}\ln(1+x^2)(|x|<1)$ 的极值.

6. 取一块母线为 L 、圆心角为 a 的扇形铁皮卷起来，做成一个漏斗，试问 a 取何值时，漏斗的容积最大?

7. 欲建一个底面为正方形的长方体蓄水池，容积为 1500 m^3 ，四壁造价为 a (元/ m^2)($a>0$)，底面造价是四壁造价的 3 倍，当蓄水池的底面边长和深度各为多少时，总造价最省?

8. 如图 2.18 所示，在一个半径为 R 的圆形广场中心挂一灯，问要挂多高，才能使广场周围的路上照得最亮（已知灯的照明度 I 的计算公式是 $I=k\dfrac{\cos a}{l^2}$ ，其中 l 是灯到广场被照射点的距离， a 为光线投射角）?

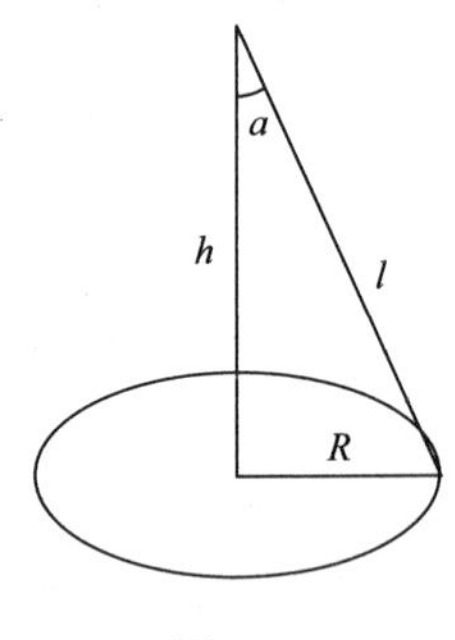

图 2.18

9. 设需求函数为 $Q(P)=10-\dfrac{P}{5}$ ，求 $P=20$ 时的边际收入并说明其经济意义.

10. 设某工厂每天生产某种产品 x 单位时的总成本函数为 $C(x)=0.5x^2+36x+1600$ (元)，问每天生产多少单位产品时，其平均值最小.

11. 某个体户以每条 10 元的价格购进一批牛仔裤，设此批牛仔裤的需求函数为 $Q=40-2P$ ，问将牛仔裤的销售价定为多少时，才能获得最大利润?

第3章　不定积分的应用

类似于加法与减法、乘法与除法、乘方与开方、指数与对数等运算，它们互为逆运算. 求导运算也有逆运算，即已知某个函数 $F(x)$ 的导函数 $f(x)$，求 $F(x)$，使得 $F'(x)=f(x)$，这是求不定积分问题，在科学技术和经济管理的许多理论和应用问题中也经常需要解决这类问题. 本章主要介绍原函数与不定积分的概念、求不定积分的方法及其应用.

3.1　由边际成本求总成本函数

典型例题　已知生产某产品的边际成本函数是

$$C'(x)=3x^2-16x-19.6,$$

且固定成本为 3.5 万元，求总成本函数 $C(x)$，并求产量为 10 个单位时的总成本.

解　总成本 $C(x)=\int(3x^2-16x-19.6)\mathrm{d}x=x^3-8x^2-19.6x+C$.

因为固定成本 $C(0)=3.5$ 万元，代入上式得 $C=3.5$ 万元，所以总成本函数为

$$C(x)=x^3-8x^2-19.6x+3.5,$$

且

$$C(10)=10^3-8\times10^2-19.6\times10+3.5=7.5\ (万元).$$

初步分析　由边际成本求总成本函数，是已知导函数求原函数的应用. 已知导函数求原函数，就是本章要学的不定积分. 需要理解不定积分概念，掌握不定积分各种计算方法. 若已知边际成本函数为 $C'(x)$，则总成本函数 $C(x)$ 是边际成本函数 $C'(x)$ 关于 x 的不定积分，即

$$C(x)=\int C'(x)\mathrm{d}x=C_1(x)+C.$$

而总成本=固定成本+可变成本，上式中 $C_1(x)$ 为可变成本，通常积分常数 C 是指固定成本，就是产量 $x=0$ 时的成本 $C(0)$，也就是求总成本函数的初始条件.

预备知识 不定积分的概念与计算方法.

3.1.1 不定积分的概念与计算方法

1. 原函数

定义 1 设 $f(x)$ 是定义在某区间上的一个函数，如果存在一个函数 $F(x)$，使得在该区间上的任何一点，都有

$$F'(x)=f(x) \quad 或 \quad \mathrm{d}F(x)=f(x)\mathrm{d}x,$$

则称 $F(x)$ 是函数 $f(x)$ 在该区间上的**一个原函数**.

例如，由于 $(\sin x)'=\cos x$，所以 $\sin x$ 是 $\cos x$ 的一个原函数.

2. 不定积分

1) 不定积分的概念

定义 2 在区间 I 上，函数 $f(x)$ 的全体原函数称为 $f(x)$ 的不定积分，记为 $\int f(x)\mathrm{d}x$. 其中，记号 $\int$ 称为**积分号**，$f(x)$ 称为**被积函数**，$f(x)\mathrm{d}x$ 称为**被积表达式**，x 称为**积分变量**. 如果 $F(x)$ 是 $f(x)$ 的一个原函数，那么 $\int f(x)\mathrm{d}x=F(x)+C$. 其中常数 C 称为**积分常数**.

例 1 求 $\int x^2\mathrm{d}x$.

解 因为 $\left(\dfrac{x^3}{3}\right)'=x^2$，所以 $\dfrac{x^3}{3}$ 为 x^2 的一个原函数. 于是 $\int x^2\mathrm{d}x=\dfrac{x^3}{3}+C$.

2) 不定积分的性质

性质 1 $\left[\int f(x)\mathrm{d}x\right]'=f(x)$ 或 $\mathrm{d}\int f(x)\mathrm{d}x=f(x)\mathrm{d}x$.

性质 2 $\int F'(x)\mathrm{d}x=F(x)+C$ 或 $\int \mathrm{d}F(x)=F(x)+C$.

性质 1、性质 2 可叙述为：不定积分的导数(或微分)等于被积函数(或被积表达式)；一个函数导数(或微分)的不定积分等于这个函数加上积分常数.

3. 不定积分的几何意义

若 $F(x)$ 是 $f(x)$ 的一个原函数，则 $f(x)$ 的不定积分为 $F(x)+C$. 对于每一个给定的 C，就可确定 $f(x)$ 的一个原函数，在几何上就相应地确定一条曲线，这条曲

线称为 $f(x)$ 的**积分曲线**. 由于 $F(x)+C$ 的图形可以由曲线 $y=F(x)$ 沿着 y 轴上下平移而得到，这样不定积分 $\int f(x)\mathrm{d}x$ 在几何上就表示一组平行的积分曲线，简称为**积分曲线族**. 在相同的横坐标 $x=x_0$ 处，这些曲线的切线是相互平行的，其斜率都等于 $f(x_0)$ ，如图 3.1 所示.

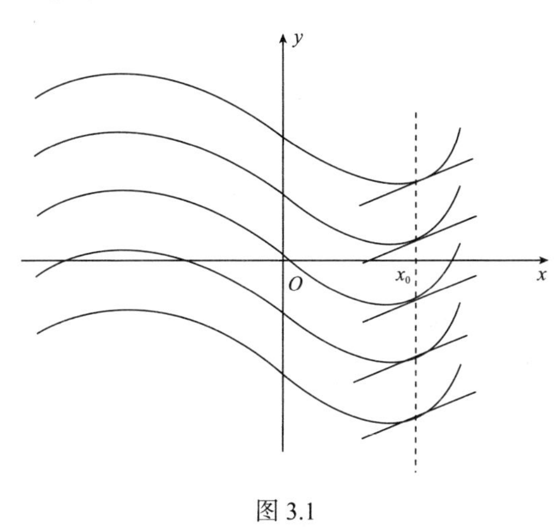

图 3.1

例 2　求通过点 $(1,2)$，且其上任一点处切线的斜率为 $3x^2$ 的曲线方程.

解　按题意，就是求函数 $3x^2$ 的积分曲线族中过点 $(1,2)$ 的这条曲线.

因为 $\int 3x^2\mathrm{d}x=x^3+C$ ，于是得 $y=x^3+C$. 将 $x=1,y=2$ 代入，有 $2=1^3+C$ ，得 $C=1$.

故所求曲线方程为 $y=x^3+1$.

4. 积分的基本公式和法则、直接积分法

1）积分的基本公式

(1) $\int 0\mathrm{d}x=C$ ；

(2) $\int k\mathrm{d}x=kx+C$ ；

(3) $\int x^\alpha \mathrm{d}x=\dfrac{1}{\alpha+1}x^{\alpha+1}+C$ （$\alpha\neq -1$）；

(4) $\int \dfrac{1}{x}\mathrm{d}x=\ln|x|+C$ ；

(5) $\int \mathrm{e}^x\mathrm{d}x=\mathrm{e}^x+C$ ；

(6) $\int a^x\mathrm{d}x=\dfrac{a^x}{\ln a}+C$ ；

(7) $\int \cos x\mathrm{d}x=\sin x+C$ ；

(8) $\int \sin x\mathrm{d}x=-\cos x+C$ ；

(9) $\int \sec^2 x\mathrm{d}x=\tan x+C$ ；

(10) $\int \csc^2 x\mathrm{d}x=-\cot x+C$ ；

(11) $\int \sec x \tan x \mathrm{d}x = \sec x + C$；　　(12) $\int \csc x \cot x \mathrm{d}x = -\csc x + C$；

(13) $\int \frac{1}{\sqrt{1-x^2}} \mathrm{d}x = \arcsin x + C = -\arccos x + C$；

(14) $\int \frac{1}{1+x^2} \mathrm{d}x = \arctan x + C = -\mathrm{arc}\cot x + C$.

例 3 求 $\int \frac{1}{x^3} \mathrm{d}x$.

解 $\int \frac{1}{x^3} \mathrm{d}x = \int x^{-3} \mathrm{d}x = \frac{x^{-3+1}}{-3+1} + C = -\frac{1}{2x^2} + C$.

2) 积分的基本运算法则

法则 1 两个函数代数和的不定积分等于两个函数不定积分的代数和. 即

$$\int [f(x) \pm g(x)] \mathrm{d}x = \int f(x) \mathrm{d}x \pm \int g(x) \mathrm{d}x .$$

法则 2 被积函数中不为零的常数因子可以提到积分号外面来. 即

$$\int kf(x) \mathrm{d}x = k\int f(x) \mathrm{d}x \quad (k \text{ 是常数}, \ k \neq 0).$$

3) 直接积分法

直接积分法就是根据不定积分的性质、运算法则，结合代数或三角的公式变形，直接利用积分基本公式进行积分的一种方法.

例 4 求 $\int (2x^2 + 3x - 5) \mathrm{d}x$.

解 $\int (2x^2 + 3x - 5) \mathrm{d}x = 2\int x^2 \mathrm{d}x + 3\int x \mathrm{d}x - 5\int \mathrm{d}x$

$$= \frac{2}{3}x^3 + \frac{3}{2}x^2 - 5x + C .$$

例 5 求 $\int 3^x \mathrm{e}^x \mathrm{d}x$.

解 $\int 3^x \mathrm{e}^x \mathrm{d}x = \int (3\mathrm{e})^x \mathrm{d}x = \frac{(3\mathrm{e})^x}{\ln(3\mathrm{e})} + C = \frac{3^x \mathrm{e}^x}{1+\ln 3} + C$.

例 6 求 $\int \frac{x^2}{x^2+1} \mathrm{d}x$.

解 因为 $\frac{x^2}{x^2+1} = \frac{x^2+1-1}{x^2+1} = 1 - \frac{1}{1+x^2}$，于是

$$\int\frac{x^2}{x^2+1}\mathrm{d}x=\int\left(1-\frac{1}{1+x^2}\right)\mathrm{d}x=x-\arctan x+C.$$

例 7　求$\int\cos^2\frac{x}{2}\mathrm{d}x$.

解　由倍角公式，得

$$\cos^2\frac{x}{2}=\frac{1+\cos x}{2},$$

于是

$$\int\cos^2\frac{x}{2}\mathrm{d}x=\int\frac{1+\cos x}{2}\mathrm{d}x=\frac{1}{2}\int(1+\cos x)\mathrm{d}x=\frac{1}{2}\left(\int\mathrm{d}x+\int\cos x\mathrm{d}x\right)=\frac{1}{2}(x+\sin x)+C.$$

例 8　求$\int\tan^2 x\mathrm{d}x$.

解　$\int\tan^2 x\mathrm{d}x=\int(\sec^2 x-1)\mathrm{d}x=\tan x-x+C$.

例 9　求$\int\frac{1}{\sin^2 x\cos^2 x}\mathrm{d}x$.

解　
$$\int\frac{1}{\sin^2 x\cos^2 x}\mathrm{d}x=\int\frac{\sin^2 x+\cos^2 x}{\sin^2 x\cos^2 x}\mathrm{d}x$$
$$=\int(\sec^2 x+\csc^2 x)\mathrm{d}x=\tan x-\cot x+C.$$

5. *换元积分法*

换元积分法是复合函数求导的逆运算.

1)第一类换元积分法(凑微分法)

定理 1　设函数$f(x)$具有原函数$F(x)$，且$u=\varphi(x)$可导，则$F[\varphi(x)]$是$f[\varphi(x)]\varphi'(x)$的原函数，即有

$$\int f[\varphi(x)]\varphi'(x)\mathrm{d}x=\int f(u)\mathrm{d}u=F(u)+C=F[\varphi(x)]+C.$$

例 10　求$\int\cos 2x\mathrm{d}x$.

解　被积函数$\cos 2x$是复合函数，作变换$u=2x$，则$\mathrm{d}u=\mathrm{d}(2x)=2\mathrm{d}x$，$\mathrm{d}x=\frac{1}{2}\mathrm{d}u$，从而

$$\int \cos 2x\mathrm{d}x = \int \cos u \cdot \frac{1}{2}\mathrm{d}u = \frac{1}{2}\sin u + C = \frac{1}{2}\sin 2x + C .$$

例 11 求$\int \mathrm{e}^{3x}\mathrm{d}x$.

解 被积函数是一个复合函数，令$u = 3x$, $x = \frac{u}{3}$, $\mathrm{d}x = \frac{1}{3}\mathrm{d}u$，从而

$$\int \mathrm{e}^{3x}\mathrm{d}x = \frac{1}{3}\int \mathrm{e}^{u}\mathrm{d}u = \frac{1}{3}\mathrm{e}^{u} + C = \frac{1}{3}\mathrm{e}^{3x} + C .$$

例 12 求$\int \frac{1}{2-3x}\mathrm{d}x$.

解 令$u = 2-3x$，则$\mathrm{d}u = \mathrm{d}(2-3x) = -3\mathrm{d}x$, $\mathrm{d}x = -\frac{1}{3}\mathrm{d}u$，于是

$$\int \frac{1}{2-3x}\mathrm{d}x = \int \frac{1}{u}\cdot\left(-\frac{1}{3}\right)\mathrm{d}u = -\frac{1}{3}\ln|u| + C = -\frac{1}{3}\ln|2-3x| + C .$$

例 13 求$\int x\mathrm{e}^{x^2}\mathrm{d}x$.

解 令$u = x^2$，则$\mathrm{d}u = \mathrm{d}(x^2) = 2x\mathrm{d}x$, $x\mathrm{d}x = \frac{1}{2}\mathrm{d}u$，于是

$$\int x\mathrm{e}^{x^2}\mathrm{d}x = \int \mathrm{e}^{u}\cdot\frac{1}{2}\mathrm{d}u = \frac{1}{2}\mathrm{e}^{u} + C = \frac{1}{2}\mathrm{e}^{x^2} + C .$$

例 14 求$\int \frac{\ln^2 x}{x}\mathrm{d}x$.

解 令$u = \ln x$，则$\mathrm{d}u = \mathrm{d}(\ln x) = \frac{1}{x}\mathrm{d}x$. 于是

$$\int \frac{\ln^2 x}{x}\mathrm{d}x = \int u^2\mathrm{d}u = \frac{1}{3}u^3 + C = \frac{1}{3}(\ln x)^3 + C .$$

例 15 求$\int \tan x\mathrm{d}x$.

解 $\int \tan x\mathrm{d}x = \int \frac{\sin x}{\cos x}\mathrm{d}x = -\int \frac{1}{\cos x}\mathrm{d}(\cos x) = -\ln|\cos x| + C$.

类似可得

$$\int \cot x\mathrm{d}x = \ln|\sin x| + C .$$

例 16　求 $\int \frac{1}{(\arcsin x)^2 \sqrt{1-x^2}} \mathrm{d}x$.

解　$\int \frac{1}{(\arcsin x)^2 \sqrt{1-x^2}} \mathrm{d}x = \int (\arcsin x)^{-2} \mathrm{d}(\arcsin x) = -\frac{1}{\arcsin x} + C$.

例 17　求 $\int \csc x \mathrm{d}x$.

解　$\int \csc x \mathrm{d}x = \int \frac{1}{\sin x} \mathrm{d}x = \int \frac{1}{2\sin\frac{x}{2}\cos\frac{x}{2}} \mathrm{d}x = \frac{1}{2}\int \frac{1}{\tan\frac{x}{2}\cos^2\frac{x}{2}} \mathrm{d}x$

$$= \int \frac{1}{\tan\frac{x}{2}} \mathrm{d}\left(\tan\frac{x}{2}\right) = \ln\left|\tan\frac{x}{2}\right| + C.$$

而

$$\tan\frac{x}{2} = \frac{\sin\frac{x}{2}}{\cos\frac{x}{2}} = \frac{2\sin^2\frac{x}{2}}{2\sin\frac{x}{2}\cos\frac{x}{2}} = \frac{1-\cos x}{\sin x} = \csc x - \cot x,$$

所以

$$\int \csc x \mathrm{d}x = \ln|\csc x - \cot x| + C.$$

例 18　求 $\int \sec x \mathrm{d}x$.

解　由于 $\sec x = \frac{1}{\cos x} = \frac{1}{\sin\left(x+\frac{\pi}{2}\right)}$，因此，利用例 17 的结果有

$$\int \sec x \mathrm{d}x = \int \frac{1}{\sin\left(x+\frac{\pi}{2}\right)} \mathrm{d}\left(x+\frac{\pi}{2}\right)$$

$$= \ln\left|\csc\left(x+\frac{\pi}{2}\right) - \cot\left(x+\frac{\pi}{2}\right)\right| + C$$

$$= \ln|\sec x + \tan x| + C.$$

例 19　求 $\int \frac{2x+1}{x^2+4x+5} \mathrm{d}x$.

解 $\int \frac{2x+1}{x^2+4x+5}\mathrm{d}x = \int \frac{2x+4-3}{x^2+4x+5}\mathrm{d}x = \int \frac{2x+4}{x^2+4x+5}\mathrm{d}x - 3\int \frac{1}{1+(x+2)^2}\mathrm{d}x$

$$= \int \frac{\mathrm{d}(x^2+4x+5)}{x^2+4x+5} - 3\int \frac{1}{1+(x+2)^2}\mathrm{d}(x+2)$$

$$= \ln\left|x^2+4x+5\right| - 3\arctan(x+2) + C .$$

由上面的例子可以看出，用第一类换元积分法计算积分时，关键是把被积函数分为两部分：其中一部分表示为 $\varphi(x)$ 的函数 $f[\varphi(x)]$；另一部分与 $\mathrm{d}x$ 凑成微分 $\mathrm{d}\varphi(x)$. 因此，第一类换元积分法又称为“凑微分”法.

下列式子在凑微分时经常用到：

(1) $\mathrm{d}x = \frac{1}{a}\mathrm{d}(ax)$；

(2) $\mathrm{d}x = \frac{1}{a}\mathrm{d}(ax+b)$；

(3) $x\mathrm{d}x = \frac{1}{2}\mathrm{d}(x^2)$；

(4) $x^2\mathrm{d}x = \frac{1}{3}\mathrm{d}(x^3)$；

(5) $\frac{1}{\sqrt{x}}\mathrm{d}x = 2\mathrm{d}\sqrt{x}$；

(6) $\cos x\mathrm{d}x = \mathrm{d}(\sin x)$；

(7) $\sin x\mathrm{d}x = -\mathrm{d}(\cos x)$；

(8) $\frac{1}{x}\mathrm{d}x = \mathrm{d}(\ln x)$；

(9) $\mathrm{e}^x\mathrm{d}x = \mathrm{d}(\mathrm{e}^x)$；

(10) $\frac{1}{1+x^2}\mathrm{d}x = \mathrm{d}(\arctan x)$；

(11) $\frac{1}{\sqrt{1-x^2}}\mathrm{d}x = \mathrm{d}(\arcsin x)$；

(12) $\sec^2 x\mathrm{d}x = \mathrm{d}(\tan x)$.

2)第二类换元积分法

定理 2 设 $x=\varphi(t)$ 是严格单调的可导函数，且 $\varphi'(t)\neq 0$，如果

$$\int f[\varphi(t)]\varphi'(t)\mathrm{d}t = F(t) + C ,$$

则有

$$\int f(x)\mathrm{d}x = F[\varphi^{-1}(x)] + C ,$$

其中 $t=\varphi^{-1}(x)$ 是 $x=\varphi(t)$ 的反函数.

由此定理可知，第二类换元积分法的中心思想是将根式有理化，一般有以下

两种变量代换.

(1)代数变换.

例 20　求$\int x\sqrt{x-1}\mathrm{d}x$.

解　要去掉被积函数中的根式，可令$x=t^2+1$（$t>0$），则$\mathrm{d}x=\mathrm{d}(t^2+1)=2t\mathrm{d}t$，于是

$$\int x\sqrt{x-1}\mathrm{d}x=\int(t^2+1)t\cdot 2t\mathrm{d}t=2\int(t^4+t^2)\mathrm{d}t$$

$$=\frac{2}{5}t^5+\frac{2}{3}t^3+C=\frac{2}{5}(x-1)^{\frac{5}{2}}+\frac{2}{3}(x-1)^{\frac{3}{2}}+C.$$

例 21　求$\int\frac{\sqrt[4]{x}}{x+\sqrt{x}}\mathrm{d}x$.

解　要同时去掉被积函数中的根式，可令$x=t^4$（$t>0$），则$\mathrm{d}x=4t^3\mathrm{d}t$，于是

$$\int\frac{\sqrt[4]{x}}{x+\sqrt{x}}\mathrm{d}x=\int\frac{t}{t^4+t^2}\cdot 4t^3\mathrm{d}t=4\int\frac{t^2}{1+t^2}\mathrm{d}t=4\int\left(1-\frac{1}{1+t^2}\right)\mathrm{d}t$$

$$=4t-4\arctan t+C=4\sqrt[4]{x}-4\arctan\sqrt[4]{x}+C.$$

由上面两个例子可以看出，当被积函数中含有$\sqrt[n]{x-a}$时，通常作代数变换$x=t^n+a$化去根式.

一般地，如果被积函数中含有$\sqrt[n]{ax+b}$，则通常作代数变换$ax+b=t^n$，去掉根号，再求积分.

(2)三角变换.

例 22　求$\int\sqrt{a^2-x^2}\mathrm{d}x$（$a>0$）.

解　设$x=a\sin t\left(-\frac{\pi}{2}<t<\frac{\pi}{2}\right)$，则$\sqrt{a^2-x^2}=\sqrt{a^2-a^2\sin^2 t}=a\cos t$，

$\mathrm{d}x=a\cos t\mathrm{d}t$. 于是

$$\int\sqrt{a^2-x^2}\mathrm{d}x=\int a\cos t\cdot a\cos t\mathrm{d}t=a^2\int\cos^2 t\mathrm{d}t=a^2\int\frac{1+\cos 2t}{2}\mathrm{d}t$$

$$=\frac{a^2}{2}\left(t+\frac{1}{2}\sin 2t\right)+C=\frac{a^2}{2}t+\frac{a^2}{2}\sin t\cos t+C.$$

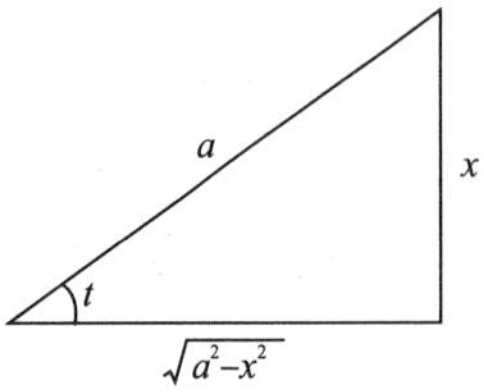

根据 $\sin t=\dfrac{x}{a}$ 作直角三角形，如图 3.2 所示，便有

$$t=\arcsin\frac{x}{a},\sin t=\frac{x}{a},\cos t=\frac{\sqrt{a^2-x^2}}{a}.$$ 所以

$$\int\sqrt{a^2-x^2}\mathrm{d}x=\frac{a^2}{2}\arcsin\frac{x}{a}+\frac{a^2}{2}\cdot\frac{x}{a}\cdot\frac{\sqrt{a^2-x^2}}{a}+C$$

$$=\frac{a^2}{2}\arcsin\frac{x}{a}+\frac{x}{2}\sqrt{a^2-x^2}+C.$$

图 3.2

例 23　求 $\displaystyle\int\frac{1}{\sqrt{a^2+x^2}}\mathrm{d}x$（$a>0$）.

解　设 $x=a\tan t\left(-\dfrac{\pi}{2}<t<\dfrac{\pi}{2}\right)$，则 $\sqrt{a^2+x^2}=a\sec t$，$\mathrm{d}x=a\sec^2 t\mathrm{d}t$，于是

$$\int\frac{1}{\sqrt{a^2+x^2}}\mathrm{d}x=\int\frac{1}{a\sec t}\cdot a\sec^2 t\mathrm{d}t=\int\sec t\mathrm{d}t=\ln|\sec t+\tan t|+C_1.$$

又由 $\tan t=\dfrac{x}{a}$ 作辅助三角形，如图 3.3 所示，有 $\sec t=\dfrac{\sqrt{a^2+x^2}}{a}$，于是

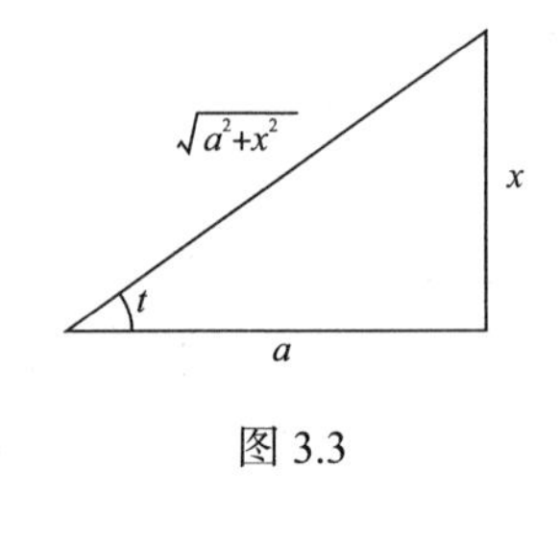

图 3.3

$$\int\frac{1}{\sqrt{a^2+x^2}}\mathrm{d}x=\ln\left|\frac{\sqrt{a^2+x^2}}{a}+\frac{x}{a}\right|+C_1$$

$$=\ln\left|\left(x+\sqrt{a^2+x^2}\right)\right|+C,$$

其中 $C=C_1-\ln a$.

例 24　求 $\displaystyle\int\frac{1}{\sqrt{x^2-a^2}}\mathrm{d}x$.

解　当 $x>a$ 时，设 $x=a\sec t\left(0<t<\dfrac{\pi}{2}\right)$，则 $\sqrt{x^2-a^2}=a\tan t$，$\mathrm{d}x=a\sec t\cdot\tan t\mathrm{d}t$，于是

$$\int\frac{1}{\sqrt{x^2-a^2}}\mathrm{d}x=\int\frac{1}{a\tan t}a\sec t\cdot\tan t\mathrm{d}t=\int\sec t\mathrm{d}t=\ln|\sec t+\tan t|+C_1,$$

由 $\sec t=\dfrac{x}{a}$，即 $\cos t=\dfrac{a}{x}$ 作三角形，如图 3.4 所示，得 $\tan t=\dfrac{\sqrt{x^2-a^2}}{a}$，于是

$$\int\frac{1}{\sqrt{x^2-a^2}}\mathrm{d}x=\ln\left|\frac{x}{a}+\frac{\sqrt{x^2-a^2}}{a}\right|+C_1=\ln\left|x+\sqrt{x^2-a^2}\right|+C,$$

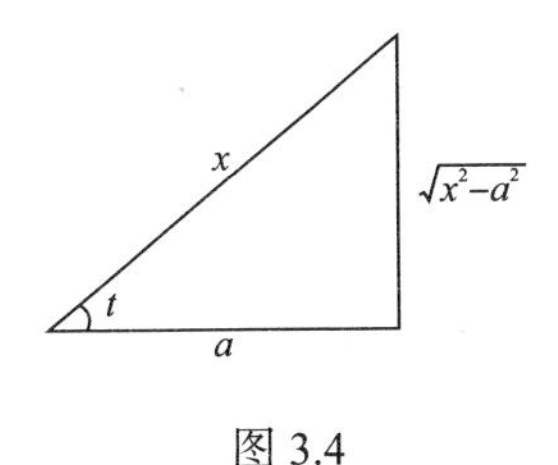

图 3.4

其中 $C=C_1-\ln a$.

当 $x<-a$ 时，可设 $x=-a\sec t\left(0<t<\dfrac{\pi}{2}\right)$，同理计算得

$$\int\frac{1}{\sqrt{x^2-a^2}}\mathrm{d}x=\ln\left|-x-\sqrt{x^2-a^2}\right|+C.$$

把 $x>a$ 及 $x<-a$ 两种情形结合起来，有

$$\int\frac{1}{\sqrt{x^2-a^2}}\mathrm{d}x=\ln\left|x+\sqrt{x^2-a^2}\right|+C.$$

例 25　求 $\displaystyle\int\frac{\mathrm{d}x}{\sqrt{\mathrm{e}^x+1}}$.

解　设 $\sqrt{\mathrm{e}^x+1}=t$，则 $x=\ln(t^2-1),\mathrm{d}x=\dfrac{2t}{t^2-1}\mathrm{d}t$，于是

$$\int\frac{\mathrm{d}x}{\sqrt{\mathrm{e}^x+1}}=\int\frac{1}{t}\cdot\frac{2t}{t^2-1}\mathrm{d}t=\int\frac{2}{t^2-1}\mathrm{d}t=\int\left(\frac{1}{t-1}-\frac{1}{t+1}\right)\mathrm{d}t=\int\frac{1}{t-1}\mathrm{d}(t-1)-\int\frac{1}{t+1}\mathrm{d}(t+1)$$

$$=\ln|t-1|-\ln|t+1|+C=\ln\frac{\sqrt{\mathrm{e}^x+1}-1}{\sqrt{\mathrm{e}^x+1}+1}+C.$$

在本节的例题中，有几个积分是经常用到的，可作为积分基本公式使用，列出如下：

(1) $\displaystyle\int\tan x\mathrm{d}x=-\ln|\cos x|+C$；　　(2) $\displaystyle\int\cot x\mathrm{d}x=\ln|\sin x|+C$；

(3) $\displaystyle\int\sec x\mathrm{d}x=\ln|\sec x+\tan x|+C$；　　(4) $\displaystyle\int\csc x\mathrm{d}x=\ln|\csc x-\cot x|+C$.

6. 分部积分法

定理 3　设函数 $u=u(x),v=v(x)$ 具有连续导数，则有

$$\int u\mathrm{d}v = uv - \int v\mathrm{d}u .$$

证 由函数乘积的微分法则有

$$\mathrm{d}(uv) = v\mathrm{d}u + u\mathrm{d}v ,$$

移项，得

$$u\mathrm{d}v = \mathrm{d}(uv) - v\mathrm{d}u ,$$

对上式两端积分

$$\int u\mathrm{d}v = \int \mathrm{d}(uv) - \int v\mathrm{d}u ,$$

即

$$\int u\mathrm{d}v = uv - \int v\mathrm{d}u .$$

称为**分部积分公式**. 它用于求$\int u\mathrm{d}v$较难，而$\int v\mathrm{d}u$较易计算的情况. 通常把用分部积分公式来求积分的方法称为**分部积分法**.

例 26 求$\int x\cos x\mathrm{d}x$.

解 设$u = x, \mathrm{d}v = \cos x\mathrm{d}x$，则$\mathrm{d}u=\mathrm{d}x, v = \sin x$. 得

$$\int x\cos x\mathrm{d}x = \int x\mathrm{d}(\sin x) = x\sin x - \int \sin x\mathrm{d}x = x\sin x + \cos x + C .$$

例 27 求$\int x\mathrm{e}^x\mathrm{d}x$.

解 设$u = x, \mathrm{d}v = \mathrm{e}^x\mathrm{d}x$，则$\mathrm{d}u = \mathrm{d}x, v = \mathrm{e}^x$. 于是

$$\int x\mathrm{e}^x\mathrm{d}x = \int x\mathrm{d}(\mathrm{e}^x) = x\mathrm{e}^x - \int \mathrm{e}^x\mathrm{d}x = x\mathrm{e}^x - \mathrm{e}^x + C = \mathrm{e}^x(x-1) + C .$$

例 28 求$\int x\ln x\mathrm{d}x$.

解 设$u = \ln x, \mathrm{d}v = x\mathrm{d}x$，则$\mathrm{d}u = \frac{1}{x}\mathrm{d}x, v = \frac{1}{2}x^2$，于是

$$\int x\ln x\mathrm{d}x = \int \ln x\mathrm{d}\left(\frac{1}{2}x^2\right) = \frac{1}{2}x^2\ln x - \int \frac{1}{2}x^2 \cdot \frac{1}{x}\mathrm{d}x = \frac{1}{2}x^2\ln x - \frac{1}{4}x^2 + C .$$

例 29 求$\int \mathrm{e}^x\cos x\mathrm{d}x$.

解　$\int e^x \cos x dx = \int \cos x d(e^x) = e^x \cos x + \int e^x \sin x dx$

$$= e^x \cos x + \int \sin x d(e^x) = e^x \cos x + e^x \sin x - \int e^x \cos x dx .$$

把等号右端的$\int e^x \cos x dx$移项，得

$$\int e^x \cos x dx = \frac{e^x(\sin x + \cos x)}{2} + C .$$

例 30　求$\int e^{\sqrt{x}} dx$.

解　令$\sqrt{x} = t$，得$x = t^2$，则$dx = 2t dt$，于是

$$\int e^{\sqrt{x}} dx = 2\int t e^t dt = 2\int t de^t = 2\left(te^t - \int e^t dt\right) = 2(te^t - e^t) + C = 2\left(\sqrt{x} - 1\right)e^{\sqrt{x}} + C.$$

习题 3.1

1. 不定积分与导数有什么关系?

2. 若$\int f(x) dx = 5^x + \sin x + C$, 求$f(x)$.

3. 填空，并计算相应的不定积分.

(1) $(\quad)' = 1$，　　$\int dx = (\quad)$.

(2) $d(\quad) = 3x^2 dx$，　　$\int 3x^2 dx = (\quad)$.

(3) $(\quad)' = e^x$，　　$\int e^x dx = (\quad)$.

(4) $d(\quad) = \sec^2 x dx$，　　$\int \sec^2 x dx = (\quad)$.

(5) $d(\quad) = \sin x dx$，　　$\int \sin x dx = (\quad)$.

4. 设函数$f(x)$的原函数是$x\ln x^2$，求$\int x f'(x) dx$.

5. 求下列不定积分.

(1) $\int \frac{2}{x^3} dx$；　(2) $\int (3x-1)\sqrt[3]{x^2} dx$；　(3) $\int \left(2x^2 + \frac{1}{x}\right)^2 dx$；

(4) $\int \left(2e^x - \frac{1}{3x}\right) dx$；　(5) $\int \left(2\sin x - \frac{3}{\sqrt{1-x^2}}\right) dx$；　(6) $\int \frac{dh}{\sqrt{2gh}}$ (g是常数)；

(7) $\int e^x \left(1 - \frac{e^{-x}}{\sqrt{2x}}\right) dx$；　(8) $\int \left(\cos\frac{\pi}{4} + 1\right) dx$；　(9) $\int \frac{t-1}{\sqrt{t}+1} dt$.

6. 求下列不定积分.

(1) $\int(2x+3)^{10}\,dx$；(2) $\int\frac{(1+x)^2}{1+x^2}\,dx$；(3) $\int\sqrt{3x+1}\,dx$；

(4) $\int\frac{1}{\sqrt{2-5x}}\,dx$；(5) $\int\sin(ax+b)\,dx\ (a\neq 0)$；(6) $\int(e^{-x}+e^{-2x})\,dx$；

(7) $\int\frac{1}{\sqrt{1-4x^2}}\,dx$；(8) $\int x^3\sqrt[3]{1-x^4}\,dx$；(9) $\int\frac{x}{\sqrt{1+x^2}}\,dx$；

(10) $\int\csc^2 3x\,dx$.

7. 求下列不定积分.

(1) $\int x\sqrt{x-3}\,dx$；(2) $\int\frac{\sqrt{x}}{1+x}\,dx$；(3) $\int\frac{\sqrt{x}}{1+\sqrt{x}}\,dx$；

(4) $\int\frac{1}{1+\sqrt[3]{x}}\,dx$；(5) $\int\frac{1}{\sqrt[3]{x}+\sqrt{x}}\,dx$.

8. 求下列不定积分.

(1) $\int x\sin x\,dx$；(2) $\int\ln x\,dx$；(3) $\int\arcsin x\,dx$；

(4) $\int xe^{-x}\,dx$；(5) $\int x^2\ln x\,dx$；(6) $\int e^{-x}\cos x\,dx$.

9. 某产品的边际成本函数为 $C'(x)=10+24x-3x^2$（x 为产量），如果固定成本为 2500 元，试求该产品的总成本函数.

3.2 已知边际收入求总收入和需求函数

典型例题 如果边际收入函数为 $R'(x)=8-6x-2x^2$，试求总收入函数和需求函数.

初步分析 若已知边际收入函数为 $R'(x)$，则总收入函数 $R(x)$ 是边际收入函数 $R'(x)$ 关于 x 的不定积分，即

$$\int R'\,dx=R(x)+C.$$

为了求总收入函数，必须确定常数 C. 通常使用如下的初始条件：如果需求为零，则总收入也为零.

因为收入函数 $R(x)=Px$，其中 P 是价格，x 是需求量，由此得到价格 $P=\frac{R(x)}{x}$，即价格是需求量的函数，这也是一种需求函数. 由此可见，平均收入

水平与价格对需求的函数是相同的.

典型例题解答　$R(x)=\int(8-6x-2x^2)\mathrm{d}x=8x-3x^2-\dfrac{2x^3}{3}+C$.

若 $x=0,R=0$，代入上式，得 $C=0$，所以，总收入函数为 $R(x)=8x-3x^2-\dfrac{2}{3}x^3$.

需求函数为

$$P(x)=\frac{R(x)}{x}=8-3x-\frac{2}{3}x^2.$$

习题 3.2

1. 某种商品的边际收入是销量 x 的函数 $R'(x)=64x-x^2$，求总收入函数并求销量为多少时收入最大.

2. 某产品的边际收入函数为 $R'(Q)=100-\dfrac{2}{5}Q$，其中，Q 是产量，求总收入函数及需求函数.

3. 某工厂某产品的边际收入函数为 $R'(x)=8(1+x)^{-2}$，其中 x 为产量，如果产量为零时，总收入为零，则求总收入函数.

4. 求不定积分.

(1) $\int\sec x(\sec x-\tan x)\,\mathrm{d}x$；　(2) $\int\cot^2 x\,\mathrm{d}x$；　(3) $\int\dfrac{1+x+x^2}{x(1+x^2)}\mathrm{d}x$；

(4) $\int\dfrac{2x^4+3x^2+1}{1+x^2}\mathrm{d}x$；　(5) $\int\sqrt{x\sqrt{x\sqrt{x}}}\,\mathrm{d}x$；　(6) $\int\left(\dfrac{2\times3^x-5\times2^x}{4^x}\right)\mathrm{d}x$；

(7) $\int\dfrac{1}{1+\cos2x}\mathrm{d}x$；　(8) $\int\dfrac{1}{x^2(1+x^2)}\mathrm{d}x$；　(9) $\int\mathrm{e}^{\ln(2x+1)}\left(1-\dfrac{1}{x^2}\right)\mathrm{d}x$.

5. 求不定积分.

(1) $\int\dfrac{2x}{x^2+2}\mathrm{d}x$；　(2) $\int x^2\cos x^3\,\mathrm{d}x$；　(3) $\int x^2\mathrm{e}^{x^3}\,\mathrm{d}x$；

(4) $\int\dfrac{1}{x\ln x}\mathrm{d}x$；　(5) $\int\dfrac{x^2}{x^3+3}\mathrm{d}x$；　(6) $\int\dfrac{1}{\sqrt{x}(1+x)}\mathrm{d}x$；

(7) $\int\dfrac{\sin x}{\cos^3 x}\mathrm{d}x$；　(8) $\int\dfrac{3x^3}{1-x^4}\mathrm{d}x$；　(9) $\int\tan^3 x\sec x\,\mathrm{d}x$；

(10) $\int\dfrac{2x-3}{x^2-3x+2}\mathrm{d}x$.

3.3 由边际成本和边际收入求总利润函数

典型例题 某产品的边际成本 $C'(x)=2+\dfrac{x}{2}$ (万元/百台)，其中 x 是产量(百台)，边际收益 $R'(x)=8-x$ (万元/百台)，若固定成本 $C(0)=2$ (万元)，求总成本函数、总收益函数、总利润函数，并求产量为多少时利润最大.

初步分析 由边际成本可以求总成本函数，由边际收益求总收益函数，总利润等于总收益减总成本.

典型例题解答 $C'(x)=2+\dfrac{x}{2}$，所以 $C(x)=\int\left(2+\dfrac{x}{2}\right)\mathrm{d}x=2x+\dfrac{x^2}{4}+C$.

$C(0)=2$，所以 $C=2$，所以 $C(x)=2x+\dfrac{x^2}{4}+2$.

$R'(x)=8-x$，所以 $R(x)=\int(8-x)\mathrm{d}x=8x-\dfrac{x^2}{2}+C$.

因为 $R(0)=0$，所以 $C=0$，所以 $R(x)=8x-\dfrac{x^2}{2}$.

因为 $L(x)=R(x)-C(x)=-\dfrac{3}{4}x^2+6x-2$，当 $x=-\dfrac{b}{2a}=4$ 时，总利润最大.

习题 3.3

1. 某产品的总成本 $C(Q)$ (万元)的边际成本为 $C'(Q)=1$ (万元/百台)，总收入 $R(Q)$ (万元)的边际收入为 $R'(Q)=5-Q$ (万元/百台)，其中 Q 为产量，固定成本为 1 万元，问产量等于多少时总利润 $L(Q)$ 最大？

2. 已知某商品每周生产 x 个单位时，总费用 $F(x)$ 的变化率为 $F'(x)=0.4x-12$ (元/单位)，且已知 $F(0)=80$ (元)，求总费用函数 $F(x)$. 如果该商品的销售单价为 20 元/单位，求总利润函数 $L(x)$，并求每周生产多少个单位时，才能获得最大利润？

3. 某产品的边际成本 $C'(x)=2+\dfrac{x}{2}$ (万元/百台)，其中 x 是产量(百台)，边际收益 $R'(x)=8-x$ (万元/百台)，若固定成本 $C(0)=1$ (万元)，求总成本函数、总收益函数、总利润函数，并求产量为多少时利润最大.

4. 求不定积分.

(1) $\int\dfrac{\cos 2x}{\sin^2 x\cos^2 x}\mathrm{d}x$； (2) $\int\dfrac{\cos 2x}{\sin x-\cos x}\mathrm{d}x$； (3) $\int\left(\dfrac{1}{\sqrt{1-x^2}}+\sin x\right)'\mathrm{d}x$；

(4) $\int\frac{2\mathrm{e}^x}{1+\mathrm{e}^{2x}}\mathrm{d}x$；　(5) $\int\frac{1}{9+4x^2}\mathrm{d}x$；　(6) $\int\frac{1}{x(1+\ln x)}\mathrm{d}x$；

(7) $\int\frac{\mathrm{e}^{\sqrt{x}}}{\sqrt{x}}\mathrm{d}x$；　(8) $\int\frac{x^2}{\cos^2 x^3}\mathrm{d}x$；　(9) $\int\frac{1}{1+\cos x}\mathrm{d}x$；

(10) $\int\frac{1}{x^2}\sin\frac{1}{x}\mathrm{d}x$；　(11) $\int\mathrm{e}^x\sqrt{3+2\mathrm{e}^x}\mathrm{d}x$；　(12) $\int\frac{1}{x^2+6x+13}\mathrm{d}x$.

3.4　由常微分方程求函数关系式

典型例题　如果某企业的利润 $L(x)$ 关于促销费用 x 的变化率是 $\frac{\mathrm{d}L(x)}{\mathrm{d}x}=0.3[300-L(x)]$，且 $L(0)=200$（万元），试找出利润与促销费用之间的关系.

初步分析　本题的已知条件中有一个含有未知函数的导数(或微分)的方程，并且未知函数是一元函数，称为常微分方程. 对于一般形式 $\frac{\mathrm{d}y}{\mathrm{d}x}=f(x)g(y)$ 的一阶可分离变量的微分方程，常用方法是先分离变量，再方程两端积分，才能求出未知函数.

例 1　曲线过点 $(1,1)$，在曲线上任何一点处切线与纵轴的截距等于该切点的横坐标，求曲线方程.

解　设曲线方程 $y=f(x)$，则切线方程为 $Y-y=y'(X-x)$.

令 X=0，得 $Y=y-xy'=x$，　即 $\frac{\mathrm{d}y}{\mathrm{d}x}=\frac{y}{x}-1$.

设 $\frac{y}{x}=z$，则 $y=xz$，

$$\frac{\mathrm{d}y}{\mathrm{d}x}=z+x\frac{\mathrm{d}z}{\mathrm{d}x},$$

$$\frac{\mathrm{d}z}{\mathrm{d}x}=-\frac{1}{x},\quad z=-\ln x+C,$$

即

$$\frac{y}{x}=-\ln x+C.$$

故曲线过 $(1,1)$，$C=1$，$y=x(1-\ln x)$.

典型例题解答 $\frac{\mathrm{d}L(x)}{\mathrm{d}x}=0.3[300-L(x)]$，$\frac{\mathrm{d}L(x)}{300-L(x)}=0.3\mathrm{d}x$，

$$\int\frac{1}{300-L(x)}\mathrm{d}L(x)=\int 0.3\mathrm{d}x,$$

$$-\ln|300-L(x)|=0.3x+C_1,$$

$$L(x)=300-C\mathrm{e}^{-0.3x}, L(0)=200.$$

所以 $C=100$，所以 $L(x)=300-100\mathrm{e}^{-0.3x}$.

习题 3.4

1. 已知一曲线在任一点处的切线斜率为其横坐标的 2 倍，求此曲线的方程.

2. 一曲线过点(1,−1)，且在任一点处切线的斜率为 $\frac{1}{x^2}$，求此曲线方程.

3. 一曲线通过点 $(\mathrm{e}^2,3)$，且在任一点处的切线的斜率等于该点横坐标的倒数，求该曲线的方程.

4. 已知一个函数的导数为 $f(x)=\frac{1}{\sqrt{1-x^2}}$，且当 $x=-1$ 时，其函数值为 $\frac{3}{2}\pi$，求这个函数.

5. 求下列不定积分.

(1) $\int\frac{x^4}{1+x^2}\mathrm{d}x$；(2) $\int\frac{\mathrm{e}^{2x}-1}{1+\mathrm{e}^x}\mathrm{d}x$；(3) $\int\frac{1}{1+\cos 2x}\mathrm{d}x$；

(4) $\int\frac{1-\cos x}{1-\cos 2x}\mathrm{d}x$；(5) $\int\frac{1+2x^2}{x^2(1+x^2)}\mathrm{d}x$；(6) $\int\frac{1}{x^2(1+x^2)}\mathrm{d}x$；

(7) $\int\frac{1}{x\sqrt{1-x^2}}\mathrm{d}x$；(8) $\int\frac{\sqrt{x^2-9}}{x}\mathrm{d}x$；(9) $\int\frac{1}{\sqrt{4+x^2}}\mathrm{d}x$；

(10) $\int\mathrm{e}^{\sqrt[3]{x}}\mathrm{d}x$；(11) $\int x^2\cos 3x\mathrm{d}x$；(12) $\int\ln(1+x^2)\mathrm{d}x$.

复习题 3

1. 判断题

(1) $y=\sin^2 x-\cos^2 x$ 与 $y=2\sin^2 x$ 是同一个函数的原函数. (　　)

(2) 常数函数的原函数都是一次函数. (　　)

(3) $\cos 2x\mathrm{d}x=\mathrm{d}\sin 2x$. (　　)

(4) $\int x^3\mathrm{d}x=3x^2+C$. (　　)

(5) $\int\frac{1}{1-x}\mathrm{d}x=\ln|1-x|+C$. (　　)

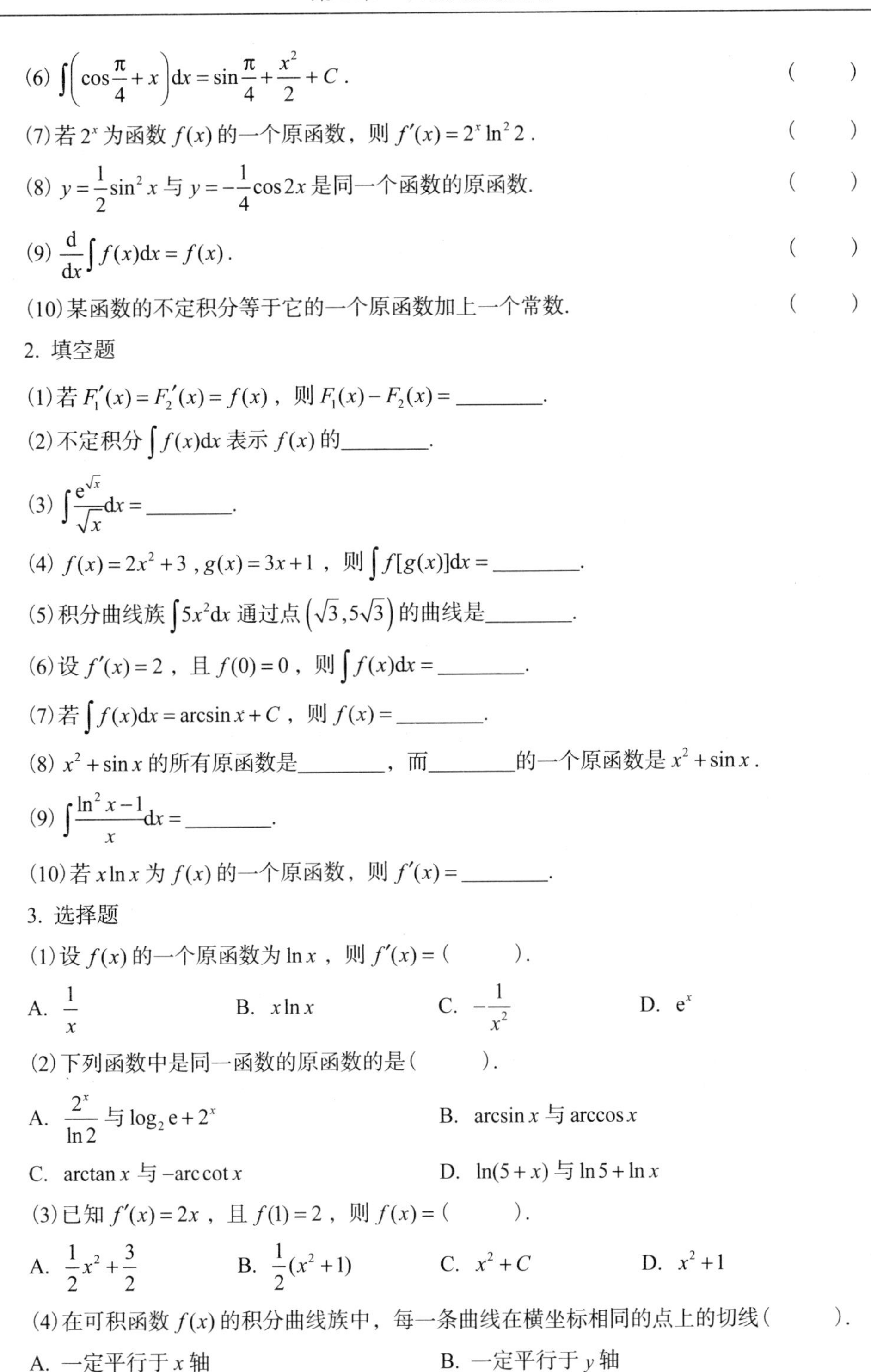

(6) $\int\left(\cos\frac{\pi}{4}+x\right)\mathrm{d}x=\sin\frac{\pi}{4}+\frac{x^2}{2}+C$.　(　　)

(7) 若 2^x 为函数 $f(x)$ 的一个原函数，则 $f'(x)=2^x\ln^2 2$.　(　　)

(8) $y=\frac{1}{2}\sin^2 x$ 与 $y=-\frac{1}{4}\cos 2x$ 是同一个函数的原函数.　(　　)

(9) $\frac{\mathrm{d}}{\mathrm{d}x}\int f(x)\mathrm{d}x=f(x)$.　(　　)

(10) 某函数的不定积分等于它的一个原函数加上一个常数.　(　　)

2. 填空题

(1) 若 $F_1'(x)=F_2'(x)=f(x)$，则 $F_1(x)-F_2(x)=$________.

(2) 不定积分 $\int f(x)\mathrm{d}x$ 表示 $f(x)$ 的________.

(3) $\int\frac{\mathrm{e}^{\sqrt{x}}}{\sqrt{x}}\mathrm{d}x=$________.

(4) $f(x)=2x^2+3$, $g(x)=3x+1$ ，则 $\int f[g(x)]\mathrm{d}x=$________.

(5) 积分曲线族 $\int 5x^2\mathrm{d}x$ 通过点 $\left(\sqrt{3},5\sqrt{3}\right)$ 的曲线是________.

(6) 设 $f'(x)=2$ ，且 $f(0)=0$ ，则 $\int f(x)\mathrm{d}x=$________.

(7) 若 $\int f(x)\mathrm{d}x=\arcsin x+C$ ，则 $f(x)=$________.

(8) $x^2+\sin x$ 的所有原函数是________，而________的一个原函数是 $x^2+\sin x$.

(9) $\int\frac{\ln^2 x-1}{x}\mathrm{d}x=$________.

(10) 若 $x\ln x$ 为 $f(x)$ 的一个原函数，则 $f'(x)=$________.

3. 选择题

(1) 设 $f(x)$ 的一个原函数为 $\ln x$ ，则 $f'(x)=$ (　　).

A. $\frac{1}{x}$　　B. $x\ln x$　　C. $-\frac{1}{x^2}$　　D. e^x

(2) 下列函数中是同一函数的原函数的是(　　).

A. $\frac{2^x}{\ln 2}$ 与 $\log_2 \mathrm{e}+2^x$　　B. $\arcsin x$ 与 $\arccos x$

C. $\arctan x$ 与 $-\mathrm{arc}\cot x$　　D. $\ln(5+x)$ 与 $\ln 5+\ln x$

(3) 已知 $f'(x)=2x$ ，且 $f(1)=2$ ，则 $f(x)=$ (　　).

A. $\frac{1}{2}x^2+\frac{3}{2}$　　B. $\frac{1}{2}(x^2+1)$　　C. x^2+C　　D. x^2+1

(4) 在可积函数 $f(x)$ 的积分曲线族中，每一条曲线在横坐标相同的点上的切线(　　).

A. 一定平行于 x 轴　　B. 一定平行于 y 轴

C. 相互平行　　D. 相互垂直

(5) 已知一个函数的导数为 $y'=\cos x$，且当 $x=0, y=1$，则函数是(　　).

A. $y=\sin x$　　B. $y=\cos x$　　C. $\sin x+1$　　D. $y=\sin x+C$

(6) $\left(\int \arcsin x\mathrm{d}x\right)'=$(　　).

A. $\dfrac{1}{\sqrt{1-x^2}}+C$　　B. $\dfrac{1}{\sqrt{1-x^2}}$　　C. $\arcsin x+C$　　D. $\arcsin x$

(7) $\int \mathrm{d}\sin x=$(　　).

A. $\cos x$　　B. $\sin x$　　C. $\cos x+C$　　D. $\sin x+C$

(8) $\int \dfrac{1}{\sqrt{x}(1+x)}\mathrm{d}x=$(　　).

A. $2\arctan\sqrt{x}+C$　　B. $\arctan x+C$　　C. $\dfrac{1}{2}\arctan\sqrt{x}+C$　　D. $2\arctan x+C$

(9) 如果 $\int f(x)\mathrm{d}x=\dfrac{3}{4}\ln(\sin 4x)+C$，则 $f(x)=$(　　).

A. $\cot 4x$　　B. $-\cot 4x$　　C. $-3\cot 4x$　　D. $3\cot 4x$

(10) 下列各式中正确的是(　　).

A. $\mathrm{d}\int f(x)\mathrm{d}x=f(x)$　　B. $\dfrac{\mathrm{d}}{\mathrm{d}x}\int f(x)\mathrm{d}x=f(x)\mathrm{d}x$

C. $\dfrac{\mathrm{d}}{\mathrm{d}x}\int f(x)\mathrm{d}x=f(x)+C$　　D. $\mathrm{d}\int f(x)\mathrm{d}x=f(x)\mathrm{d}x$

4. 求下列不定积分

(1) $\int \dfrac{\ln x}{x^2}\mathrm{d}x$；　　(2) $\int \dfrac{x}{\sqrt{4-x^4}}\mathrm{d}x$；　　(3) $\int \dfrac{\cos x}{\sqrt{\sin x}}\mathrm{d}x$；

(4) $\int \dfrac{1}{1+\sqrt{\dfrac{x}{2}}}\mathrm{d}x$；　　(5) $\int \dfrac{\mathrm{d}x}{\mathrm{e}^x-\mathrm{e}^{-x}}$；　　(6) $\int (2x+3)^{10}\mathrm{d}x$；

(7) $\int \dfrac{1+\cos x}{\sin x+x}\mathrm{d}x$；　　(8) $\int \dfrac{\mathrm{d}x}{x\ln x\ln(\ln x)}$；　　(9) $\int \mathrm{e}^{\sqrt[3]{x}}\mathrm{d}x$；

(10) $\int x\mathrm{e}^{-x}\mathrm{d}x$；　　(11) $\int \dfrac{\mathrm{d}x}{16-x^4}$；　　(12) $\int \sin(ax+b)\,\mathrm{d}x\ (a\neq 0)$.

5. 已知边际成本为 $C'(x)=25$，固定成本为3400，求总成本函数.

6. 已知总收入的变化率为销售量 x 的函数 $f(x)=100-0.02x$，求总收入函数.

7. 生产某种产品的总成本 C 是 Q 的函数，其边际成本 $C'(Q)=1+Q$，边际收益 $R'(Q)=9-Q$，且当产量为2时，总成本为100，总收益为200，求总利润函数，并求生产量为多少时，总利润最大，最大利润是多少?

8. 曲线过点 $(1,1)$，在曲线上任何一点处切线与纵轴的截距等于该切点的横坐标的两倍，求曲线方程.

第4章　定积分的应用

微积分基本定理把不定积分和定积分联系起来，解决了定积分的计算问题，使定积分得到了广泛的应用. 本章主要介绍定积分的概念和计算及其应用. 定积分在求曲边梯形面积和旋转体体积等几何方面、变力做功等物理方面、边际分析和投资等经济方面都有具体应用.

4.1　曲边梯形面积

典型例题　计算由曲线 $y=\sqrt{x}$ ，直线 $x=1$ 和 $x=4$ 以及 x 轴所围成的曲边梯形面积.

初步分析　要计算曲边梯形这样不规则的图形面积，以前没有现成的计算公式，数学家利用“分割、近似替代、求和、取极限”的方法，引出了定积分，最后用定积分来计算. 所以，我们要学习定积分的概念、性质、几何意义、计算及其应用.

预备知识　定积分的概念、求法及其应用(求平面图形面积).

4.1.1　曲边梯形面积求法的原始设想

求设函数 $y=f(x)$ 在 $[a,b]$ 上连续，由曲线 $y=f(x)$ 及三条直线 $x=a$, $x=b$, $y=0$ (即 x 轴)所围成的图形(图 4.1)称为**曲边梯形**.

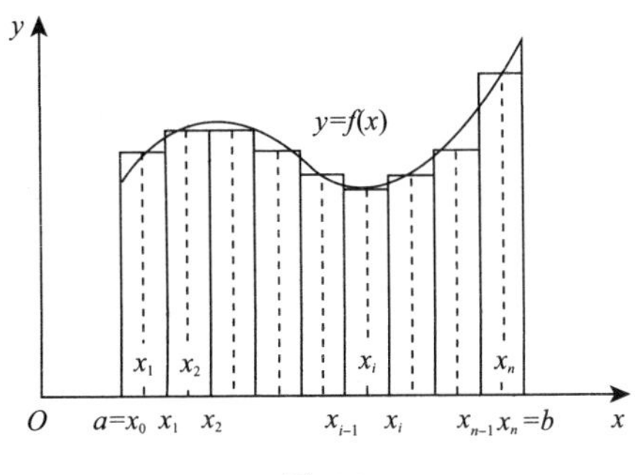

图 4.1

如何求曲边梯形的面积S.

假设$f(x)\geqslant 0$. 我们知道，矩形面积=底×高，而曲边梯形的顶部是一条曲线，其高$f(x)$是变化的，它的面积不能直接用矩形面积公式来计算. 但若用一组垂直于x轴的直线把整个曲边梯形分成许多窄曲边梯形后，对于每一个窄曲边梯形来说，用相应的窄矩形的面积代替窄曲边梯形的面积. 显然，分割得越细，所有窄曲边梯形面积之和就越接近曲边梯形的面积. 当分割无限细密时，所有窄曲边梯形面积之和的极限就是曲边梯形面积的精确值.

根据上面的分析，曲边梯形的面积可按下述步骤进行计算.

(1)分割：把曲边梯形的底边所在的区间$[a,b]$用$n-1$个分点

$$a=x_0<x_1<\cdots<x_n=b$$

任意分割成n个小区间

$$[x_0,x_1],[x_1,x_2],\cdots,[x_{i-1},x_i],\cdots,[x_{n-1},x_n],$$

第i个小区间的长度记为

$$\Delta x_i=x_i-x_{i-1}\quad (i=1,2,\cdots,n).$$

(2)近似替代：从各分点作x轴的垂线. 这样就把曲边梯形分割成n个窄曲边梯形. 在每个小区间$[x_{i-1},x_i]$上任取一点ξ_i，以$[x_{i-1},x_i]$为底，$f(\xi_i)$为高的窄矩形近似替代第i个窄曲边梯形$(i=1,2,\cdots,n)$.

(3)求和：用ΔS_i表示第i个窄矩形的面积，则$\Delta S_i=f(\xi_i)\Delta x_i(i=1,2,\cdots,n)$，把这样得到的$n$个窄矩形面积之和作为所求曲边梯形面积的近似值，即

$$S\approx f(\xi_1)\Delta x_1+f(\xi_2)\Delta x_2+\cdots+f(\xi_n)\Delta x_n=\sum_{i=1}^{n}f(\xi_i)\Delta x_i.$$

(4)取极限：当$[a,b]$分得越细，即当n越大且每个小区间的长度Δx_i越小时，窄矩形的面积将越接近窄曲边梯形的面积. 我们使n无限增大($n\to\infty$)，小区间长度中的最大值趋于零，记$\lambda=\max\{\Delta x_1,\Delta x_2,\cdots,\Delta x_n\}$，则此条件表示为$\lambda\to 0$. 曲边梯形的面积为

$$S=\lim_{\lambda\to 0}\sum_{i=1}^{n}f(\xi_i)\Delta x_i.$$

4.1.2　定积分的定义

定义 1　记$I=\lim\limits_{\lambda\to 0}\sum\limits_{i=1}^{n}f(\xi_i)\Delta x_i$. 则称$I$为函数$f(x)$在区间$[a,b]$上的**定积分**，记为$\int_a^b f(x)\mathrm{d}x$. 即

$$\int_a^b f(x)\mathrm{d}x=\lim_{\lambda\to 0}\sum_{i=1}^{n}f(\xi_i)\Delta x_i,$$

其中$f(x)$称为**被积函数**，$f(x)\mathrm{d}x$称为**被积表达式**，x称为**积分变量**，$[a,b]$称为**积分区间**，a称为**积分下限**，b称为**积分上限**，并把$\int_a^b f(x)\mathrm{d}x$读作“函数$f(x)$在区间$[a,b]$上的定积分”.

关于定积分，有以下两点说明.

(1)定积分是和式的极限，其值是一个确定的常数. 这个常数只与被积函数$y=f(x)$和积分区间$[a,b]$有关，即同一个被积函数，积分区间越长，积分值越大；同一个积分区间，被积函数越大，积分值越大. 而与积分变量用什么字母表示无关，即

$$\int_a^b f(x)\mathrm{d}x=\int_a^b f(t)\mathrm{d}t=\int_a^b f(u)\mathrm{d}u.$$

(2)函数$f(x)$在区间$[a,b]$上连续时，$f(x)$在$[a,b]$上一定可积.

4.1.3　定积分的几何意义

(1)当$f(x)\geqslant 0$时，则$\int_a^b f(x)\mathrm{d}x$表示由$y=f(x)$与$x=a$, $x=b$, $y=0$所围成的曲边梯形的面积S(图 4.2(a))，即$S=\int_a^b f(x)\mathrm{d}x$.

(2)当$f(x)<0$时，则$\int_a^b f(x)\mathrm{d}x$表示由$y=f(x)$与$x=a$, $x=b$, $y=0$所围成的曲边梯形面积S的负值(图 4.2(b))，即

$$\int_a^b f(x)\mathrm{d}x=-S\text{ 或 }S=-\int_a^b f(x)\mathrm{d}x.$$

(3)当$f(x)$在$[a,b]$上既有正值又有负值时，曲线$y=f(x)$与直线$x=a$, $x=b$, $y=0$围成的图形有一部分在x轴上方，有一部分在x轴下方(图 4.2(c)). 这时$\int_a^b f(x)\mathrm{d}x$等于在x轴上方的所有图形面积之和减去x轴下方的所有图形面积之

和. 因此定积分$\int_a^b f(x)\mathrm{d}x$的几何意义是：表示曲线$y=f(x)$与直线$x=a$, $x=b$, $y=0$围成图形面积的代数和.

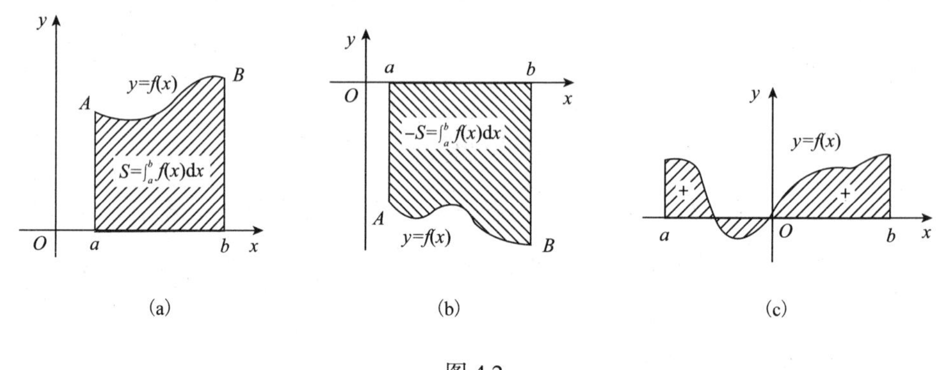

(a)　(b)　(c)

图 4.2

4.1.4　定积分的性质

两个规定.

(1) 当$a=b$时，$\int_a^b f(x)\mathrm{d}x=0$，即$\int_a^b f(x)\mathrm{d}x=0$；

(2) 当$a>b$时，$\int_a^b f(x)\mathrm{d}x=-\int_b^a f(x)\mathrm{d}x$.

性质 1　两个函数代数和的定积分等于它们的定积分的代数和，即

$$\int_a^b[f(x)\pm g(x)]\mathrm{d}x=\int_a^b f(x)\mathrm{d}x\pm\int_a^b g(x)\mathrm{d}x.$$

此性质可推广到有限个函数的代数和.

性质 2　常数因子可以提到积分号的外面，即$\int_a^b kf(x)\mathrm{d}x=k\int_a^b f(x)\mathrm{d}x$.

性质 3（积分的可加性）　$\int_a^b f(x)\mathrm{d}x=\int_a^c f(x)\mathrm{d}x+\int_c^b f(x)\mathrm{d}x$.

性质 4　如果在区间$[a,b]$上，$f(x)\leqslant g(x)$，则$\int_a^b f(x)\mathrm{d}x\leqslant\int_a^b g(x)\mathrm{d}x\ (a<b)$.

例 1　不计算积分，试比较$\int_0^1 x\mathrm{d}x$与$\int_0^1 x^3\mathrm{d}x$的大小.

解　当$0\leqslant x\leqslant 1$时，被积函数$x\geqslant x^3$，故由性质 4 得

$$\int_0^1 x\mathrm{d}x\geqslant\int_0^1 x^3\mathrm{d}x.$$

性质 5　设 M 和 m 分别为 $f(x)$ 在区间 $[a,b]$ 上的最大值和最小值，则

$$m(b-a)\leqslant\int_a^b f(x)\mathrm{d}x\leqslant M(b-a).$$

利用此性质，可估计积分值的大致范围.

例 2　估计定积分 $\int_1^3 2x\mathrm{d}x$ 的范围.

解　被积函数 $f(x)=2x$ 在区间 $[1, 3]$ 上是单调增加的，因而有最小值 $m=f(1)=2$，最大值 $M=f(3)=6$，于是由性质 5，得

$$2(3-1)\leqslant\int_1^3 2x\mathrm{d}x\leqslant 6(3-1),$$

即

$$4\leqslant\int_1^3 2x\mathrm{d}x\leqslant 12.$$

性质 6（积分中值定理）　如果函数 $f(x)$ 在区间 $[a,b]$ 上连续，则在区间 $[a,b]$ 上至少存在一点 ξ，使得

$$\int_a^b f(x)\mathrm{d}x=f(\xi)(b-a)\quad(a\leqslant\xi\leqslant b).$$

如图 4.3 所示，此定理的几何意义：在区间 $[a,b]$ 上至少可以找到一点 ξ，使得以区间 $[a,b]$ 为底边、$f(x)$ 为曲边的曲边梯形的面积等于同一底边而高为 $f(\xi)$ 的一个矩形的面积.

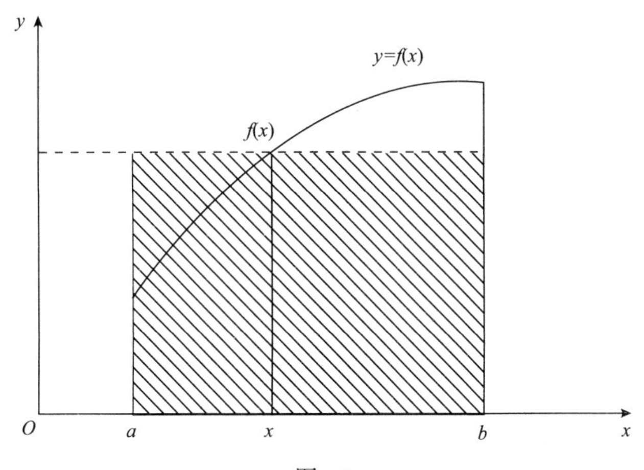

图 4.3

4.1.5 积分上限函数及其导数

积分上限函数

$$\Phi(x)=\int_a^x f(t)\mathrm{d}t .$$

积分上限函数的导数

$$\Phi'(x)=\frac{\mathrm{d}}{\mathrm{d}x}\int_a^x f(t)\mathrm{d}t=f(x) .$$

由此说明了 $\Phi(x)=\int_a^x f(t)\mathrm{d}t$ 是 $f(x)$ 的一个原函数.

例 3 设 $I=\int_a^x t\mathrm{e}^{2t}\mathrm{d}t$，求 $\frac{\mathrm{d}I}{\mathrm{d}x}$.

解 $\frac{\mathrm{d}I}{\mathrm{d}x}=\frac{\mathrm{d}}{\mathrm{d}x}\int_a^x t\mathrm{e}^{2t}\mathrm{d}t=x\mathrm{e}^{2x}$.

例 4 设 $I=\int_1^{x^2}\frac{\sin 2t}{t}\mathrm{d}t$，求 $\frac{\mathrm{d}I}{\mathrm{d}x}$.

解 这是以 x^2 为上限的函数，可以看成是以 $u=x^2$ 为中间变量的复合函数，即

$$I=\int_1^u\frac{\sin 2t}{t}\mathrm{d}t,\quad u=x^2 .$$

由复合函数求导法则，有

$$\frac{\mathrm{d}I}{\mathrm{d}x}=\frac{\mathrm{d}I}{\mathrm{d}u}\cdot\frac{\mathrm{d}u}{\mathrm{d}x}=\left[\int_1^u\frac{\sin 2t}{t}\mathrm{d}t\right]_u'\cdot(x^2)'=\frac{\sin 2u}{u}\cdot 2x=\frac{2\sin 2x^2}{x} .$$

例 5 求极限 $\lim\limits_{x\to 0}\frac{\int_0^x\cos t^2\mathrm{d}t}{x}$.

解 当 $x\to 0$ 时，这是一个“$\frac{0}{0}$”型的未定式，所以由洛必达法则，得

$$\lim_{x\to 0}\frac{\int_0^x\cos t^2\mathrm{d}t}{x}=\lim_{x\to 0}\frac{\left[\int_0^x\cos t^2\mathrm{d}t\right]'}{x'}=\lim_{x\to 0}\frac{\cos x^2}{1}=1 .$$

例 6　求 $\lim\limits_{x\to+\infty}\dfrac{\int_a^x\left(1+\dfrac{1}{t}\right)^t\mathrm{d}t}{x}\quad(a>0)$.

解　当 $x\to+\infty$ 时，该极限是"$\dfrac{\infty}{\infty}$"型，由洛必达法则及重要极限，得

$$\lim_{x\to+\infty}\frac{\int_a^x\left(1+\frac{1}{t}\right)^t\mathrm{d}t}{x}=\lim_{x\to+\infty}\frac{\left(\int_a^x\left(1+\frac{1}{t}\right)^t\mathrm{d}t\right)'}{(x)'}=\lim_{x\to+\infty}\left(1+\frac{1}{x}\right)^x=\mathrm{e}.$$

4.1.6　牛顿-莱布尼茨公式

设函数 $f(x)$ 在区间 $[a,b]$ 上连续，且已知 $F(x)$ 是 $f(x)$ 的一个原函数，则

$$\int_a^b f(x)\mathrm{d}x=F(x)\Big|_a^b=F(b)-F(a).$$

该牛顿-莱布尼茨公式也称为微积分基本公式. 它揭示了定积分与不定积分之间的联系.

例 7　计算 $\int_0^1 x^2\mathrm{d}x$.

解　因为 $f(x)=x^2$ 在 $[0,1]$ 上连续，且 $\dfrac{x^3}{3}$ 是 x^2 是一个原函数，所以由牛顿-莱布尼茨公式，得

$$\int_0^1 x^2\mathrm{d}x=\frac{x^3}{3}\Big|_0^1=\frac{1}{3}-0=\frac{1}{3}.$$

例 8　求 $\int_{-1}^1|x|\mathrm{d}x$.

解　$\int_{-1}^1|x|\mathrm{d}x=\int_{-1}^0(-x)\mathrm{d}x+\int_0^1 x\mathrm{d}x=-\dfrac{x^2}{2}\Big|_{-1}^0+\dfrac{x^2}{2}\Big|_0^1=1.$

例 9　求 $\int_{\frac{\pi}{4}}^{\frac{\pi}{3}}\dfrac{\mathrm{d}x}{\sin x\cos x}$.

解　$\int_{\frac{\pi}{4}}^{\frac{\pi}{3}}\dfrac{\mathrm{d}x}{\sin x\cos x}=\int_{\frac{\pi}{4}}^{\frac{\pi}{3}}\dfrac{\sin^2x+\cos^2x}{\sin x\cos x}\mathrm{d}x=\int_{\frac{\pi}{4}}^{\frac{\pi}{3}}(\tan x+\cot x)\mathrm{d}x$

$$=(-\ln|\cos x|+\ln|\sin x|)\Big|_{\frac{\pi}{4}}^{\frac{\pi}{3}}=\ln|\tan x|\Big|_{\frac{\pi}{4}}^{\frac{\pi}{3}}=\ln\tan\frac{\pi}{3}-\ln\tan\frac{\pi}{4}=\ln\sqrt{3}-\ln 1=\frac{1}{2}\ln 3.$$

4.1.7 定积分的换元法

与不定积分类似，定积分的换元法也包括第一类换元法和第二类换元法.

定理 1 设函数 $f(x)$ 在区间 $[a,b]$ 上连续，如果函数 $x=\varphi(t)$ 满足条件

(1) $\varphi(t)$ 在区间 $[\alpha,\beta]$ 上具有连续导数 $\varphi'(t)$；

(2) 当 t 从 α 变到 β 时，$\varphi(t)$ 单调地从 a 变到 b，其中 $\varphi(\alpha)=a$，$\varphi(\beta)=b$，则有定积分的换元积分公式

$$\int_a^b f(x)\mathrm{d}x=\int_\alpha^\beta f[\varphi(t)]\varphi'(t)\mathrm{d}t.$$

1. 第一类换元法

例 10 求 $\int_0^1 x(1-x^2)^5\mathrm{d}x$.

解 设 $t=1-x^2$，则 $\mathrm{d}t=-2x\mathrm{d}x$，当 $x=0$ 时，$t=1$；当 $x=1$ 时，$t=0$. 于是

$$\int_0^1 x(1-x^2)^5\mathrm{d}x=\int_1^0 t^5\left(-\frac{1}{2}\right)\mathrm{d}t=-\frac{1}{2}\cdot\frac{t^6}{6}\Big|_1^0=\frac{1}{12}.$$

例 11 求 $\int_0^{\frac{\pi}{2}}\cos^3 x\sin x\mathrm{d}x$.

解 设 $t=\cos x$，则 $\mathrm{d}t=-\sin x\mathrm{d}x$，当 $x=0$ 时，$t=1$；当 $x=\frac{\pi}{2}$ 时，$t=0$.

于是

$$\int_0^{\frac{\pi}{2}}\cos^3 x\sin x\mathrm{d}x=-\int_1^0 t^3\mathrm{d}t=-\frac{t^4}{4}\Big|_1^0=\frac{1}{4}.$$

例 12 求 $\int_0^1(2x-1)^{100}\mathrm{d}x$.

解 $\int_0^1(2x-1)^{100}\mathrm{d}x=\frac{1}{2}\int(2x-1)^{100}\mathrm{d}(2x-1)=\frac{1}{2}\left[\frac{1}{101}(2x-1)^{101}\right]\Big|_0^1$

$$=\frac{1}{202}\left[1^{101}-(-1)^{101}\right]=\frac{1}{101}.$$

例 13　求$\int_1^e \frac{\ln x}{x}dx$.

解　$\int_1^e \frac{\ln x}{x}dx = \int_1^e \ln x d\ln x = \frac{1}{2}\ln^2 x\Big|_1^e = \frac{1}{2}(\ln^2 e - \ln^2 1) = \frac{1}{2}$.

例 14　求$\int_0^1 xe^{-x^2}dx$.

解　$\int_0^1 xe^{-x^2}dx = -\frac{1}{2}\int_0^1 e^{-x^2}d(-x^2) = -\frac{1}{2}e^{-x^2}\Big|_0^1 = \frac{1}{2}(1-e^{-1})$.

由以上几个例子可以看出，用凑微分法求定积分，不换元则不换限.

2. 第二类换元法

例 15　求$\int_0^4 \frac{dx}{1+\sqrt{x}}$.

解　设$\sqrt{x}=t$，即$x=t^2$（它在$t>0$时是单调的)，则$dx=2tdt$，且当$x=0$时，$t=0$；当$x=4$时，$t=2$．于是

$$\int_0^4 \frac{dx}{1+\sqrt{x}} = \int_0^2 \frac{2tdt}{1+t} = 2\int_0^2\left(1-\frac{1}{1+t}\right)dt = 2[t-\ln(1+t)]\Big|_0^2 = 2\times(2-\ln 3).$$

例 16　求$\int_0^a \sqrt{a^2-x^2}dx$　$(a>0)$.

解　设$x=a\sin t\left(0\leqslant t\leqslant\frac{\pi}{2}\right)$，则$dx=a\cos tdt$，$\sqrt{a^2-x^2}=a\cos t$，当$x=0$时，$t=0$；$x=a$时，$t=\frac{\pi}{2}$. 于是

$$\int_0^a \sqrt{a^2-x^2}dx = \int_0^{\frac{\pi}{2}} a\cos t\cdot a\cos tdt = \frac{a^2}{2}\int_0^{\frac{\pi}{2}}(1+\cos 2t)dt$$

$$=\frac{a^2}{2}\left[t+\frac{1}{2}\sin 2t\right]_0^{\frac{\pi}{2}} = \frac{a^2}{2}\left[\frac{\pi}{2}+0-(0-0)\right] = \frac{1}{4}\pi a^2.$$

例 17　求$\int_2^{\sqrt{2}} \frac{dx}{x\sqrt{x^2-1}}$.

解　设$x=\sec t\left(0<t<\frac{\pi}{2}\right)$，$t=\arccos\frac{1}{x}\,(x>1)$，则$dx=\sec t\tan tdt$，当$x=2$时，$t=\frac{\pi}{3}$，当$x=\sqrt{2}$时，$t=\frac{\pi}{4}$. 于是

$$\int_{2}^{\sqrt{2}}\frac{\mathrm{d}x}{x\sqrt{x^{2}-1}}=\int_{\frac{\pi}{3}}^{\frac{\pi}{4}}\frac{1}{\sec t\tan t}\cdot\sec t\tan t\mathrm{d}t=\int_{\frac{\pi}{3}}^{\frac{\pi}{4}}\mathrm{d}t=\frac{\pi}{4}-\frac{\pi}{3}=-\frac{\pi}{12}.$$

例 18 设 $f(x)$ 在区间 $[-a,a]$ 上连续，证明

(1) 若 $f(x)$ 为偶函数，则 $\int_{-a}^{a}f(x)\mathrm{d}x=2\int_{0}^{a}f(x)\mathrm{d}x$；

(2) 若 $f(x)$ 为奇函数，则 $\int_{-a}^{a}f(x)\mathrm{d}x=0$.

证 $\int_{-a}^{a}f(x)\mathrm{d}x=\int_{-a}^{0}f(x)\mathrm{d}x+\int_{0}^{a}f(x)\mathrm{d}x$.

对积分 $\int_{-a}^{0}f(x)\mathrm{d}x$ 作变换 $x=-t$，则 $\mathrm{d}x=-\mathrm{d}t$，当 $x=-a$ 时，$t=a$；当 $x=0$ 时，$t=0$. 于是

$$\int_{-a}^{0}f(x)\mathrm{d}x=\int_{a}^{0}f(-t)(-1)\mathrm{d}t=\int_{0}^{a}f(-t)\mathrm{d}t=\int_{0}^{a}f(-x)\mathrm{d}x.$$

从而

$$\int_{-a}^{a}f(x)\mathrm{d}x=\int_{0}^{a}f(-x)\mathrm{d}x+\int_{0}^{a}f(x)\mathrm{d}x=\int_{0}^{a}[f(-x)+f(x)]\mathrm{d}x.$$

(1) 若 $f(x)$ 为偶函数，有 $f(-x)=f(x)$，则

$$\int_{-a}^{a}f(x)\mathrm{d}x=\int_{0}^{a}2f(x)\mathrm{d}x=2\int_{0}^{a}f(x)\mathrm{d}x;$$

(2) 若 $f(x)$ 为奇函数，有 $f(-x)=-f(x)$，则

$$\int_{-a}^{a}f(x)\mathrm{d}x=\int_{0}^{a}0\mathrm{d}x=0.$$

可见，利用函数的奇偶性可以计算定积分.

4.1.8 定积分的分部积分法

$$\int_{a}^{b}u\mathrm{d}v=uv\Big|_{a}^{b}-\int_{a}^{b}v\mathrm{d}u.$$

这个公式称为定积分的**分部积分公式**.

例 19 求 $\int_{0}^{\frac{\pi}{2}}x\cos x\mathrm{d}x$.

解 $\int_{0}^{\frac{\pi}{2}}x\cos x\mathrm{d}x=\int_{0}^{\frac{\pi}{2}}x\mathrm{d}(\sin x)=x\sin x\Big|_{0}^{\frac{\pi}{2}}-\int_{0}^{\frac{\pi}{2}}\sin x\mathrm{d}x$

$$=x\sin x\Big|_0^{\frac{\pi}{2}}+\cos x\Big|_0^{\frac{\pi}{2}}=\frac{\pi}{2}+(0-1)=\frac{\pi}{2}-1.$$

例 20　求 $\int_0^1 x\mathrm{e}^{2x}\mathrm{d}x$.

解　$\int_0^1 x\mathrm{e}^{2x}\mathrm{d}x=\frac{1}{2}\int_0^1 x\mathrm{d}(\mathrm{e}^{2x})=\frac{1}{2}\left[x\mathrm{e}^{2x}\Big|_0^1-\int_0^1 \mathrm{e}^{2x}\mathrm{d}x\right]$

$$=\frac{1}{2}\left[x\mathrm{e}^{2x}\Big|_0^1-\frac{1}{2}\mathrm{e}^{2x}\Big|_0^1\right]=\frac{1}{2}\left[\mathrm{e}^2-\frac{1}{2}(\mathrm{e}^2-1)\right]=\frac{1}{4}(\mathrm{e}^2+1).$$

4.1.9　利用定积分求平面图形面积

定积分在实际中有着广泛的应用，可以解决一些平面图形面积和旋转体体积等几何问题、变力做功等物理问题，经常用到元素法.

求曲边梯形的面积 S 时，在区间 $[a,b]$ 上，取其中任一小区间并记作 $[x,x+\mathrm{d}x]$，面积元素

$$\mathrm{d}S=f(x)\mathrm{d}x,$$

则面积

$$S=\int_a^b \mathrm{d}S=\int_a^b f(x)\mathrm{d}x.$$

这种方法称为**元素法**.

1. 用元素法求平面图形的面积

设在区间 $[a,b]$ 上连续的函数 $f(x)$ 与 $g(x)$ 满足 $f(x)\geqslant g(x)$. 要计算由曲线 $y=f(x)$, $y=g(x)$ 及两直线 $x=a$, $x=b$ 所围成的平面图形的面积 S，如图 4.4 所示.

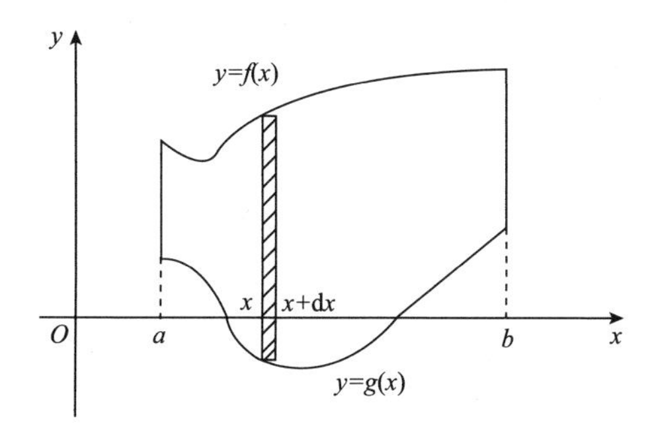

图 4.4

利用元素法在区间$[a,b]$上任取一小区间$[x,x+\mathrm{d}x]$，它所对应的图 4.4 中阴影部分面积$\mathrm{d}S=[f(x)-g(x)]\mathrm{d}x$. 于是$S=\int_a^b[f(x)-g(x)]\mathrm{d}x$.

同理，由曲线$x=f(y)$，$x=g(y)$及两条直线$y=c$，$y=d$所围成的平面图形的面积S(图 4.5）可表示为

$$S=\int_c^d[f(y)-g(y)]\mathrm{d}y.$$

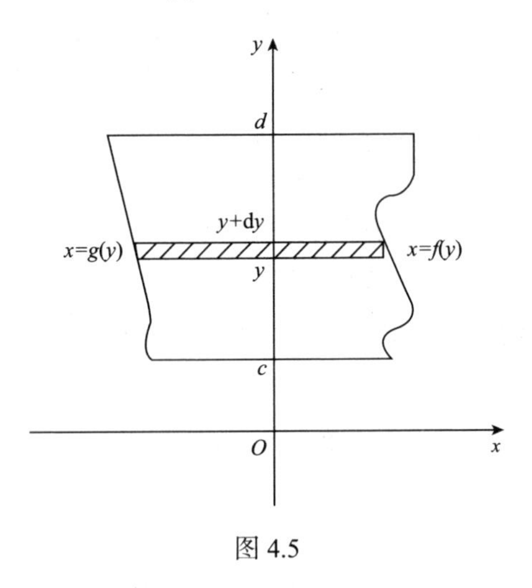

图 4.5

例 21 计算由曲线$y=x^2$与$y^2=x$所围成图形的面积.

解 两条曲线所围成的图形如图 4.6 所示. 解方程组$\begin{cases}y=x^2,\\y^2=x\end{cases}$得两曲线的交点为$(0,0)$和$(1,1)$. 取$x$为积分变量，于是，所求图形面积为

$$S=\int_0^1(\sqrt{x}-x^2)\mathrm{d}x=\left(\frac{2}{3}x^{\frac{3}{2}}-\frac{1}{3}x^3\right)\Bigg|_0^1=\frac{1}{3}.$$

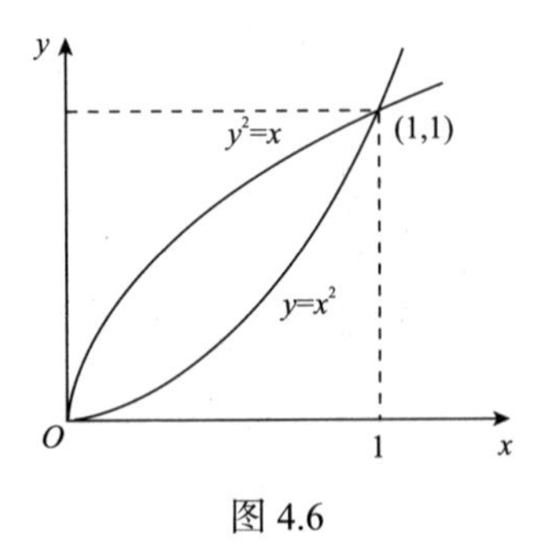

图 4.6

例 22　计算由抛物线 $y^2=2x$ 及直线 $y=2-2x$ 所围成图形的面积.

解　这个图形如图 4.7 所示.

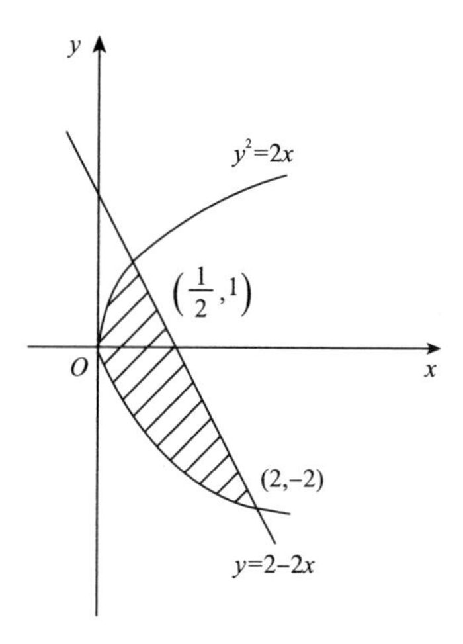

图 4.7

解方程组 $\begin{cases} y^2=2x, \\ y=2-2x \end{cases}$ 得交点为 $(2,-2)$ 和 $\left(\dfrac{1}{2},1\right)$. 以 y 为积分变量，得所求图形的面积为

$$S=\int_{-2}^{1}\left[\left(1-\frac{y}{2}\right)-\frac{y^2}{2}\right]\mathrm{d}y=\left(y-\frac{1}{4}y^2-\frac{1}{6}y^3\right)\Bigg|_{-2}^{1}=2\frac{1}{4}.$$

如果取 x 为积分变量，需把积分区间分成 $\left[0,\dfrac{1}{2}\right]$ 与 $\left[\dfrac{1}{2},2\right]$ 两个区间，此时面积为

$$S=\int_{0}^{\frac{1}{2}}\left[\sqrt{2x}-\left(-\sqrt{2x}\right)\right]\mathrm{d}x+\int_{\frac{1}{2}}^{2}\left[2-2x-\left(-\sqrt{2x}\right)\right]\mathrm{d}x=2\frac{1}{4}.$$

用这种方法计算比较麻烦. 由此可见，用元素法计算面积时，应根据图的形状恰当选取积分变量.

典型例题解答　$S=\int_{1}^{4}\sqrt{x}\,\mathrm{d}x=\dfrac{2}{3}x^{\frac{3}{2}}\Big|_{1}^{4}=\dfrac{14}{3}$.

习题 4.1

1. 举例说明定积分与不定积分的区别和联系.
2. 利用定积分的定义表示由 $y=\mathrm{e}^x$, $x=0$, $x=1$ 及 x 轴所围成的图形面积.

3. 根据定积分的几何意义，求下列定积分的值.

(1) $\int_1^4 x\mathrm{d}x$；　(2) $\int_0^1 \sqrt{1-x^2}\mathrm{d}x$；

(3) $\int_{-1}^1 |x|\mathrm{d}x$；　(4) $\int_{-\frac{\pi}{2}}^{\frac{3\pi}{2}} \cos x\mathrm{d}x$.

4. 用定积分的性质比较下列各对定积分的大小.

(1) $\int_1^2 x\mathrm{d}x$ 与 $\int_1^2 \sqrt{x}\mathrm{d}x$；　(2) $\int_0^{\frac{\pi}{2}} x\mathrm{d}x$ 与 $\int_0^{\frac{\pi}{2}} \sin x\mathrm{d}x$；

(3) $\int_0^1 \ln x\mathrm{d}x$ 与 $\int_0^1 (1-x)\mathrm{d}x$；　(4) $\int_{\frac{\pi}{2}}^{\pi} \sin x\mathrm{d}x$ 与 $\int_{\frac{\pi}{2}}^{\pi} \cos x\mathrm{d}x$；

(5) $\int_0^1 \mathrm{e}^x\mathrm{d}x$ 与 $\int_0^1 \mathrm{e}^{x^2}\mathrm{d}x$；　(6) $\int_0^1 x\mathrm{d}x$ 与 $\int_0^1 \ln(x+1)\mathrm{d}x$.

5. 估计下列各积分值的范围.

(1) $\int_1^4 (1+x^2)\mathrm{d}x$；　(2) $\int_0^{\frac{\pi}{2}} (1-\sin x)\mathrm{d}x$；

(3) $\int_0^1 \mathrm{e}^{2x}\mathrm{d}x$；　(4) $\int_1^4 (x^2-4x+5)\mathrm{d}x$.

6. 计算下列各导数.

(1) $\frac{\mathrm{d}}{\mathrm{d}x}\int_0^x \sqrt{1+t}\mathrm{d}t$；　(2) $\frac{\mathrm{d}}{\mathrm{d}x}\int_x^{-2} t^2\mathrm{d}t$；

(3) $\frac{\mathrm{d}}{\mathrm{d}x}\int_0^{x^2} \sqrt{1+t^2}\mathrm{d}t$；　(4) $\frac{\mathrm{d}}{\mathrm{d}x}\int_{x^2}^{x^3} \frac{1}{\sqrt{1+t^4}}\mathrm{d}t$.

7. 求极限.

(1) $\lim\limits_{x\to 0}\frac{\int_0^x \sin t\mathrm{d}t}{x^2}$；　(2) $\lim\limits_{x\to 0}\frac{\int_0^x (1+2t)^{\frac{1}{t}}\mathrm{d}t}{x}$.

8. 计算下列定积分.

(1) $\int_0^a (3x^2-x+1)\mathrm{d}x$；　(2) $\int_{-1}^0 \frac{1+3x^2+3x^4}{x^2+1}\mathrm{d}x$；　(3) $\int_4^9 \sqrt{x}(1+\sqrt{x})\mathrm{d}x$；

(4) $\int_{\frac{1}{\sqrt{3}}}^{\sqrt{3}} \frac{\mathrm{d}x}{1+x^2}$；　(5) $\int_{-\frac{1}{2}}^{\frac{1}{2}} \frac{1}{\sqrt{1-x^2}}\mathrm{d}x$；　(6) $\int_0^2 |1-x|\mathrm{d}x$；

(7) $\int_1^{\sqrt{\mathrm{e}}} \frac{1}{x}\mathrm{d}x$；　(8) $\int_0^{\frac{\pi}{4}} \tan^2 t\mathrm{d}t$；　(9) $\int_0^{2\pi} |\sin x|\mathrm{d}x$；

(10) $\int_0^{2\pi} |\cos x|\mathrm{d}x$.

9. 已知 $f(x)=\begin{cases} x^2+1, & -2\leqslant x\leqslant 0, \\ x-1, & 0\leqslant x\leqslant 2, \end{cases}$ 计算 $\int_{-2}^2 f(x)\mathrm{d}x$.

10. 用换元积分法计算下列各定积分.

(1) $\int_0^{\frac{\pi}{2}}\cos x\sin^3 x\mathrm{d}x$；　(2) $\int_1^{\mathrm{e}}\frac{\ln x}{x}\mathrm{d}x$；　(3) $\int_0^4\frac{1}{1+\sqrt{x}}\mathrm{d}x$；

(4) $\int_4^9\frac{\sqrt{x}}{\sqrt{x}-1}\mathrm{d}x$；　(5) $\int_0^2\sqrt{4-x^2}\mathrm{d}x$；　(6) $\int_1^{\mathrm{e}^2}\frac{\mathrm{d}x}{x\sqrt{1+\ln x}}$；

(7) $\int_0^4\sqrt{x^2+9}\,\mathrm{d}x$；　(8) $\int_1^{\sqrt{2}}\frac{\sqrt{x^2-1}}{x}\mathrm{d}x$.

11. 用分部积分法计算下列各定积分.

(1) $\int_0^1 x\mathrm{e}^x\mathrm{d}x$；　(2) $\int_1^{\mathrm{e}}\ln x\mathrm{d}x$；　(3) $\int_1^{\mathrm{e}}x\ln x\mathrm{d}x$；

(4) $\int_0^{\pi}x\sin x\mathrm{d}x$；　(5) $\int_0^{\sqrt{3}}x\arctan x\mathrm{d}x$；　(6) $\int_0^{\frac{\pi}{2}}\mathrm{e}^{2x}\sin x\mathrm{d}x$.

12. 利用函数的奇偶性计算下列积分.

(1) $\int_{-\pi}^{\pi}t^2\sin 2t\mathrm{d}t$；　(2) $\int_{-\frac{\pi}{2}}^{\frac{\pi}{2}}4\cos^4 x\mathrm{d}x$；

(3) $\int_{-\frac{1}{2}}^{\frac{1}{2}}\frac{(\arcsin x)^2}{\sqrt{1-x^2}}\mathrm{d}x$；　(4) $\int_{-3}^{3}\frac{x^3\sin^2 x}{3x^2+1}\mathrm{d}x$.

13. 求图中各阴影部分的面积.

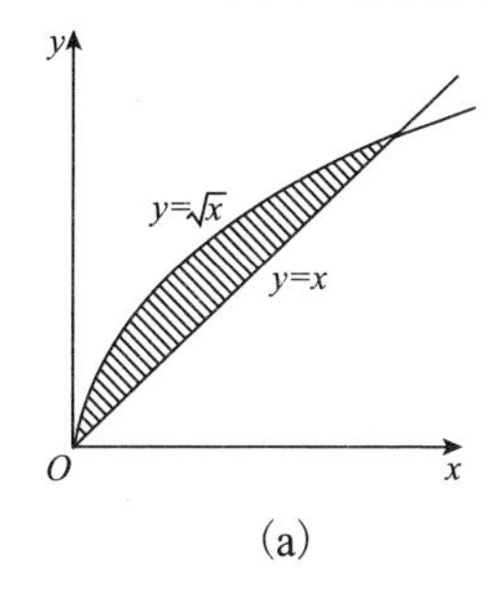

(a)

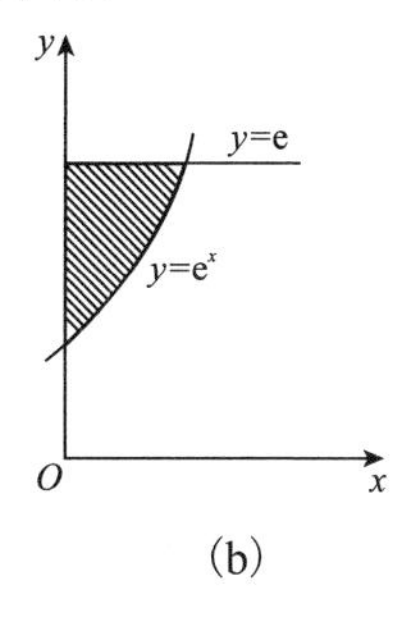

(b)

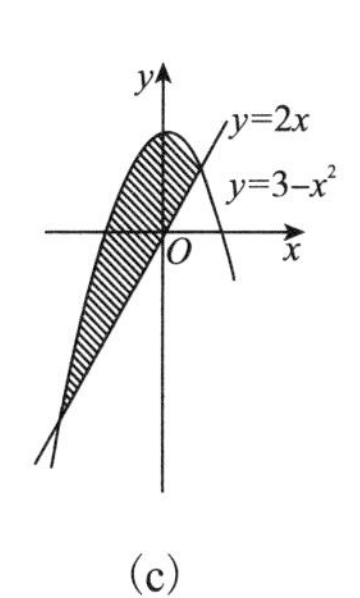

(c)

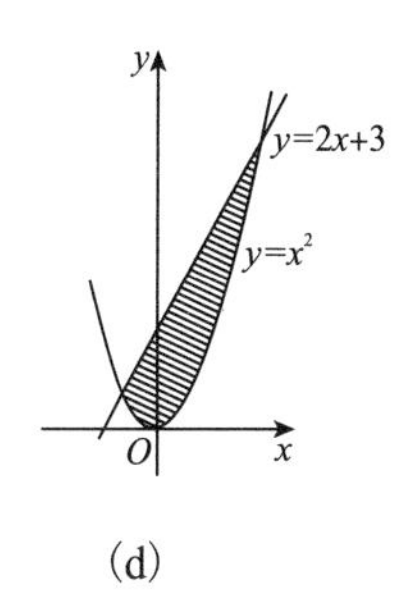

(d)

14. 求由下列各曲线所围成的图形的面积.

(1) $y=x^3$ 与 $y=x$；　(2) $y=x^2-2x+3$ 与 $y=x+3$；

(3) $y=x$，$y=2x$ 及 $y=2$；　(4) $y^2=x+4$ 与 $x+2y-4=0$；

(5) $y=\frac{1}{x}$ 与直线 $y=x$ 及 $x=2$；　(6) $y=\mathrm{e}^x$，$y=\mathrm{e}^{-x}$ 与直线 $x=1$；

(7) $y=\ln x, y$ 轴与直线 $y=\ln a$，$y=\ln b\ (b>a>0)$.

4.2　旋转体的体积

典型例题　计算由抛物线 $y=x^2$ 及直线 $x=1$，$x=2$ 与 x 轴所围成的图形分别

绕 x, y 轴旋转形成的旋转体的体积.

初步分析 一个曲边梯形绕 x 轴或 y 轴旋转形成的旋转体体积，不像圆柱、圆锥、圆台、球这些标准的旋转体有体积计算公式，需要用定积分才能计算.

预备知识 旋转体的体积计算.

旋转体就是由一个平面图形绕这个平面内一条直线旋转一周而成的立体.

下面讨论用元素法如何求由连续曲线 $y=f(x)$ 及直线 $x=a$, $x=b$ 与 x 轴所围成的曲边梯形绕 x 轴旋转一周而成的立体的体积.

取 x 为积分变量，它的变化区间为 $[a,b]$. 在 $[a,b]$ 上任取一小区间 $[x,x+\mathrm{d}x]$ ，相应于该小区间的窄曲边梯形绕 x 轴旋转而成的薄片的体积近似于以 $f(x)$ 为底半径、 $\mathrm{d}x$ 为高的圆柱体的体积(图 4.8). 即体积元素为

$$\mathrm{d}V=\pi[f(x)]^2\mathrm{d}x .$$

以 $\pi[f(x)]^2\mathrm{d}x$ 为被积表达式，在区间 $[a,b]$ 上作定积分，便得旋转体的体积为

$$V_x=\int_a^b \pi f^2(x)\mathrm{d}x .$$

同理可得,由连续曲线 $x=\varphi(y)$ 及直线 $y=c$, $y=d$ 与 y 轴所围成的曲边梯形绕 y 轴旋转一周而成的旋转体(图 4.9)的体积为

$$V_y=\int_c^d \pi\varphi^2(y)\mathrm{d}y .$$

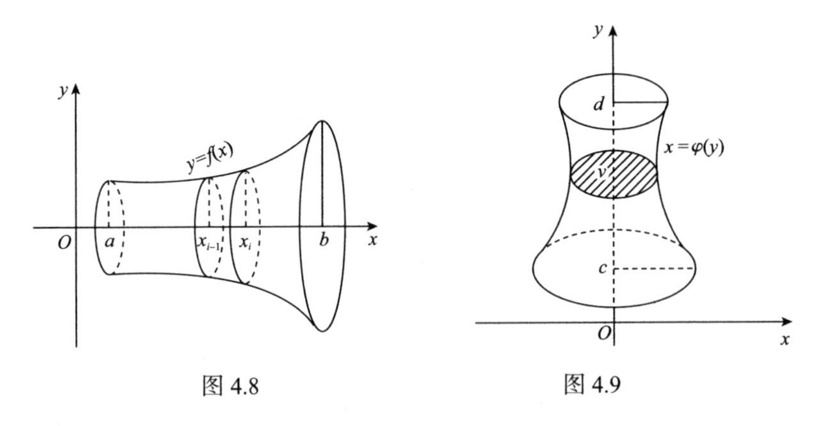

图 4.8 图 4.9

解 如图 4.10 所示，由旋转体的体积公式知，所述图形 $ABCD$ 绕 x 轴旋转而成的旋转体的体积为

$$V_x=\int_1^2 \pi(x^2)^2\mathrm{d}x=\pi\int_1^2 x^4\mathrm{d}x=\frac{\pi}{5}x^5\Big|_1^2=\frac{31\pi}{5}.$$

所述图形 $ABCD$ 绕 y 轴旋转而成的旋转体的体积，可看成由平面图形 $OCDF$

与 $OABE$，$EBDF$ 分别绕 y 轴旋转而成的旋转体的体积之差.

因为 V_{OCDF} 是由直线 $x=2$ 在[0,4]上绕 y 轴旋转而成的旋转体的体积，所以

$$V_{OCDF}=\int_0^4 \pi 2^2 \mathrm{d}y=4\pi y\Big|_0^4=16\pi .$$

又 V_{OABE} 是由直线 $x=1$ 在[0,1]上绕 y 轴旋转而成的旋转体的体积，所以

$$V_{OABE}=\int_0^1 \pi 1^2 \mathrm{d}y=\pi y\Big|_0^1=\pi .$$

V_{EBDF} 是由曲线 $y=x^2$ 在[1,4]上绕 y 轴旋转而成的旋转体的体积，所以

$$V_{EBDF}=\int_1^4 \pi y \mathrm{d}y=\frac{\pi y^2}{2}\Big|_1^4=\frac{15\pi}{2}.$$

于是，图形 $ACDB$ 绕 y 轴旋转而成的旋转体的体积为

$$V_y=V_{OCDF}-V_{OABE}-V_{EBDF}=16\pi-\pi-\frac{15}{2}\pi=\frac{15\pi}{2}.$$

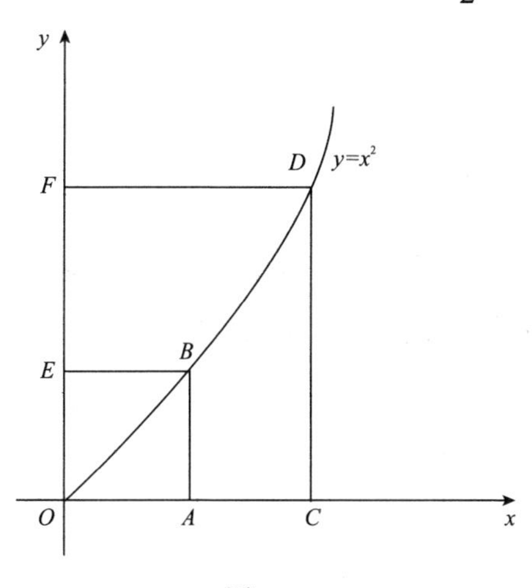

图 4.10

例 1　求椭圆曲线 $\frac{x^2}{a^2}+\frac{y^2}{b^2}=1\,(a>b>0)$ 分别绕 x 轴和 y 轴旋转一周所得到的旋转体的体积.

解　由 $\frac{x^2}{a^2}+\frac{y^2}{b^2}=1$ 易求出上半椭圆曲线的方程为 $y=\frac{b}{a}\sqrt{a^2-x^2}$, $x\in[-a,a]$ 如图 4.11 (a) 所示. 将上半椭圆与 x 轴围成的区域绕 x 轴旋转一周，得旋转体的体积为

$$V=\pi\int_{-a}^{a}\left(\frac{b}{a}\sqrt{a^2-x^2}\right)^2\mathrm{d}x=\frac{\pi b^2}{a^2}\int_{-a}^{a}(a^2-x^2)\mathrm{d}x=\frac{4}{3}\pi ab^2 .$$

由 $\frac{x^2}{a^2}+\frac{y^2}{b^2}=1$ 易求出右半椭圆曲线的方程为 $x=\frac{a}{b}\sqrt{b^2-y^2}$, $y\in[-b,b]$ ，如图 4.11(b)所示. 由右半椭圆曲线与 y 轴所围区域绕 y 轴旋转一周，得旋转体的体积为

$$V=\pi\int_{-b}^{b}\left(\frac{a}{b}\sqrt{b^2-y^2}\right)^2\mathrm{d}y=\frac{\pi a^2}{b^2}\int_{-b}^{b}(b^2-y^2)\mathrm{d}y=\frac{4}{3}\pi a^2 b .$$

当 $a=b$ 时，得半径为 a 的球体体积为 $V=\frac{4}{3}\pi a^3$.

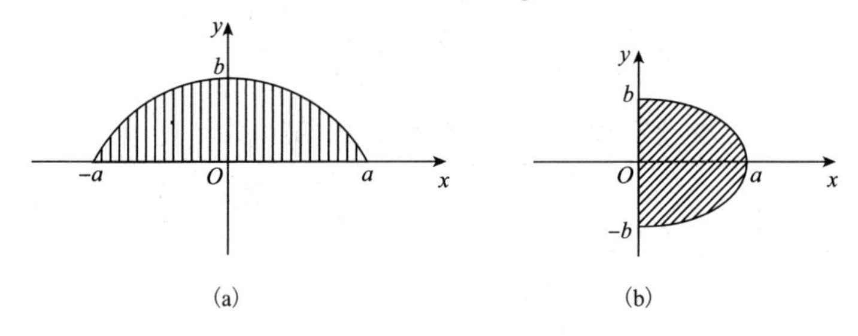

图 4.11

例 2 试求抛物线 $y=x^2$ 与其在点(1,1)处的切线及与 x 轴所围成的图形绕 x 轴旋转一周所得旋转体的体积.

解 由图 4.12 知，所求体积应是曲线 $y=x^2$ 绕 x 轴旋转一周所得旋转体的体积 V_1 与点(1,1)处的切线绕 x 轴旋转一周所得旋转体的体积 V_2 之差.

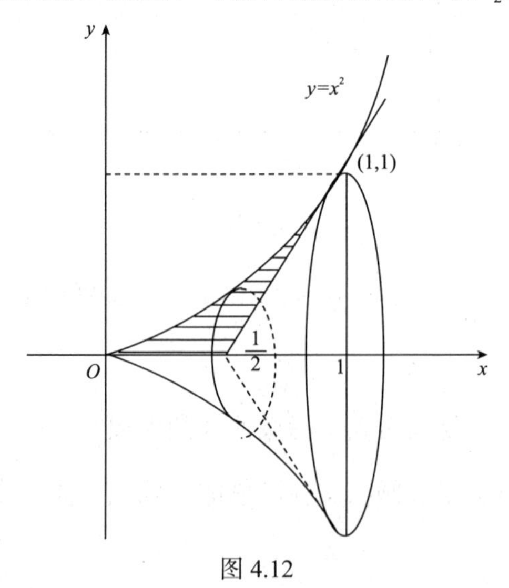

图 4.12

由题意得

$$V_1=\int_0^1 \pi(x^2)^2\mathrm{d}x=\frac{\pi}{5}.$$

由于抛物线 $y=x^2$ 在点 $(1,1)$ 处的切线方程为 $y-1=2(x-1)$，即 $y=2x-1$，切线与 x 轴的交点是 $\left(\frac{1}{2},0\right)$，所以

$$V_2=\int_{\frac{1}{2}}^1 \pi(2x-1)^2\mathrm{d}x=\pi\left(\frac{4}{3}x^3-2x^2+x\right)\Bigg|_{\frac{1}{2}}^1=\frac{\pi}{6},$$

所以

$$V=V_1-V_2=\frac{\pi}{5}-\frac{\pi}{6}=\frac{\pi}{30}.$$

习题 4.2

1. 求由曲线 $y=x^2$ 与直线 $x=1$，$x=2$ 及 $y=0$ 所围成的平面图形绕 x 轴旋转一周所成旋转体的体积.

2. 将曲线 $y=\frac{1}{2}x^2$ 与 $y=x$ 所围成的平面图形分别绕 x 轴，y 轴旋转，计算所得的两个旋转体的体积.

3. 曲线 $y=x^2$，$x=y^2$ 所围成的平面图形绕 y 轴旋转而得的旋转体.

4.3　已知边际函数求经济函数的增量

典型例题　已知某产品的总产量的变化率为 $Q'(t)=40+12t-\frac{3}{2}t^2$（单位/天），求 (1) 前 10 天的总产量比前 2 天的总产量增加多少；(2) 从第 2 天到第 10 天产品的总产量（注意这两个问题的不同提法！）.

初步分析　已知边际函数求经济函数的增量，这是定积分的应用.

预备知识　牛顿-莱布尼茨公式的推广及应用.

我们学过牛顿-莱布尼茨公式 $\int_a^b f(x)\mathrm{d}x=F(x)\big|_a^b=F(b)-F(a)$ 则可推出

$$\int_a^b f'(x)\mathrm{d}x=f(x)\big|_a^b=f(b)-f(a),$$

进一步推出

(1) $\int_a^b R'(x)\mathrm{d}x = R(x)\big|_a^b = R(b) - R(a)$. 当产量从 a 变到 b ，总收益增加的数量；

(2) $\int_a^b C'(x)\mathrm{d}x = C(x)\big|_a^b = C(b) - C(a)$. 当产量从 a 变到 b ，总成本增加的数量；

(3) $\int_a^b L'(x)\mathrm{d}x = L(x)\big|_a^b = L(b) - L(a)$. 当产量从 a 变到 b ，总利润增加的数量.

例 1 已知生产某种产品 x 个单位时总收益 R 的变化率为

$$R' = R'(x) = 100 - \frac{x}{20} \quad (x \geqslant 0),$$

(1)生产 100 个单位时的总收益；

(2)求产量从 100 个单位到 200 个单位时总收益的增加量.

解 (1)生产 100 个单位时的总收益 R 就是 $R'(x)$ 从 0 到 100 的定积分，即

$$R_1 = \int_0^{100}\left(100 - \frac{x}{20}\right)\mathrm{d}x = \left(100x - \frac{x^2}{40}\right)\Bigg|_0^{100} = 9750 .$$

(2)产量从 100 个单位到 200 个单位时总收益的增加量 R_2 为

$$R_2 = \int_{100}^{200}\left(100 - \frac{x}{20}\right)\mathrm{d}x = \left(100x - \frac{x^2}{40}\right)\Bigg|_{100}^{200} = 9250.$$

即生产 100 个单位时的总收益为 9750，产量从 100 个单位到 200 个单位时总收益的增加量为 9250.

例 2 某建筑材料厂生产 x 吨水泥的边际成本单位：百万元为 $C'(x) = 5 + \frac{25}{\sqrt{x}}$ ，若固定成本为 10(百万元)，求当产量从 64 吨增加到 100 吨时需增加多少成本投资?

解 $\int_{64}^{100}\left(5 + \frac{25}{\sqrt{x}}\right)\mathrm{d}x = \int_{64}^{100}(5 + 25x^{-\frac{1}{2}})\mathrm{d}x = (5x + 50\sqrt{x})\Big|_{64}^{100} = 280$ (百万)，即产量从 64 吨增加到 100 吨时需增加 280 百万投资.

例 3 某地区在研究投资问题时，发现净投资流量(单位：元)为时间 t (单位：年)的函数 $I(t) = 6t^{\frac{1}{2}}$. 求

(1)第一年的资本累计；

(2)前九年的资本累计；

(3)九年后的资本总和(设初始资本为 500 万元).

解　净投资就是形成率(资本形成的速度)，是资本在时间 t 的变化率，就是资本对时间 t 的导数. 因此，由已知净投资 $I=I(t)$，求在时间间隔 $[a,b]$ 上的资本形成总量(即资本积累)，就是用定积分 $\int_a^b I(t)\mathrm{d}t$ 计算.

(1) $\int_0^1 6t^{\frac{1}{2}}\mathrm{d}t = 4t\frac{3}{2}\Big|_0^1 = 4$ (万元).

(2) $\int_0^9 6t^{\frac{1}{2}}\mathrm{d}t = 4t^{\frac{3}{2}}\Big|_0^9 = 108$ (万元).

(3) $500+\int_0^9 6t^{\frac{1}{2}}\mathrm{d}t = 608$ (万元).

即第一年的资本积累为 4 万元，前九年的资本积累为 108 万元，九年后资本总和为 608 万元.

例 4　某商场经销某种小商品，销量为 x 件时总利润的变化率为

$$L'(x)=12.5-\frac{x}{80}\ (\text{元/件}).$$

求 (1) 售出 40 件时的总利润；(2) 售出 400 件时的平均利润.

解　(1) $\int_0^{40}\left(12.5-\frac{x}{80}\right)\mathrm{d}x=\left(12.5x-\frac{x^2}{160}\right)\Big|_0^{40}=490$ (元).

(2) $\frac{1}{400}\int_0^{400}\left(12.5-\frac{x}{80}\right)\mathrm{d}x=10$ (元).

即售出 40 件时的总利润为 490 元；售出 400 件时的平均利润为 10 元.

典型例题解答　(1) $Q(10)-Q(2)=\int_2^{10}Q'(t)\mathrm{d}t=\int_2^{10}\left(40+12t-\frac{3}{2}t^2\right)\mathrm{d}t$

$$=\left(40t+6t^2-\frac{1}{2}t^3\right)\Big|_2^{10}=400.$$

(2)

$$Q(10)-Q(1)=\int_1^{10}Q'(t)\mathrm{d}t$$

$$=\int_1^{10}\left(40+12t-\frac{3}{2}t^2\right)\mathrm{d}t=\left(40t+6t^2-\frac{1}{2}t^3\right)\Big|_1^{10}=454.5.$$

习题 4.3

1. 某厂某产品产量为 x 吨，总成本函数为 $C(x)$，已知边际成本函数 $C'(x)=4+\frac{4}{\sqrt{x}}$，固定成本 $C(0)=100$（百元）. 求

(1) 产量 $x=49$ 吨时的总成本.

(2) 产量从 25 吨增加到 81 吨，总成本增加多少?

2. 某工厂生产某种产品，其总产量的变化率 $f(x)$ 是时间 x 的函数，即

$$f(x)=100+6x-0.3x^2 \text{（单位/小时）}.$$

试求从 $x=0$ 到 $x=10$ 这 10 个小时的总产量.

3. 设某茶叶生产企业，生产某种出口茶叶的边际成本和边际收入是(日产量 x 包，每包 1 千克)的函数：$C'(x)=x+10$（美元），$R'(x)=210-4x$（美元/包），其固定成本为 3000 美元，求：

(1) 日产量为多少时，其利润最大?

(2) 在获得最大利润生产水平上的总收入、总成本、总利润各是多少?

4. 已知某产品总产量的变化率为

$$f(t)=75+10t-0.3t^2 \text{（单位/小时）}.$$

求从时间 $t=1$ 到 $t=3$ 的产量.

5. 已知生产某商品 x 件时总收入 $R(x)$ 的变化率为 $r(x)=150-\frac{x}{25}$（元/件），求

(1) 生产 100 件时的总收入及平均收入.

(2) 从生产 100 件到生产 200 件所增加的收入及平均收入.

4.4 变力做功

典型例题 弹簧在拉伸过程中需要的力 F(单位：N)与伸长量 x（单位：cm）成正比，即 $F=kx$，已知 1 N 的力能使该弹簧伸长 1 cm，求使弹簧伸长 5 cm 所做的功.

初步分析 变力做功是定积分在物理上的应用. 常用元素法.

例 1 把一个带 $+q$ 电量的点电荷放在 r 轴上坐标原点处，它产生一个电场. 这个电场对周围的电荷有作用力. 由物理学知道，如果有一个单位正电荷放在 r 轴上点 r 处，那么电场对它的作用力的大小为

$$F(r)=k\frac{q}{r^2} \quad (k \text{ 为常数}).$$

当这个单位正电荷在电场中从 $r=a$ 处沿 r 轴移动到 $r=b$（$a<b$）处时，计算电场力 F 对它所做的功.

解　在上述移动过程中（图 4.13），电场对这个单位正电荷的作用力是变的. 取 r 为积分变量，当单位正电荷从 r 沿直线移动到 $r+\mathrm{d}r$ 时，电场力对它所做的功的近似值为

$$\mathrm{d}W = F\cdot \mathrm{d}r = k\frac{q}{r^2}\mathrm{d}r.$$

把功的元素 $\mathrm{d}W = F\cdot \mathrm{d}r = k\dfrac{q}{r^2}\mathrm{d}r$ 在 $[a,b]$ 上积分，于是所求的功为

$$W=\int_a^b \frac{kq}{r^2}\mathrm{d}r = kq\left(-\frac{1}{r}\right)\bigg|_z^b = kq\left(\frac{1}{a}-\frac{1}{b}\right).$$

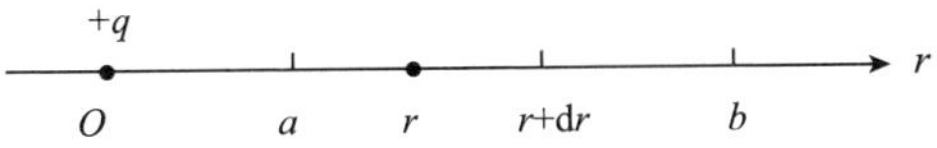

图 4.13

典型例题解答　$F=kx$，当 $F=1\ \mathrm{N}$ 时 $x=1\ \mathrm{cm}$，所以 $k=1\ \mathrm{N/cm}$，伸长量从 x 到 $x+\mathrm{d}x$ 的功微元

$$\mathrm{d}W = FS = x(\mathrm{N})\frac{\mathrm{d}x}{100}(\mathrm{m}) = \frac{x}{100}\mathrm{d}x(\mathrm{J}),$$

$$W=\int_0^5 \frac{x}{100}\mathrm{d}x = \frac{x^2}{200}\bigg|_0^5 = 0.125(\mathrm{J})\ \text{（注意单位）}.$$

习题 4.4

1. 弹簧在拉伸过程中需要的力 F（单位：N）与伸长量 x（单位：cm）成正比，即 $F=kx$，已知 1 N 的力能使该弹簧伸长 1 cm，求使弹簧伸长 6 cm 所做的功.

2. 把一个带 $+q=10$ 库仑电量的点电荷放在 r 轴上坐标原点处，它产生一个电场. 这个电场对周围的电荷有作用力. 如果有一个单位正电荷放在 r 轴上点 r 处，那么电场对它的作用力的大小为

$$F(r)=k\frac{q}{r^2}\quad (k\ \text{为常数}).$$

当这个单位正电荷在电场中从 $r=a=1\mathrm{m}$ 处沿 r 轴移动到 $r=b=2\mathrm{m}$ 处时，计算电场力 F 对它所做的功.

3. 某物体在变力作用下做直线运动，变力 F（单位：N）与位移 x（单位：m）成反比，比例系数 $k=0.1\mathrm{N/m}$，求：位移由 1m 到 2m 过程中变力所做的功.

4.5 投 资 问 题

典型例题 1 设连续 3 年保持收入率每年 15000 元不变，且利率稳定在 7.5% 连续复利，问其收入现值是多少?

预备知识 已知有 A_0 元货币，按年利率 r 作连续复利计算，年后的本息为 $A_0 e^{rt}$，称为复利终值；若干年后有货币 A，按复利计算，现在应有资金 $A_0 = Ae^{-rt}$ 元,称之为复利现值. 设在时间段 $[0,T]$ 内时刻的收入率 $f(t)=A$，年利率 r 为常数，按连续复利计算，在 $[0,T]$ 内的总收入现值 $R=\int_0^T Ae^{-rt}\mathrm{d}t=-\frac{A}{r}e^{-rt}\Big|_0^T=\frac{A}{r}(1-e^{-rt})$.

典型例题 2 设某企业获得一笔投资 a，经测算，该企业在 T 年中可以按每年均匀收入率获得收入，年利率为 r. 求

(1) 该投资的纯收入现值;

(2) 收回该笔投资的年限.

典型例题 1 解答 因为 $A=15000$, $r=0.075$，所以 $R=\int_0^3 15000e^{-0.075t}\mathrm{d}t=\frac{15000}{0.075}(1-e^{-0.075t})=40300$.

典型例题 2 解答 (1) 在投资后 T 年的总收入现值 $R=\int_0^T Ae^{-rt}\mathrm{d}t=-\frac{A}{r}e^{-rt}\Big|_0^T=\frac{A}{r}(1-e^{-rt})$，所以投资获得的纯收入现值 $R-a=\frac{A}{r}(1-e^{-rt})-a$.

(2) 收回投资，即总收入现值等于投资，即有

$$\frac{A}{r}(1-e^{-rt})=a,$$

解得

$$T=\frac{1}{r}\ln\frac{A}{A-ar}.$$

例如，若对某企业投资 400 万元，年利率为 10%，设在 10 年内均匀收入率为 100 万元/年,则总收入现值为

$$R=\int_0^T Ae^{-rt}\mathrm{d}t=-\frac{A}{r}e^{-rt}\Big|_0^T=\frac{A}{r}(1-e^{-rt})=1000(1-e^{-1})\approx 632.1\text{（万元）}.$$

投资所得纯收入现值为

$$R-a=\frac{A}{r}(1-e^{-rt})-a=632.1-400=232.1\text{（万元）},$$

投资回收期

$$T=\frac{1}{r}\ln\frac{A}{A-ar}=10\ln\frac{100}{100-400\times 0.1}\approx 5.1\ (\text{年}).$$

习题 4.5

1. 设连续 3 年保持收入率每年 30000 元不变，且利率稳定在 7.5%连续复利，问其收入现值是多少？

2. 若对某企业投资 500 万元，年利率=10%，设在 10 年内均匀收入率为 100 万元/年，求

(1) 该投资的纯收入现值；

(2) 收回该笔投资的年限.

复习题 4

1. 判断题

(1) 定积分如果存在，它必定是常数.　(　　)

(2) 设 $f(x)$ 在 $[a,b]$ 上连续，则 $f(x)$ 在 $[a,b]$ 上的平均值为 $\frac{a+b}{2}$.　(　　)

(3) 定积分的几何意义是相应各曲边梯形的面积之和.　(　　)

(4) 设 $\int_1^2 f(x)\mathrm{d}x=3,\ \int_1^{-2} f(x)\mathrm{d}x=4,$ 则 $\int_{-2}^2 f(x)\mathrm{d}x=-1$.　(　　)

(5) 曲线 $y=x^2$，$xy=1,$ 直线 $x=2$ 所围成图形的面积是 $\frac{7}{3}-\ln 2$.　(　　)

(6) $\int_a^b 1\mathrm{d}x=b-a$.　(　　)

(7) $\int_{-\pi}^{\pi} x^2\sin 2x\,\mathrm{d}x=2\int_0^{\pi} x^2\sin 2x\,\mathrm{d}x$.　(　　)

(8) 设 $f(x)$, $g(x)$ 在 $[a,b]$ 上连续，且 $\int_a^b f(x)\mathrm{d}x>\int_a^b g(x)\mathrm{d}x$，则 $\int_a^b |f(x)|\mathrm{d}x>\int_a^b |g(x)|\mathrm{d}x$.

(　　)

(9) $\frac{\mathrm{d}}{\mathrm{d}x}\int_a^b f(x)\mathrm{d}x=0$.　(　　)

(10) 若 $\int_a^b g(x)\mathrm{d}x=0$，则一定有 $g(x)=0$ 成立.　(　　)

2. 填空题

(1) 设 $f(x)$ 在 $[a,b]$ 上连续，$F(x)$ 是 $f(x)$ 的一个原函数，则 $\int f(x)\mathrm{d}x$ ＿＿＿＿＿＿，$\int_a^b f(x)\mathrm{d}x$ ＿＿＿＿＿.

(2) 如果函数 $f(x)$ 在区间 $[a,b]$ 上连续，则函数＿＿＿＿＿就是 $f(x)$ 在区间 $[a,b]$ 上的一个原函数.

(3) 由曲线 $y=2x^2$，$y=x^2$ 和直线 $x=1$ 所围成的平面图形的面积是＿＿＿＿＿.

(4) $\int_b^a x^2 dx = 9$，则 a=________.

(5) 若 $\int_2^3 f(x)dx = 2$，$\int_2^5 f(x)dx = 8$，则 $\int_3^5 f(x)dx =$________.

(6) $\int_0^1 xe^{x^2} dx =$________.

(7) 若 $f(x)=\begin{cases} x, & x \geqslant 0, \\ e^x, & x<0, \end{cases}$ 则 $\int_{-1}^2 f(x)dx =$________.

(8) 若 $f(x)=\int_1^x t\cos^2 t dt$，则 $f'\left(\frac{\pi}{6}\right)$________.

(9) ________ $\leqslant \int_1^2 \frac{x}{1+x} dx \leqslant$ ________.

(10) 若 $b \neq 0$，$\int_1^b \ln x dx = 1$，则 b=________.

3. 选择题

(1) 如果 $f(x)$ 在区间 $[a,b]$ 上可积，则 $\int_a^b f(x)dx$ 与 $\int_a^b f(t)dt$ 的大小关系为（　　）.

A. 前者大　　B. 相等　　C. 后者大　　D. 无法确定

(2) 如果 $f(x)$ 在区间 $[a,b]$ 上可积，则 $\int_a^b f(x)dx - \int_b^a f(x)dx$ 的值必定等于（　　）.

A. 0　　B. $-2\int_a^b f(x)dx$　　C. $2\int_a^b f(x)dx$　　D. $2\int_b^a f(x)dx$

(3) 定积分 $\int_a^b f(x)dx$ 是（　　）.

A. $f(x)$ 的一个原函数　　B. $f(x)$ 的全体原函数

C. 任意常数　　D. 确定常数

(4) 下列等式中不正确的是（　　）.

A. $\frac{d}{dx}\int_a^b f(t)dt = 0$　　B. $\frac{d}{dx}\int_a^x f(t)dt = f(x)$

C. $\frac{d}{dx}\int_a^{-x} f(t)dt = -f(-x)$　　D. $\frac{d}{dx}\int_a^x F'(t)dt = f(x)$

(5) $\int_1^e \frac{1+\ln x}{x} dx =$（　　）.

A. $\frac{3}{2}$　　B. $-\frac{3}{2}$　　C. $\frac{2}{3}$　　D. e

(6) 极限 $\lim\limits_{x\to 0}\frac{\int_0^{x^2} e^{-t^2} dt}{e^{-x^2}-1}$ 的值等于（　　）.

A. 1　　B. 0　　C. -1　　D. ∞

(7) 曲线 $y=x^3$，$x=-1$，$x=1$，$y=0$ 围成平面图形的面积是（　　）.

A. $\frac{1}{2}$　　B. 0　　C. 1　　D. 3

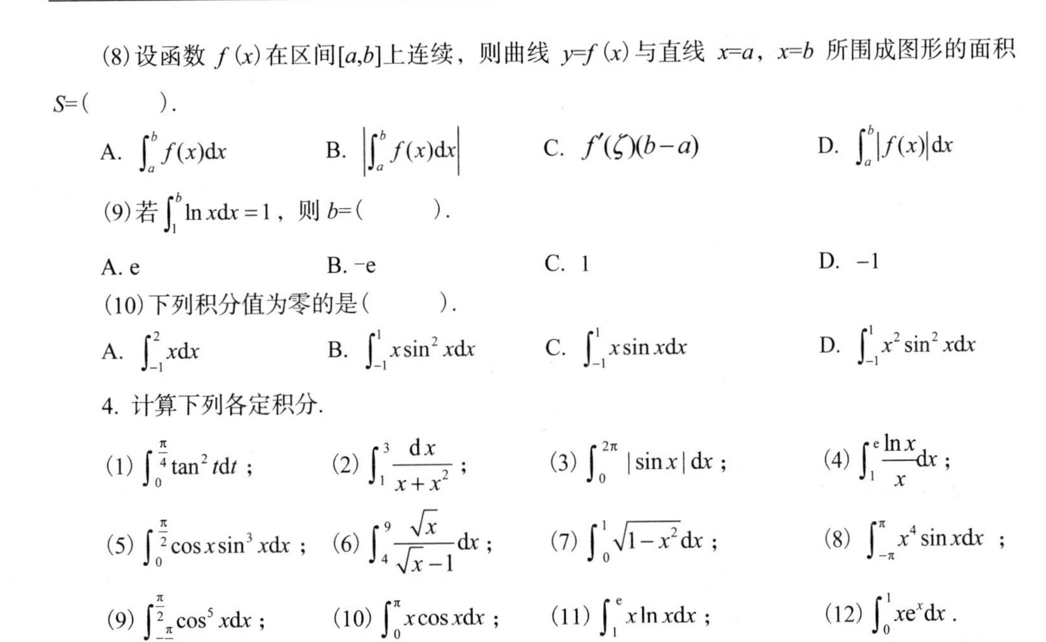

(8) 设函数 $f(x)$ 在区间 $[a,b]$ 上连续，则曲线 $y=f(x)$ 与直线 $x=a$，$x=b$ 所围成图形的面积 $S=$(　　　).

A. $\int_a^b f(x)\mathrm{d}x$　　B. $\left|\int_a^b f(x)\mathrm{d}x\right|$　　C. $f'(\zeta)(b-a)$　　D. $\int_a^b |f(x)|\mathrm{d}x$

(9) 若 $\int_1^b \ln x\mathrm{d}x = 1$，则 $b=$(　　　).

A. e　　B. −e　　C. 1　　D. −1

(10) 下列积分值为零的是(　　　).

A. $\int_{-1}^2 x\mathrm{d}x$　　B. $\int_{-1}^1 x\sin^2 x\mathrm{d}x$　　C. $\int_{-1}^1 x\sin x\mathrm{d}x$　　D. $\int_{-1}^1 x^2\sin^2 x\mathrm{d}x$

4. 计算下列各定积分.

(1) $\int_0^{\frac{\pi}{4}} \tan^2 t\mathrm{d}t$；　(2) $\int_1^3 \frac{\mathrm{d}x}{x+x^2}$；　(3) $\int_0^{2\pi} |\sin x|\mathrm{d}x$；　(4) $\int_1^{\mathrm{e}} \frac{\ln x}{x}\mathrm{d}x$；

(5) $\int_0^{\frac{\pi}{2}} \cos x\sin^3 x\mathrm{d}x$；　(6) $\int_4^9 \frac{\sqrt{x}}{\sqrt{x}-1}\mathrm{d}x$；　(7) $\int_0^1 \sqrt{1-x^2}\mathrm{d}x$；　(8) $\int_{-\pi}^{\pi} x^4\sin x\mathrm{d}x$；

(9) $\int_{-\frac{\pi}{2}}^{\frac{\pi}{2}} \cos^5 x\mathrm{d}x$；　(10) $\int_0^{\pi} x\cos x\mathrm{d}x$；　(11) $\int_1^{\mathrm{e}} x\ln x\mathrm{d}x$；　(12) $\int_0^1 x\mathrm{e}^x\mathrm{d}x$.

5. 应用题

(1) 求曲线 $y=2x$ 与 $y=x^3$ 所围成的图形的面积.

(2) 求由 $y=\mathrm{e}^x$，$y=\mathrm{e}^{-x}$，$x=1$ 围成的平面图形的面积及该平面绕 x 轴旋转产生的旋转体的体积.

(3) 设平面图形 D 由抛物线 $y=1-x^2$ 和 x 轴围成，试求：D 的面积及 D 绕 x 轴旋转所得旋转体的体积.

(4) 某石油公司经营的一块油田的边际收益和边际成本分别为 $R'(t)=9-t^{\frac{1}{3}}$ (百万元/年)，$C'(t)=1+3t^{\frac{1}{3}}$ (百万元/年)，求：该油田的最佳经营时间及在经营终止时获得的总利润(已知固定成本为 4 百万元).

(5) 某工厂生产某种产品，其总产量的变化率 $f(x)$ 是时间 x 的函数，即

$$f(x)=100+6x-0.3x^2 \text{ (单位/小时)}.$$

试求从 $x=0$ 到 $x=10$ 这 10 个小时的总产量.

(6) 某厂某产品产量为 x 吨，总成本函数为 $C(x)$，已知边际成本函数 $C'(x)=4+\frac{4}{\sqrt{x}}$，固定成本 $C(0)=100$ (百元). 求①产量 $x=49$ 吨时的总成本；②产量从 25 吨增加到 81 吨，总成本增加多少?

(7) 弹簧在拉伸过程中需要的力 F(单位：N)与伸长量 x(单位：cm)成正比，即 $F=kx$，已知 1 N 的力能使该弹簧伸长 1 cm，求使弹簧伸长 10 cm 所做的功.

(8) 若对某企业投资 100 万元，年利率为 10%，设在 10 年内均匀收入率为 25 万元/年，求①投资所得纯收入现值；②投资回收期.

第 5 章　行列式和矩阵的应用

在工程技术、科学实验和生产经营活动中，许多变量之间的关系可表示为线性方程组. 列出并求解线性方程组，是解决实际问题的重要方法.

本章主要是介绍行列式的概念、性质、计算；矩阵的概念、运算、初等变换、矩阵的秩与逆以及线性方程组的解法.

5.1　克拉默法则——用行列式解方程组

典型例题　解线性方程组

$$\begin{cases} 2x_1 - 3x_2 + x_3 - x_4 = 3, \\ 3x_1 + x_2 + x_3 + x_4 = 0, \\ 4x_1 - x_2 - x_3 - x_4 = 7, \\ -2x_1 - x_2 + x_3 + x_4 = -5. \end{cases}$$

预备知识　行列式的概念、性质、计算及其应用.

5.1.1　行列式的概念

1. 二阶行列式

定义 1　由 2^2 个数组成的记号 $\begin{vmatrix} a_{11} & a_{12} \\ a_{21} & a_{22} \end{vmatrix}$ 来表示代数和 $a_{11}a_{22} - a_{12}a_{21}$，称其为**二阶行列式**，用 D 来表示，即

$$D = \begin{vmatrix} a_{11} & a_{12} \\ a_{21} & a_{22} \end{vmatrix} = a_{11}a_{22} - a_{12}a_{21}.$$

2. 三阶行列式

定义 2　由 3^2 个数组成的记号 $\begin{vmatrix} a_{11} & a_{12} & a_{13} \\ a_{21} & a_{22} & a_{23} \\ a_{31} & a_{32} & a_{33} \end{vmatrix}$ 表示数值，称其为**三阶行列式**.

$$D = \begin{vmatrix} a_{11} & a_{12} & a_{13} \\ a_{21} & a_{22} & a_{23} \\ a_{31} & a_{32} & a_{33} \end{vmatrix}$$

$$=a_{11}a_{22}a_{33}-a_{11}a_{23}a_{32}-a_{12}a_{21}a_{33}+a_{12}a_{23}a_{31}+a_{13}a_{21}a_{32}-a_{13}a_{22}a_{31}.$$

3. n阶行列式

定义3 由n^2个元素a_{ij} $(i,j=1,2,\cdots,n)$组成的记号

$$D=\begin{vmatrix} a_{11} & a_{12} & \cdots & a_{1n} \\ a_{21} & a_{22} & \cdots & a_{2n} \\ \vdots & \vdots & & \vdots \\ a_{n1} & a_{n2} & \cdots & a_{nn} \end{vmatrix}$$

称为n**阶行列式**，简称**行列式**，简记为$|a_{ij}|_n$. 行列式$|a_{ij}|_n$表示代数和$a_{11}A_{11}+a_{12}A_{12}+\cdots+a_{1n}A_{1n}$，即

$$D=\begin{vmatrix} a_{11} & a_{12} & \cdots & a_{1n} \\ a_{21} & a_{22} & \cdots & a_{2n} \\ \vdots & \vdots & & \vdots \\ a_{n1} & a_{n2} & \cdots & a_{nn} \end{vmatrix}=a_{11}A_{11}+a_{12}A_{12}+\cdots+a_{1n}A_{1n}.$$

右端称为n阶行列式D的展开式，其中$A_{ij}(i,j=1,2,\cdots,n)$称为元素a_{ij}的**代数余子式**. 一般地，划去元素$a_{ij}(i,j=1,2,\cdots,n)$所在行与所在列上的所有元素后得到的$n-1$阶行列式，称为a_{ij}的**余子式**，记为D_{ij}，而称$(-1)^{i+j}D_{ij}$为元素a_{ij}的代数余子式，记为A_{ij}.

例如，n阶行列式元素a_{11}的代数余子式为

$$A_{11}=(-1)^{1+1}D_{11}=(-1)^{1+1}\begin{vmatrix} a_{22} & a_{23} & \cdots & a_{2n} \\ a_{32} & a_{33} & \cdots & a_{3n} \\ \vdots & \vdots & & \vdots \\ a_{n2} & a_{n3} & \cdots & a_{nn} \end{vmatrix},$$

例1 设行列式$D=\begin{vmatrix} 3 & 4 & 1 \\ 1 & 2 & 5 \\ 4 & 7 & -1 \end{vmatrix}$.

(1)求代数余子式A_{21}；　　(2)求D的值.

解 (1) $A_{21}=(-1)^{2+1}\begin{vmatrix} 4 & 1 \\ 7 & -1 \end{vmatrix}=-[4\times(-1)-1\times 7]=11$；

(2) $D=a_{11}A_{11}+a_{12}A_{12}+a_{13}A_{13}$

$$=3\times(-1)^{1+1}\begin{vmatrix}2 & 5\\7 & -1\end{vmatrix}+4\times(-1)^{1+2}\begin{vmatrix}1 & 5\\4 & -1\end{vmatrix}+1\times(-1)^{1+3}\begin{vmatrix}1 & 2\\4 & 7\end{vmatrix}$$

$$=3\times(-2-35)-4\times(-1-20)+1\times(7-8)=-111+84-1=-28.$$

例 2 计算行列式 $D=\begin{vmatrix}a_{11} & 0 & \cdots & 0\\a_{21} & a_{22} & \cdots & 0\\\vdots & \vdots & & \vdots\\a_{n1} & a_{n2} & \cdots & a_{nn}\end{vmatrix}$ 的值.

解 根据定义有

$$D=(-1)^{1+1}a_{11}\begin{vmatrix}a_{22} & 0 & \cdots & 0\\a_{32} & a_{33} & \cdots & 0\\\vdots & \vdots & & \vdots\\a_{n2} & a_{n3} & \cdots & a_{nn}\end{vmatrix}$$

$$=a_{11}\cdot(-1)^{1+1}a_{22}\begin{vmatrix}a_{33} & 0 & \cdots & 0\\a_{43} & a_{44} & \cdots & 0\\\vdots & \vdots & & \vdots\\a_{n3} & a_{n4} & \cdots & a_{nn}\end{vmatrix}=\cdots=a_{11}a_{22}\cdots a_{nn}.$$

例 2 所示的行列式，其主对角线上方的元素皆是 0，称为**下三角形行列式**；同样，主对角线下方的元素全是 0 的行列式称为**上三角形行列式**，其形式为

$$\begin{vmatrix}a_{11} & a_{12} & \cdots & a_{1n}\\0 & a_{22} & \cdots & a_{2n}\\\vdots & \vdots & & \vdots\\0 & 0 & \cdots & a_{nn}\end{vmatrix}=a_{11}a_{22}\cdots a_{nn}.$$

5.1.2 行列式的基本性质

定义 4 将行列式 $D=\begin{vmatrix}a_{11} & a_{12} & \cdots & a_{1n}\\a_{21} & a_{22} & \cdots & a_{2n}\\\vdots & \vdots & & \vdots\\a_{n1} & a_{n2} & \cdots & a_{nn}\end{vmatrix}$ 中的行与列按原来的顺序互换，得到的新行列式

$$D^T - \begin{vmatrix} a_{11} & a_{21} & \cdots & a_{n1} \\ a_{12} & a_{22} & \cdots & a_{n2} \\ \vdots & \vdots & & \vdots \\ a_{1n} & a_{2n} & \cdots & a_{nn} \end{vmatrix},$$

称为 D 的转置行列式，显然 D 等于 D^{T}.

性质 1　行列式 D 与它的转置行列式 D^{T} 相等，即 $D = D^{\mathrm{T}}$.

性质 2　行列式 D 等于它的任意一行或列中所有元素与它们各自的代数余子式乘积之和，即

$$D = \sum_{k=1}^{n} a_{ik} A_{ik} \text{ 或 } D = \sum_{k=1}^{n} a_{kj} A_{kj} \qquad (i, j = 1, 2, \cdots, n).$$

换句话说，行列式可以按任意一行或列展开.

例 3　计算四阶行列式 $D = \begin{vmatrix} 3 & 2 & 0 & 8 \\ 2 & -9 & 2 & 10 \\ -1 & 6 & 0 & -7 \\ 0 & 0 & 0 & 5 \end{vmatrix}$.

解　因为第三列中有三个零元素，由性质 2，按第三列展开，得

$$D = 2 \times (-1)^{2+3} \begin{vmatrix} 3 & 2 & 8 \\ -1 & 6 & -7 \\ 0 & 0 & 5 \end{vmatrix},$$

再按第三行展开，得 $D = -2 \times 5 \times (-1)^{3+3} \begin{vmatrix} 3 & 2 \\ -1 & 6 \end{vmatrix} = -200$.

性质 3　常数 k 遍乘某一行(列)的元素相当于用数 k 乘此行列式，即

$$\begin{vmatrix} a_{11} & a_{12} & \cdots & a_{1n} \\ \vdots & \vdots & & \vdots \\ ka_{i1} & ka_{i2} & \cdots & ka_{in} \\ \vdots & \vdots & & \vdots \\ a_{n1} & a_{n2} & \cdots & a_{nn} \end{vmatrix} = k \begin{vmatrix} a_{11} & a_{12} & \cdots & a_{1n} \\ \vdots & \vdots & & \vdots \\ a_{i1} & a_{i2} & \cdots & a_{in} \\ \vdots & \vdots & & \vdots \\ a_{n1} & a_{n2} & \cdots & a_{nn} \end{vmatrix}.$$

推论 1　如果行列式中有一行(或列)的全部元素都是零，那么这个行列式的值是零.

性质 4　如果行列式的某一行(或某一列)的元素都是两数的和，那么这个行列

式等于相应的两个行列式的和，即

$$\begin{vmatrix} a_{11} & a_{12} & \cdots & a_{1n} \\ \vdots & \vdots & & \vdots \\ b_{i1}+c_{i1} & b_{i2}+c_{i2} & \cdots & b_{in}+c_{in} \\ \vdots & \vdots & & \vdots \\ a_{n1} & a_{n2} & \cdots & a_{nn} \end{vmatrix} = \begin{vmatrix} a_{11} & a_{12} & \cdots & a_{1n} \\ \vdots & \vdots & & \vdots \\ b_{i1} & b_{i2} & \cdots & b_{in} \\ \vdots & \vdots & & \vdots \\ a_{n1} & a_{n2} & \cdots & a_{nn} \end{vmatrix} + \begin{vmatrix} a_{11} & a_{12} & \cdots & a_{1n} \\ \vdots & \vdots & & \vdots \\ c_{i1} & c_{i2} & \cdots & c_{in} \\ \vdots & \vdots & & \vdots \\ a_{n1} & a_{n2} & \cdots & a_{nn} \end{vmatrix}.$$

性质 5 如果行列式中两行(或列)对应元素全部相同，那么行列式的值为零.

推论 2 行列式中如果两行(或列)对应元素成比例，那么行列式的值为零.

推论 3 行列式中任意一行(或列)的元素与另一行(或列)对应元素的代数余子式乘积之和等于零.

性质 6 在行列式中，把某一行(或列)的倍数加到另一行(或列)对应的元素上去，那么行列式的值不变.

性质 7 如果将行列式的任意两行(或列)互换，那么行列式的值改变符号，即

$$\begin{vmatrix} a_{11} & a_{12} & \cdots & a_{1n} \\ \vdots & \vdots & & \vdots \\ a_{i1} & a_{i2} & \cdots & a_{in} \\ \vdots & \vdots & & \vdots \\ a_{j1} & a_{j2} & \cdots & a_{jn} \\ \vdots & \vdots & & \vdots \\ a_{n1} & a_{n2} & \cdots & a_{nn} \end{vmatrix} = -\begin{vmatrix} a_{11} & a_{12} & \cdots & a_{1n} \\ \vdots & \vdots & & \vdots \\ a_{j1} & a_{j2} & \cdots & a_{jn} \\ \vdots & \vdots & & \vdots \\ a_{i1} & a_{i2} & \cdots & a_{in} \\ \vdots & \vdots & & \vdots \\ a_{n1} & a_{n2} & \cdots & a_{nn} \end{vmatrix}.$$

例 4 计算下面行列式的值.

(1) $D_1 = \begin{vmatrix} 3 & 1 & 2 \\ 290 & 106 & 196 \\ 5 & -3 & 2 \end{vmatrix}$； (2) $D_2 = \begin{vmatrix} a-b & a & b \\ -a & b-a & a \\ b & -b & -a-b \end{vmatrix}$ $(a,b \neq 0)$.

解 (1)把 D_1 的第二行的元素分别看成 $300-10, 100+6, 200-4$，由性质 4，得

$$D_1 = \begin{vmatrix} 3 & 1 & 2 \\ 300-10 & 100+6 & 200-4 \\ 5 & -3 & 2 \end{vmatrix} = \begin{vmatrix} 3 & 1 & 2 \\ 300 & 100 & 200 \\ 5 & -3 & 2 \end{vmatrix} + \begin{vmatrix} 3 & 1 & 2 \\ -10 & 6 & -4 \\ 5 & -3 & 2 \end{vmatrix},$$

而由推论 2 和性质 3、性质 5，得第一个行列式为 0，第二个行列式将第二行提出 -2 后也为 0，所以 $D_1 = 0$.

(2)利用性质 6，在第一行上加上第二行，则第一行与第三行对应元素成比例，再由推论 2 得

$$D_2=\begin{vmatrix}-b & b & a+b\\ -a & b-a & a\\ b & -b & -a-b\end{vmatrix}=0.$$

5.1.3　行列式的计算

1. 行列式的按行(列)展开法——降阶法

计算行列式的基本方法之一是选择零元素最多的行(或列)，按这一行(或列)展开；也可以先利用性质把某一行(或列)的元素化为仅有一个非零元素，然后再按这一行(或列)展开，这种方法一般称为“降阶法”.

例 5　计算下列行列式.

(1) $D_1=\begin{vmatrix}3 & 1 & -1 & 0\\ 5 & 1 & 3 & -1\\ 2 & 0 & 0 & 1\\ 0 & -5 & 3 & 1\end{vmatrix}$；　　(2) $D_2=\begin{vmatrix}0 & a & b & a\\ a & 0 & a & b\\ b & a & 0 & a\\ a & b & a & 0\end{vmatrix}$.

解　(1)因为行列式中第三行有较多的零元素，我们可以将行列式按第三行展开，第三行中有两个非零元素，如果把其中一个也化为零，就能使计算更简便.

$$D_1\xlongequal{①列+(-2)\times④列}\begin{vmatrix}3 & 1 & -1 & 0\\ 7 & 1 & 3 & -1\\ 0 & 0 & 0 & 1\\ -2 & -5 & 3 & 1\end{vmatrix}=(-1)^{3+4}\times1\times\begin{vmatrix}3 & 1 & -1\\ 7 & 1 & 3\\ -2 & -5 & 3\end{vmatrix}$$

$$\xlongequal[③行+3\times①行]{②行+3\times①行}-\begin{vmatrix}3 & 1 & -1\\ 16 & 4 & 0\\ 7 & -2 & 0\end{vmatrix}=-(-1)^{1+3}\times(-1)\times\begin{vmatrix}16 & 4\\ 7 & -2\end{vmatrix}=-60.$$

(2)因为该行列式中各行(或列)的元素之和都是 $2a+b$，所以，可把各列元素都加到第 1 列上，然后提取公因子 $2a+b$，再利用性质 6，把第一列的元素尽量化为零，并按第一列展开，即

$$D_2=\begin{vmatrix}2a+b & a & b & a\\ 2a+b & 0 & a & b\\ 2a+b & a & 0 & a\\ 2a+b & b & a & 0\end{vmatrix}=(2a+b)\begin{vmatrix}1 & a & b & a\\ 1 & 0 & a & b\\ 1 & a & 0 & a\\ 1 & b & a & 0\end{vmatrix}$$

$$\xlongequal[\text{④行}+(-1)\times\text{①行}]{\substack{\text{②行}+(-1)\times\text{①行}\\ \text{③行}+(-1)\times\text{①行}}}(2a+b)\begin{vmatrix}1&a&b&a\\0&-a&a-b&b-a\\0&0&-b&0\\0&b-a&a-b&-a\end{vmatrix}=(2a+b)\begin{vmatrix}-a&a-b&b-a\\0&-b&0\\b-a&a-b&-a\end{vmatrix}$$

$$=(2a+b)(-b)\begin{vmatrix}-a&b-a\\b-a&-a\end{vmatrix}=(2a+b)(-b)[a^2-(b-a)^2]=b^2(b^2-4a^2).$$

2. 化三角形法

计算行列式的另一种基本方法是根据行列式的特点，利用行列式的性质，把它逐步化为上(或下)三角形行列式，这时行列式的值就是主对角线上元素的乘积，这种方法一般称为**化三角形法**.

例 6 计算四阶行列式.

(1) $D_1=\begin{vmatrix}1&2&0&1\\1&3&5&0\\0&1&5&6\\1&2&3&4\end{vmatrix}$； (2) $D_2=\begin{vmatrix}2&-5&1&2\\-3&7&-1&4\\5&-9&2&7\\0&-7&1&2\end{vmatrix}$.

解 利用行列式性质，把 D 化为上三角形行列式，再求值.

(1) $$D_1\xlongequal{\substack{\text{②行}+(-1)\times\text{①行}\\ \text{④行}+(-1)\times\text{①行}}}\begin{vmatrix}1&2&0&1\\0&1&5&-1\\0&1&5&6\\0&0&3&3\end{vmatrix}\xlongequal{\text{③行}+(-1)\times\text{②行}}\begin{vmatrix}1&2&0&1\\0&1&5&-1\\0&0&0&7\\0&0&3&3\end{vmatrix}$$

$$\xlongequal{\text{③④行交换}}-\begin{vmatrix}1&2&0&1\\0&1&5&-1\\0&0&3&3\\0&0&0&7\end{vmatrix}=-21.$$

(2) $$D_2\xlongequal[\text{①③列交换}]{}-\begin{vmatrix}1&-5&2&2\\-1&7&-3&4\\2&-9&5&7\\1&-7&0&2\end{vmatrix}\xlongequal{\substack{\text{②行}+1\times\text{①行}\\ \text{③行}+(-2)\times\text{①行}\\ \text{④行}+(-1)\times\text{①行}}}-\begin{vmatrix}1&-5&2&2\\0&2&-1&6\\0&1&1&3\\0&-2&-2&0\end{vmatrix}$$

$$\xlongequal{②③行交换}\begin{vmatrix}1 & -5 & 2 & 2\\0 & 1 & 1 & 3\\0 & 2 & -1 & 6\\0 & -2 & -2 & 0\end{vmatrix}\xlongequal[④行+2\times②行]{③行+(-2)\times②行}\begin{vmatrix}1 & -5 & 2 & 2\\0 & 1 & 1 & 3\\0 & 0 & -3 & 0\\0 & 0 & 0 & 6\end{vmatrix}=-18$$

5.1.4　克拉默法则

定理 1（克拉默(Cramer)法则）　如果n元线性方程组

$$\begin{cases}a_{11}x_1+a_{12}x_2+\cdots+a_{1n}x_n=b_1,\\a_{21}x_1+a_{22}x_2+\cdots+a_{2n}x_n=b_2,\\\quad\vdots\\a_{n1}x_1+a_{n2}x_2+\cdots+a_{nn}x_n=b_n\end{cases}$$

的系数行列式$D=\begin{vmatrix}a_{11} & a_{12} & \cdots & a_{1n}\\a_{21} & a_{22} & \cdots & a_{2n}\\\vdots & \vdots & & \vdots\\a_{n1} & a_{n2} & \cdots & a_{nn}\end{vmatrix}\neq 0$，则它有唯一解

$$x_1=\frac{D_1}{D},x_2=\frac{D_2}{D},\ \cdots,x_n=\frac{D_n}{D}.$$

行列式$D_j(j=1,2,\cdots,n)$是把行列式D的第j列元素$a_{1j},a_{2j},\cdots,a_{nj}$换成方程组的常数项$b_1,b_2,\cdots,b_n$得到的行列式.

例 7　解线性方程组

$$\begin{cases}x_1-x_2+x_3-2x_4=2,\\2x_1-x_3+4x_4=4,\\3x_1+2x_2+x_3=-1,\\-x_1+2x_2-x_3+2x_4=-4.\end{cases}$$

解　因为方程组的系数行列式

$$D=\begin{vmatrix}1 & -1 & 1 & -2\\2 & 0 & -1 & 4\\3 & 2 & 1 & 0\\-1 & 2 & -1 & 2\end{vmatrix}=\begin{vmatrix}0 & 1 & 0 & 0\\2 & 0 & -1 & 4\\3 & 2 & 1 & 0\\-1 & 2 & -1 & 2\end{vmatrix}=-\begin{vmatrix}2 & -1 & 4\\3 & 1 & 0\\-1 & -1 & 2\end{vmatrix}=-2\neq 0,$$

所以方程组有唯一解，又因为

$$D_1=\begin{vmatrix}2&-1&1&-2\\4&0&-1&4\\-1&2&1&0\\-4&2&-1&2\end{vmatrix}=-2,\quad D_2=\begin{vmatrix}1&2&1&-2\\2&4&-1&4\\3&-1&1&0\\-1&-4&-1&2\end{vmatrix}=4,$$

$$D_3=\begin{vmatrix}1&-1&2&-2\\2&0&4&4\\3&2&-1&0\\-1&2&-4&2\end{vmatrix}=0,\quad D_4=\begin{vmatrix}1&-1&1&2\\2&0&-1&4\\3&2&1&-1\\-1&2&1&-4\end{vmatrix}=-1,$$

所以方程组的解为

$$x_1=\frac{D_1}{D}=1,\quad x_2=\frac{D_2}{D}=-2,\quad x_3=\frac{D_3}{D}=0,\quad x_4=\frac{D_4}{D}=\frac{1}{2}.$$

用克拉默法则解线性方程组时有两个前提条件，一是方程个数与未知量个数相等；二是方程组的系数行列式不等于零.

定义 5 方程组

$$\begin{cases}a_{11}x_1+a_{12}x_2+\cdots+a_{1n}x_n=0,\\a_{21}x_1+a_{22}x_2+\cdots+a_{2n}x_n=0,\\\qquad\qquad\vdots\\a_{n1}x_1+a_{n2}x_2+\cdots+a_{nn}x_n=0\end{cases}$$

称为n元齐次线性方程组，而常数项不全为零的方程组称为n元非齐次线性方程组.

由克拉默法则推出如下的结论.

推论 4 如果n元齐次线性方程组的系数行列式$D\neq 0$，则其只有零解.

换句话说，即n元齐次线性方程组有非零解，那么其系数行列式D必等于 0.

例 8 λ取何值时，方程组$\begin{cases}(1-\lambda)x-2y=0,\\-3x+(2-\lambda)y=0\end{cases}$有非零解.

解 这是一个二元齐次线性方程组，因为其系数行列式

$$D=\begin{vmatrix}(1-\lambda)&-2\\-3&(2-\lambda)\end{vmatrix}=(1-\lambda)(2-\lambda)-6.$$

要使该方程组有非零解，必须有$D=0$. 即

$$(1-\lambda)(2-\lambda)-6=0,$$

解得$\lambda=-1$或$\lambda=4$. 所以当$\lambda=-1$或$\lambda=4$时，方程组必有非零解.

典型例题解答　因为方程组的系数行列式

$$D=\begin{vmatrix}2&-3&1&-1\\3&1&1&1\\4&-1&-1&-1\\-2&-1&1&1\end{vmatrix}=\begin{vmatrix}0&-4&2&0\\5&2&0&0\\2&0&1&0\\-2&-1&1&1\end{vmatrix}=-\begin{vmatrix}0&-4&2\\5&2&0\\2&0&1\end{vmatrix}=-\begin{vmatrix}-4&0&0\\5&2&0\\2&0&1\end{vmatrix}=8,$$

所以方程组有唯一解，又因为

$$D_1=\begin{vmatrix}3&-3&1&-1\\0&1&1&1\\7&-1&-1&-1\\-5&-1&1&1\end{vmatrix}=8,\quad D_2=\begin{vmatrix}2&3&1&-1\\3&0&1&1\\4&7&-1&-1\\-2&-5&1&1\end{vmatrix}=0,$$

$$D_3=\begin{vmatrix}2&-3&3&-1\\3&1&0&1\\4&-1&7&-1\\-2&-1&-5&1\end{vmatrix}=-8,\quad D_4=\begin{vmatrix}2&-3&1&3\\3&1&1&0\\4&-1&-1&7\\-2&-1&1&-5\end{vmatrix}=-16,$$

所以方程组的解为

$$x_1=\frac{D_1}{D}=1,\quad x_2=\frac{D_2}{D}=0,\quad x_3=\frac{D_3}{D}=-1,\quad x_4=\frac{D_4}{D}=-2.$$

习题 5.1

1. n 阶行列式 $\begin{vmatrix}0&\cdots&0&a_{1n}\\0&\cdots&a_{2,n-1}&0\\\vdots&&\vdots&\vdots\\a_{n1}&\cdots&0&0\end{vmatrix}$ 的值是否为 $a_{1n}a_{2,n-1}\cdots a_{n1}$？为什么？

2. 设 n 阶行列式的值为 D，将所有元素变号后，值等于多少？

3. 求下列二阶、三阶行列式的值.

(1) $\begin{vmatrix}\cos 75^\circ&\sin 75^\circ\\\sin 15^\circ&\cos 15^\circ\end{vmatrix}$；　(2) $\begin{vmatrix}0&1&0\\1&1+a&1\\1&1&1-a\end{vmatrix}$；　(3) $\begin{vmatrix}3&2&1\\4&4&4\\1&2&3\end{vmatrix}$.

4. 设行列式 $D=\begin{vmatrix}a_{11}&a_{12}&a_{13}\\a_{21}&a_{22}&a_{23}\\a_{31}&a_{32}&a_{33}\end{vmatrix}=\begin{vmatrix}1&1&1\\a&b&c\\a^2&b^2&c^2\end{vmatrix}$，则

(1) a_{22} 的代数余子式 $A_{22}=$ ________；

(2) a_{23} 的余子式 $D_{23}=$________;

(3) a_{23} 的代数余子式 $A_{23}=$________;

(4) D 的值 = ________.

5. 已知 $\begin{vmatrix} a & b & c \\ x & y & z \\ 1 & 1 & 1 \end{vmatrix}=1$，求下列行列式.

(1) $\begin{vmatrix} 1 & 1 & 1 \\ a & b & c \\ x & y & z \end{vmatrix}$； (2) $\begin{vmatrix} a & 2b & c \\ 3x & 6y & 3z \\ 1 & 2 & 1 \end{vmatrix}$； (3) $\begin{vmatrix} \frac{1}{2}a+1 & \frac{1}{2}b+1 & \frac{1}{2}c+1 \\ x-1 & y-1 & z-1 \\ 4 & 4 & 4 \end{vmatrix}$.

6. 计算下列行列式.

(1) $\begin{vmatrix} x & -1 & 1 & x-1 \\ x & -1 & x+1 & -1 \\ x & x-1 & 1 & -1 \\ x & -1 & 1 & -1 \end{vmatrix}$； (2) $\begin{vmatrix} 0 & 1 & 1 & 1 \\ 1 & 0 & 1 & 1 \\ 1 & 1 & 0 & 1 \\ 1 & 1 & 1 & 1 \end{vmatrix}$；

(3) $\begin{vmatrix} 0 & a_1 & 0 & 0 & 0 \\ 0 & 0 & a_2 & 0 & 0 \\ 0 & 0 & 0 & a_3 & 0 \\ 0 & 0 & 0 & 0 & a_4 \\ a_5 & b & c & d & e \end{vmatrix}$； (4) $\begin{vmatrix} 0 & 0 & 0 & 5 & 5 \\ 0 & 0 & 4 & 1 & 0 \\ 0 & 3 & 2 & 0 & 0 \\ 2 & 3 & 0 & 0 & 0 \\ 4 & 0 & 0 & 0 & 1 \end{vmatrix}$.

7. 计算下列行列式.

(1) $\begin{vmatrix} -a_1 & a_1 & 0 & \cdots & 0 & 0 \\ 0 & -a_2 & a_2 & \cdots & 0 & 0 \\ \vdots & \vdots & \vdots & & \vdots & \vdots \\ 0 & 0 & 0 & \cdots & -a_n & a_n \\ 1 & 1 & 1 & \cdots & 1 & 1 \end{vmatrix}$； (2) $\begin{vmatrix} x+1 & 2 & 3 & \cdots & n \\ 1 & x+2 & 3 & \cdots & n \\ 1 & 2 & x+3 & \cdots & n \\ \vdots & \vdots & \vdots & & \vdots \\ 1 & 2 & 3 & \cdots & x+n \end{vmatrix}$；

(3) $\begin{vmatrix} 1 & 2 & 2 & \cdots & 2 \\ 2 & 2 & 2 & \cdots & 2 \\ 2 & 2 & 3 & \cdots & 2 \\ \vdots & \vdots & \vdots & & \vdots \\ 2 & 2 & 2 & \cdots & n \end{vmatrix}$.

8. 解关于 x 的方程 $\begin{vmatrix} 1 & 1 & 1 & \cdots & 1 \\ 1 & 1-x & 1 & \cdots & 1 \\ 1 & 1 & 2-x & \cdots & 1 \\ \vdots & \vdots & \vdots & & \vdots \\ 1 & 1 & 1 & \cdots & n-1-x \end{vmatrix}=0$

9. 用克拉默法则解下列线性方程组.

(1) $\begin{cases} 2x_1+3x_2+11x_3+5x_4=2, \\ x_1+x_2+5x_3+2x_4=1, \\ -x_2-7x_3=-5, \\ -2x_3+2x_4=-4; \end{cases}$　　(2) $\begin{cases} x_1+x_2+x_3=a+b+c, \\ ax_1+bx_2+cx_3=a^2+b^2+c^2, \\ bcx_1+acx_2+abx_3=3abc. \end{cases}$

10. λ 取何值时，齐次线性方程组

$$\begin{cases} x_1-x_2+2x_3=0, \\ x_1+x_2+\lambda x_3=0, \\ -x_1+\lambda x_2+x_3=0. \end{cases}$$

(1) 只有零解；(2) 有非零解.

5.2　用逆矩阵解方程组

典型例题　用逆矩阵解线性方程组

$$\begin{cases} x_1+2x_2+3x_3=-6, \\ 2x_1+x_3=0, \\ -x_1+x_2=9. \end{cases}$$

预备知识　矩阵的概念、运算、“求秩”和“求逆”.

5.2.1　矩阵的概念

1. 矩阵

线性方程组

$$\begin{cases} 3x_1+5x_2+6x_3+7x_4=2, \\ 2x_1+x_2-3x_3=-1, \\ 9x_1-6x_2+x_3-2x_4=2 \end{cases}$$

的增广矩阵为

$$\begin{bmatrix} 3 & 5 & 6 & 7 & 2 \\ 2 & 1 & -3 & 0 & -1 \\ 9 & -6 & 1 & -2 & 2 \end{bmatrix}.$$

假定以下为一个企业有甲、乙、丙 3 种产品在一、二、三、四 4 个月销售报表.

表 5.1

产品＼销量＼月份	一	二	三	四
甲	10	11	12	13
乙	7	8	9	10
丙	12	10	8	6

用矩形数表$\begin{bmatrix}10 & 11 & 12 & 13\\ 7 & 8 & 9 & 10\\ 12 & 10 & 8 & 6\end{bmatrix}$表示.

定义 6 有$m\times n$个数$a_{ij}(i=1,2,\cdots,m;j=1,2,\cdots,n)$排列成一个$m$行$n$列的数表

$$\begin{bmatrix}a_{11} & a_{12} & \cdots & a_{1n}\\ a_{21} & a_{22} & \cdots & a_{2n}\\ \vdots & \vdots & & \vdots\\ a_{m1} & a_{m2} & \cdots & a_{mn}\end{bmatrix}$$

称为m行n列矩阵，简称$m\times n$矩阵. 矩阵通常用大写字母$\boldsymbol{A},\boldsymbol{B},\boldsymbol{C},\cdots$表示. 例如，上述矩阵可以记作$\boldsymbol{A}$或$\boldsymbol{A}_{m\times n}$，有时也记作$\boldsymbol{A}=(a_{ij})_{m\times n}$，其中$a_{ij}$称为矩阵$\boldsymbol{A}$的第$i$行第$j$列元素.

特别地，当$m=n$时，称$\boldsymbol{A}$为n阶矩阵或n阶方阵.

当$m=1$或$n=1$时，矩阵只有一行或只有一列，即

$$\boldsymbol{A}=\begin{bmatrix}a_{11} & a_{12} & \cdots & a_{1n}\end{bmatrix}\text{或}\boldsymbol{A}=\begin{bmatrix}a_{11}\\ a_{21}\\ \vdots\\ a_{m1}\end{bmatrix},$$

分别称为**行矩阵**或**列矩阵**.

元素都是零的矩阵称为零矩阵，记为O或$O_{m\times n}$.

在n阶矩阵中，从左上角到右下角的对角线称为**主对角线**，从右上角到左下角的对角线称为**次对角线**. 关于主对角线对称的元素都相等的方阵称为对称矩阵.

在矩阵$\boldsymbol{A}=(a_{ij})_{m\times n}$中各个元素的前面都添加上负号(即取相反数)得到的矩阵，称为$\boldsymbol{A}$**的负矩阵**，记为$-\boldsymbol{A}$，即$-\boldsymbol{A}=(-a_{ij})_{m\times n}$.

定义 7 若两个矩阵$\boldsymbol{A}=(a_{ij})_{s\times n}$，$\boldsymbol{B}=(b_{ij})_{r\times m}$满足

(1)行数相等 $s=r$；

(2)列数相等 $n=m$；

(3)所有对应元素相等，即 $a_{ij}=b_{ij}\ (i=1,2,\cdots,s; j=1,2,\cdots,n)$，

则称矩阵 $\boldsymbol{A}$ 与 $\boldsymbol{B}$ 相等，记为 $\boldsymbol{A}=\boldsymbol{B}$.

定义 8 方阵 $\boldsymbol{A}$ 的元素按其在矩阵中的位置所构成的行列式，称为方阵 $\boldsymbol{A}$ 的行列式，记为 $|\boldsymbol{A}|$，即若

$$\boldsymbol{A}=\begin{bmatrix} a_{11} & a_{12} & \cdots & a_{1n} \\ a_{21} & a_{22} & \cdots & a_{2n} \\ \vdots & \vdots & & \vdots \\ a_{n1} & a_{n2} & \cdots & a_{nn} \end{bmatrix},$$

则

$$|\boldsymbol{A}|=\begin{vmatrix} a_{11} & a_{12} & \cdots & a_{1n} \\ a_{21} & a_{22} & \cdots & a_{2n} \\ \vdots & \vdots & & \vdots \\ a_{n1} & a_{n2} & \cdots & a_{nn} \end{vmatrix}.$$

注意 矩阵与行列式是有本质区别的，行列式是一个算式，一个数字行列式通过计算可求得其值，而矩阵仅仅是一个数表，它的行数和列数可以不同.

2. 转置矩阵

定义 9 将一个矩阵

$$\boldsymbol{A}=\begin{bmatrix} a_{11} & a_{12} & \cdots & a_{1n} \\ a_{21} & a_{22} & \cdots & a_{2n} \\ \vdots & \vdots & & \vdots \\ a_{m1} & a_{m2} & \cdots & a_{mn} \end{bmatrix}$$

的行和列按顺序互换得到的 $n\times m$ 矩阵，称为 $\boldsymbol{A}$ 的**转置矩阵**，记为 $\boldsymbol{A}^{\mathrm{T}}$，即

$$\boldsymbol{A}^{\mathrm{T}}=\begin{bmatrix} a_{11} & a_{21} & \cdots & a_{m1} \\ a_{12} & a_{22} & \cdots & a_{m2} \\ \vdots & \vdots & & \vdots \\ a_{1n} & a_{2n} & \cdots & a_{mn} \end{bmatrix}.$$

由定义 9 可知，转置矩阵 $\boldsymbol{A}^{\mathrm{T}}$ 的第 i 行第 j 列的元素等于矩阵 $\boldsymbol{A}$ 的第 j 行第 i 列

的元素，简记为 $\boldsymbol{A}^{\mathrm{T}}$ 的 (i,j) 元素= $\boldsymbol{A}$ 的 (j,i) 元素.

对于转置矩阵，有以下结论成立.

(1)若 $\boldsymbol{A}$ 是 m 行 n 列的矩阵，则 $\boldsymbol{A}^{\mathrm{T}}$ 是一个 n 行 m 列的矩阵.

(2) $(\boldsymbol{A}^{\mathrm{T}})^{\mathrm{T}}=\boldsymbol{A}$.

(3)任何一个对称矩阵的转置矩阵就是本身.

3. 几种特殊矩阵

(1)单位矩阵

主对角线上的元素全都是 1，其余元素全是 0 的 n 阶矩阵

$$\begin{bmatrix}1 & 0 & \cdots & 0\\ 0 & 1 & \cdots & 0\\ \vdots & \vdots & & \vdots\\ 0 & 0 & \cdots & 1\end{bmatrix}$$

称为 ***n* 阶单位矩阵**，记为 $\boldsymbol{E}$ 或 $\boldsymbol{E}_n$.

(2)数量矩阵

主对角线上元素都是非零常数，其余元素全部是零的 n 阶矩阵，称为 ***n* 阶数量矩阵**.

当 $n=2,3$ 时，

$$\boldsymbol{A}=\begin{bmatrix}a & 0\\ 0 & a\end{bmatrix},\quad \boldsymbol{B}=\begin{bmatrix}b & 0 & 0\\ 0 & b & 0\\ 0 & 0 & b\end{bmatrix}\quad (a,b\neq 0)$$

就是二阶、三阶数量矩阵.

(3)三角矩阵

主对角线下(或上)方的元素全都为零的 n 阶矩阵，称为 ***n* 阶上(或下)三角矩阵**，上、下三角矩阵统称为**三角矩阵**.

例如，$\boldsymbol{A}=\begin{bmatrix}-2 & 4 & 0\\ 0 & 1 & -3\\ 0 & 0 & 5\end{bmatrix},\boldsymbol{B}=\begin{bmatrix}1 & 0 & 0 & 0\\ 5 & 3 & 0 & 0\\ 0 & 4 & 0 & 0\\ 7 & 0 & 2 & 6\end{bmatrix}$分别是一个三阶上三角矩阵和一个四阶下三角矩阵. 值得注意的是，上(或下)三角矩阵的主对角线下(或上)方的元素一定是零，而其他元素可以是零也可以不是零.

(4)对角矩阵

如果一个矩阵 A 既是上三角矩阵，又是下三角矩阵，则称其为 n **阶对角矩阵**，如 $A=\begin{bmatrix}2 & 0\\0 & -1\end{bmatrix}$, $B=\begin{bmatrix}2 & 0 & 0\\0 & 1 & 0\\0 & 0 & 5\end{bmatrix}$ 分别为二阶、三阶对角矩阵.

5.2.2 矩阵的运算

1. 矩阵的加法和减法

定义 10 设由矩阵 $A=(a_{ij})_{m\times n}$ 与 $B=(b_{ij})_{m\times n}$ 的对应元素相加(减)而得到的 $m\times n$ 矩阵，称为矩阵 A 与 B 的**和(或差)**，记作 $A+B$ (或 $A-B$),即

$$A\pm B=(a_{ij}\pm b_{ij}).$$

由定义10可知,矩阵的加(减)法就是矩阵对应元素相加(减),而且只有行数、列数分别相同的两个矩阵，才能作加(减)运算.

例 1 设矩阵 $A=\begin{bmatrix}3 & 0 & -4\\-2 & 5 & -1\end{bmatrix}$, $B=\begin{bmatrix}-2 & 3 & 4\\0 & -3 & 1\end{bmatrix}$，求 $A+B$, $A-B$.

解 $A+B=\begin{bmatrix}3-2 & 0+3 & -4+4\\-2+0 & 5-3 & -1+1\end{bmatrix}=\begin{bmatrix}1 & 3 & 0\\-2 & 2 & 0\end{bmatrix}$,

$$A-B=\begin{bmatrix}3+2 & 0-3 & -4-4\\-2-0 & 5+3 & -1-1\end{bmatrix}=\begin{bmatrix}5 & -3 & -8\\-2 & 8 & -2\end{bmatrix}.$$

设矩阵 A, B, C 都是 $m\times n$ 矩阵，不难验证矩阵的加减法满足以下运算规则:

(1)**加法交换律** $A+B=B+A$;

(2)**加法结合律** $(A+B)+C=A+(B+C)$;

(3) $A-B=A+(-B)$.

2. 数与矩阵相乘

定义 11 数 k 乘以矩阵 $A=\left(a_{ij}\right)_{m\times n}$ 的每个元素所得的矩阵 $\left(ka_{ij}\right)_{m\times n}$ 称为 **k 与矩阵 A 的数乘矩阵**，记为 kA，即 $kA=(ka_{ij})_{m\times n}$.

容易验证，对于数 k, l 和矩阵 A，满足以下运算规则:

(1)**数对矩阵的分配律** $k(\boldsymbol{A}+\boldsymbol{B})=k\boldsymbol{A}+k\boldsymbol{B}$.

(2)**矩阵对数的分配律** $(k+l)\boldsymbol{A}=k\boldsymbol{A}+l\boldsymbol{A}$.

(3)**数与矩阵的结合律** $(kl)\boldsymbol{A}=k(l\boldsymbol{A})=l(k\boldsymbol{A})$.

例 2 已知 $\boldsymbol{A}=\begin{bmatrix}2&1&-2\\3&2&1\end{bmatrix},\boldsymbol{B}=\begin{bmatrix}0&-1&2\\3&2&-1\end{bmatrix}$，求 $2\left(\boldsymbol{A}+\dfrac{1}{2}\boldsymbol{B}\right)$.

解 $2\left(\boldsymbol{A}+\dfrac{1}{2}\boldsymbol{B}\right)=2\boldsymbol{A}+\boldsymbol{B}=\begin{bmatrix}4&2&-4\\6&4&2\end{bmatrix}+\begin{bmatrix}0&-1&2\\3&2&-1\end{bmatrix}=\begin{bmatrix}4&1&-2\\9&6&1\end{bmatrix}$.

例 3 已知矩阵 $\boldsymbol{A}=\begin{bmatrix}3&-1&2\\1&5&7\\5&4&-3\end{bmatrix},\boldsymbol{B}=\begin{bmatrix}7&5&-4\\5&1&9\\3&-2&1\end{bmatrix}$ 且 $\boldsymbol{A}+2\boldsymbol{X}=\boldsymbol{B}$，求矩阵 $\boldsymbol{X}$.

解 由 $\boldsymbol{A}+2\boldsymbol{X}=\boldsymbol{B}$，得 $\boldsymbol{X}=\dfrac{1}{2}(\boldsymbol{B}-\boldsymbol{A})$，

因为

$$\boldsymbol{B}-\boldsymbol{A}=\begin{bmatrix}7&5&-4\\5&1&9\\3&-2&1\end{bmatrix}-\begin{bmatrix}3&-1&2\\1&5&7\\5&4&-3\end{bmatrix}=\begin{bmatrix}4&6&-6\\4&-4&2\\-2&-6&4\end{bmatrix},$$

所以

$$\boldsymbol{X}=\frac{1}{2}(\boldsymbol{B}-\boldsymbol{A})=\frac{1}{2}\begin{bmatrix}4&6&-6\\4&-4&2\\-2&-6&4\end{bmatrix}=\begin{bmatrix}2&3&-3\\2&-2&1\\-1&-3&2\end{bmatrix}.$$

3. 矩阵与矩阵的乘法

若用矩阵 $\boldsymbol{A}$ 表示文具车间三个班组一天的产量，用矩阵 $\boldsymbol{B}$ 表示铅笔和钢笔的单位售价和单位利润，即

$$\boldsymbol{A}=\begin{array}{c}\begin{array}{cc}\text{铅笔}&\text{钢笔}\end{array}\\\begin{bmatrix}3000&1000\\2500&1100\\2000&1000\end{bmatrix}\end{array}\begin{array}{l}\\\text{一班}\\\text{二班}\\\text{三班}\end{array},\quad \boldsymbol{B}=\begin{array}{c}\begin{array}{cc}\text{单价(元)}&\text{利润(元)}\end{array}\\\begin{bmatrix}0.5&0.2\\10&2\end{bmatrix}\end{array}\begin{array}{l}\\\text{铅笔}\\\text{钢笔}\end{array}.$$

若用矩阵 $\boldsymbol{C}$ 表示三个班组一天创造的总产值和总利润，则有

总产值 总利润

$$C=\begin{bmatrix} c_{11} & c_{12} \\ c_{21} & c_{22} \\ c_{31} & c_{32} \end{bmatrix}\begin{matrix}一班\\二班\\三班\end{matrix}$$

$$=\begin{bmatrix} 3000\times0.5+1000\times10 & 3000\times0.2+1000\times2 \\ 2500\times0.5+1100\times10 & 2500\times0.2+1100\times2 \\ 2000\times0.5+1000\times10 & 2000\times0.2+1000\times2 \end{bmatrix}=\begin{bmatrix} 11500 & 2600 \\ 12250 & 2700 \\ 11000 & 2400 \end{bmatrix}.$$

可见，$\boldsymbol{C}$ 的元素 c_{11} 正是矩阵 $\boldsymbol{A}$ 的第一行与矩阵 $\boldsymbol{B}$ 的第一列所有对应元素的乘积之和，c_{12} 是 $\boldsymbol{A}$ 的第一行与 $\boldsymbol{B}$ 的第二列所有对应元素的乘积之和等. 称矩阵 $\boldsymbol{C}$ 为矩阵 $\boldsymbol{A}$ 与 $\boldsymbol{B}$ 的乘积.

定义 12　设 $\boldsymbol{A}=(a_{ij})_{m\times s},\boldsymbol{B}=(b_{ij})_{s\times n}$，则称 $m\times n$ 矩阵 $\boldsymbol{C}=(c_{ij})_{m\times n}$ 为**矩阵 $\boldsymbol{A}$ 与 $\boldsymbol{B}$ 的乘积**，其中：

$$c_{ij}=a_{i1}b_{1j}+a_{i2}b_{2j}+\cdots+a_{is}b_{sj}=\sum_{k=1}^{s}a_{ik}b_{kj}\qquad(i=1,2,\cdots,m;j=1,2,\cdots,n),$$

记为

$$\boldsymbol{C}=\boldsymbol{AB}.$$

由定义 12 知：

(1) 只有当左矩阵 $\boldsymbol{A}$ 的列数等于右矩阵 $\boldsymbol{B}$ 的行数时，$\boldsymbol{A},\boldsymbol{B}$ 才能作乘法运算.

(2) 两个矩阵的乘积 $\boldsymbol{C}=\boldsymbol{AB}$ 也是矩阵，它的行数等于左矩阵 $\boldsymbol{A}$ 的行数，它的列数等于右矩阵 $\boldsymbol{B}$ 的列数.

(3) 乘积矩阵 $\boldsymbol{C}=\boldsymbol{AB}$ 中的第 i 行第 j 列的元素等于 $\boldsymbol{A}$ 的第 i 行元素与 $\boldsymbol{B}$ 的第 j 列对应元素的乘积之和，故简称**行乘列法则**.

例 4　设 $\boldsymbol{A}=\begin{bmatrix} 1 & -1 \\ -1 & 1 \end{bmatrix},\boldsymbol{B}=\begin{bmatrix} 1 & 1 \\ -1 & -1 \end{bmatrix}$，计算 $\boldsymbol{AB},\boldsymbol{BA}$.

解　$\boldsymbol{AB}=\begin{bmatrix} 1 & -1 \\ -1 & 1 \end{bmatrix}\begin{bmatrix} 1 & 1 \\ -1 & -1 \end{bmatrix}=\begin{bmatrix} 2 & 2 \\ -2 & -2 \end{bmatrix},\boldsymbol{BA}=\begin{bmatrix} 1 & 1 \\ -1 & -1 \end{bmatrix}\begin{bmatrix} 1 & -1 \\ -1 & 1 \end{bmatrix}=\begin{bmatrix} 0 & 0 \\ 0 & 0 \end{bmatrix}.$

可见：

(1) 两个矩阵相乘，$\boldsymbol{AB}$ 有意义，但 $\boldsymbol{BA}$ 可能无意义，即使 $\boldsymbol{BA}$ 有意义，也不一定有 $\boldsymbol{AB}=\boldsymbol{BA}$，所以，矩阵的乘法一般不满足交换律；

(2) 矩阵 $\boldsymbol{A}\neq0,\boldsymbol{B}\neq0$，然而 $\boldsymbol{AB}=\boldsymbol{O}$，即两个非 0 矩阵的乘积为 0 矩阵，这也

是与数的乘法不同的地方，由此说明，若 $\boldsymbol{AB}=\boldsymbol{O}$，一般不能推出 $\boldsymbol{A}=0$ 或 $\boldsymbol{B}=0$，亦即一般地，不能在矩阵乘积等式两边消去相同的矩阵.

矩阵乘法有如下运算规律：

(1)**结合律** $(\boldsymbol{AB})\boldsymbol{C}=\boldsymbol{A}(\boldsymbol{BC})$.

(2)**数乘结合律** $k(\boldsymbol{AB})=(k\boldsymbol{A})\boldsymbol{B}=\boldsymbol{A}(k\boldsymbol{B})$ (k 为常数).

(3)**分配律** $\boldsymbol{A}(\boldsymbol{B}+\boldsymbol{C})=\boldsymbol{AB}+\boldsymbol{AC}$ (左分配律),$(\boldsymbol{B}+\boldsymbol{C})\boldsymbol{A}=\boldsymbol{BA}+\boldsymbol{CA}$ (右分配律).

为了方便，常把 k 个方阵 $\boldsymbol{A}$ 相乘，记为 $\boldsymbol{A}^k$，称为 $\boldsymbol{A}$ 的 k 次幂.

5.2.3 矩阵的初等变换与矩阵的秩

1. 矩阵的初等变换

定义 13 对矩阵的行(列)作以下三种变换，称为矩阵的行(列)**初等变换**.

(1)**位置变换** 交换矩阵的任意两行(或两列).

(2)**倍乘变换** 用一个非零常数乘以矩阵的某一行(或一列).

(3)**倍加变换** 用一个常数乘矩阵的某一行(或某一列)，加到另一行(或另一列)上去.

定义 14 矩阵 $\boldsymbol{A}$ 经过有限次初等变换化为矩阵 $\boldsymbol{B}$，则称**矩阵 $\boldsymbol{A}$ 与矩阵 $\boldsymbol{B}$ 等价**，记为 $\boldsymbol{A}\backsim\boldsymbol{B}$.

定义 15 满足以下条件的矩阵称为**阶梯形矩阵**.

(1)矩阵的零行(若存在)在矩阵的最下方.

(2)各个非零行的第一个非零元素的下方全为零.

例如,$\boldsymbol{A}=\begin{bmatrix}1&2&-1\\0&1&1\\0&0&0\end{bmatrix}$, $\boldsymbol{B}=\begin{bmatrix}4&1&2&3\\0&0&3&0\\0&0&0&2\end{bmatrix}$都是阶梯形矩阵.

例 5 用矩阵的初等行变换将矩阵 $\boldsymbol{A}=\begin{bmatrix}2&4&0\\3&5&2\\1&0&3\end{bmatrix}$化为阶梯形矩阵.

解

$$\boldsymbol{A}=\begin{bmatrix}2&4&0\\3&5&2\\1&0&3\end{bmatrix}\xrightarrow{\frac{1}{2}\times①行}\begin{bmatrix}1&2&0\\3&5&2\\1&0&3\end{bmatrix}\xrightarrow[③行+(-1)\times①行]{②行+(-3)\times①行}\begin{bmatrix}1&2&0\\0&-1&2\\0&-2&3\end{bmatrix}$$

$$\xrightarrow{③行+(-2)\times②行}\begin{bmatrix}1&2&0\\0&-1&2\\0&0&-1\end{bmatrix}.$$

如果阶梯形矩阵还满足以下条件:

(1)各非零行的第一个非零元素都是1;

(2)各行第一个非零元素所在列的其余元素都是零,

那么该矩阵称为**行简化阶梯形矩阵**或**简化阶梯形矩阵**.

例如

$$\boldsymbol{C}=\begin{bmatrix}1&0&-1\\0&1&1\\0&0&0\end{bmatrix},\quad \boldsymbol{D}=\begin{bmatrix}1&1&0&0\\0&0&1&0\\0&0&0&1\end{bmatrix}.$$

我们对例13所得到的阶梯形矩阵再进行初等行变换, 就可将其化为简化阶梯形矩阵.

$$\begin{bmatrix}1&2&0\\0&-1&2\\0&0&-1\end{bmatrix}\xrightarrow{②行+2\times③行}\begin{bmatrix}1&2&0\\0&-1&0\\0&0&-1\end{bmatrix}\xrightarrow{①行+2\times②行}\begin{bmatrix}1&0&0\\0&1&0\\0&0&1\end{bmatrix}=\boldsymbol{E}.$$

定理2　任意一个矩阵都可以通过一系列行初等变换化为与其等价的阶梯形矩阵和简化阶梯形矩阵.

2. 矩阵的秩

定义16　在m行n列的矩阵$\boldsymbol{A}$中, 任取k行k列, 位于这些行、列相交处的元素所构成的k阶行列式, 称为$\boldsymbol{A}$的k**阶子式**. 例如, 矩阵

$$\boldsymbol{A}=\begin{bmatrix}1&2&2&11\\1&-3&-3&-14\\3&1&1&8\end{bmatrix}$$

中, 第一、二两行和第二、三两列相交处的元素构成一个二阶子式$\begin{vmatrix}2&2\\-3&-3\end{vmatrix}$, 第一、二、三三行和第二、三、四三列相交处的元素构成一个三阶子式$\begin{vmatrix}2&2&11\\-3&-3&-14\\1&1&8\end{vmatrix}$.

显然, 一个n阶方阵$\boldsymbol{A}$的n阶子式, 就是方阵$\boldsymbol{A}$的行列式$|\boldsymbol{A}|$.

定义17　若矩阵$\boldsymbol{A}$中至少有一个r阶子式不为零, 而所有高于r阶的子式都为零, 则数r称为矩阵$\boldsymbol{A}$的**秩**, 记为$r(\boldsymbol{A})$, 即$r(\boldsymbol{A})=r$.

例 6 求矩阵 $\boldsymbol{A}$ 的秩，其中 $\boldsymbol{A}=\begin{bmatrix}1 & 2 & 2 & 11\\ 1 & -3 & -3 & -14\\ 3 & 1 & 1 & 8\end{bmatrix}$.

解 矩阵 $\boldsymbol{A}$ 共有四个三阶子式，不难验证这四个三阶子式全为零，但在 $\boldsymbol{A}$ 中至少有一个二阶子式不为零. 例如，$\begin{vmatrix}1 & 2\\ 1 & -3\end{vmatrix}\neq 0$，所以矩阵 $\boldsymbol{A}$ 的秩为 2，即 $r(\boldsymbol{A})=2$.

由例 6 看出，根据定义求矩阵的秩，要计算许多行列式，而且矩阵的行数、列数越高，计算量就越大. 下面引入利用初等变换求矩阵秩的方法，它可以简化计算.

定理 3 矩阵的初等变换不改变矩阵的秩.

运用这个定理，可以将矩阵 $\boldsymbol{A}$ 经过适当的初等变换，变成一个求秩较方便的矩阵 $\boldsymbol{B}$，从而通过求 $r(\boldsymbol{B})$ 得到 $r(\boldsymbol{A})$.

例 7 求矩阵 $\boldsymbol{A}$ 的秩，其中 $\boldsymbol{A}=\begin{bmatrix}1 & 1 & 2 & 2 & 1\\ 0 & 2 & 1 & 5 & -1\\ 2 & 0 & 3 & -1 & 3\\ 1 & 1 & 0 & 4 & -1\end{bmatrix}$.

解
$$\boldsymbol{A}=\begin{bmatrix}1 & 1 & 2 & 2 & 1\\ 0 & 2 & 1 & 5 & -1\\ 2 & 0 & 3 & -1 & 3\\ 1 & 1 & 0 & 4 & -1\end{bmatrix}\xrightarrow[\text{④行}+(-1)\times\text{①行}]{\text{③行}+(-2)\times\text{①行}}\begin{bmatrix}1 & 1 & 2 & 2 & 1\\ 0 & 2 & 1 & 5 & -1\\ 0 & -2 & -1 & -5 & 1\\ 0 & 0 & -2 & 2 & -2\end{bmatrix}$$

$$\xrightarrow{\text{③行}+\text{②行}}\begin{bmatrix}1 & 1 & 2 & 2 & 1\\ 0 & 2 & 1 & 5 & -1\\ 0 & 0 & 0 & 0 & 0\\ 0 & 0 & -2 & 2 & -2\end{bmatrix}\xrightarrow{\text{③行、④行交换}}\begin{bmatrix}1 & 1 & 2 & 2 & 1\\ 0 & 2 & 1 & 5 & -1\\ 0 & 0 & -2 & 2 & -2\\ 0 & 0 & 0 & 0 & 0\end{bmatrix}=\boldsymbol{B},$$

$r(\boldsymbol{B})=3$，故 $r(\boldsymbol{A})=3$.

5.2.4 逆矩阵

1. 逆矩阵的概念

定义 18 对于一个 n 阶方阵 $\boldsymbol{A}$，如果存在一个 n 阶方阵 $\boldsymbol{C}$，使得 $\boldsymbol{CA}=\boldsymbol{AC}=\boldsymbol{E}$，那么矩阵 $\boldsymbol{C}$ 称为矩阵 $\boldsymbol{A}$ 的**逆矩阵**. 矩阵 $\boldsymbol{A}$ 的逆矩阵记为 $\boldsymbol{A}^{-1}$，即 $\boldsymbol{C}=\boldsymbol{A}^{-1}$.

如果矩阵 $\boldsymbol{A}$ 存在逆矩阵，则称矩阵 $\boldsymbol{A}$ 是**可逆矩阵**.

2. 逆矩阵的性质

(1) 如果矩阵 $\boldsymbol{A}$ 是可逆矩阵，则

① $\boldsymbol{A}$ 的逆矩阵 $\boldsymbol{A}^{-1}$ 是唯一的；

② $\boldsymbol{A}^{-1}$ 是可逆的，且 $(\boldsymbol{A}^{-1})^{-1}=\boldsymbol{A}$；

③ $\boldsymbol{A}^{\mathrm{T}}$ 是可逆的，且 $(\boldsymbol{A}^{\mathrm{T}})^{-1}=(\boldsymbol{A}^{-1})^{\mathrm{T}}$；

④如果常数 $k\neq 0$，则矩阵 $k\boldsymbol{A}$ 也可逆，且有 $(k\boldsymbol{A})^{-1}=\dfrac{1}{k}\boldsymbol{A}^{-1}$.

(2) 若两个同阶方阵 $\boldsymbol{A}$ 和 $\boldsymbol{B}$ 都可逆，则 $\boldsymbol{AB},\boldsymbol{BA}$ 也可逆，且 $(\boldsymbol{AB})^{-1}=\boldsymbol{B}^{-1}\boldsymbol{A}^{-1}$，$(\boldsymbol{BA})^{-1}=\boldsymbol{A}^{-1}\boldsymbol{B}^{-1}$.

证　因为

$$(\boldsymbol{B}^{-1}\boldsymbol{A}^{-1})(\boldsymbol{AB})=\boldsymbol{B}^{-1}(\boldsymbol{A}^{-1}\boldsymbol{A})\boldsymbol{B}=\boldsymbol{B}^{-1}\boldsymbol{EB}=\boldsymbol{B}^{-1}\boldsymbol{B}=\boldsymbol{E},$$

$$\boldsymbol{AB}(\boldsymbol{B}^{-1}\boldsymbol{A}^{-1})=\boldsymbol{A}(\boldsymbol{BB}^{-1})\boldsymbol{A}^{-1}=\boldsymbol{AEA}^{-1}=\boldsymbol{AA}^{-1}=\boldsymbol{E},$$

所以 $\boldsymbol{B}^{-1}\boldsymbol{A}^{-1}$ 为 $\boldsymbol{AB}$ 的逆矩阵. 同理，可证 $(\boldsymbol{BA})^{-1}=\boldsymbol{A}^{-1}\boldsymbol{B}^{-1}$.

3. 逆矩阵的求法

定义 19　如果 n 阶矩阵 $\boldsymbol{A}$ 的行列式 $|\boldsymbol{A}|\neq 0$，则称 $\boldsymbol{A}$ 是**非奇异矩阵**，否则称 $\boldsymbol{A}$ 为**奇异矩阵**.

在这里，以三阶方阵为例说明逆矩阵的求法.

设

$$\boldsymbol{A}=\begin{bmatrix} a_{11} & a_{12} & a_{13} \\ a_{21} & a_{22} & a_{23} \\ a_{31} & a_{32} & a_{33} \end{bmatrix},$$

作一矩阵

$$\boldsymbol{A}^{*}=\begin{bmatrix} \boldsymbol{A}_{11} & \boldsymbol{A}_{21} & \boldsymbol{A}_{31} \\ \boldsymbol{A}_{12} & \boldsymbol{A}_{22} & \boldsymbol{A}_{32} \\ \boldsymbol{A}_{13} & \boldsymbol{A}_{23} & \boldsymbol{A}_{33} \end{bmatrix},$$

其中 A_{ij} 表示行列式 $|\boldsymbol{A}|$ 中元素 a_{ij} 的代数余子式，矩阵 $\boldsymbol{A}^{*}$ 称为 $\boldsymbol{A}$ 的**伴随矩阵**.

由矩阵乘法可得

$$\boldsymbol{AA}^* = \begin{bmatrix} a_{11} & a_{12} & a_{13} \\ a_{21} & a_{22} & a_{23} \\ a_{31} & a_{32} & a_{33} \end{bmatrix} \begin{bmatrix} \boldsymbol{A}_{11} & \boldsymbol{A}_{21} & \boldsymbol{A}_{31} \\ \boldsymbol{A}_{12} & \boldsymbol{A}_{22} & \boldsymbol{A}_{32} \\ \boldsymbol{A}_{13} & \boldsymbol{A}_{23} & \boldsymbol{A}_{33} \end{bmatrix} = \begin{bmatrix} |\boldsymbol{A}| & 0 & 0 \\ 0 & |\boldsymbol{A}| & 0 \\ 0 & 0 & |\boldsymbol{A}| \end{bmatrix} = |\boldsymbol{A}|\boldsymbol{E},$$

同理可得

$$\boldsymbol{A}^*\boldsymbol{A} = |\boldsymbol{A}|\boldsymbol{E}，即 \boldsymbol{AA}^* = \boldsymbol{A}^*\boldsymbol{A} = |\boldsymbol{A}|\boldsymbol{E}.$$

如果$|\boldsymbol{A}| \neq 0$，作矩阵$\boldsymbol{C} = \dfrac{1}{|\boldsymbol{A}|}\boldsymbol{A}^*$，那么

$$\boldsymbol{AC} = \boldsymbol{A}\left(\frac{1}{|\boldsymbol{A}|}\boldsymbol{A}^*\right) = \frac{1}{|\boldsymbol{A}|}\boldsymbol{AA}^* = \frac{1}{|\boldsymbol{A}|}\cdot|\boldsymbol{A}|\boldsymbol{E} = \boldsymbol{E},$$

$$\boldsymbol{CA} = \left(\frac{1}{|\boldsymbol{A}|}\boldsymbol{A}^*\right)\boldsymbol{A} = \frac{1}{|\boldsymbol{A}|}\boldsymbol{A}^*\boldsymbol{A} = \frac{1}{|\boldsymbol{A}|}\cdot|\boldsymbol{A}|\boldsymbol{E} = \boldsymbol{E},$$

即矩阵$\boldsymbol{C}$是$\boldsymbol{A}$的逆矩阵.

这就证明了，如果$|\boldsymbol{A}| \neq 0$，则$\boldsymbol{A}$可逆，且$\boldsymbol{A}^{-1} = \dfrac{1}{|\boldsymbol{A}|}\boldsymbol{A}^*$，也就是说$|\boldsymbol{A}| \neq 0$是方阵$\boldsymbol{A}$有逆矩阵的充分条件，可以进一步证明它也是必要条件.

定理 4 n阶矩阵$\boldsymbol{A}$可逆的充要条件是$\boldsymbol{A}$为非奇异矩阵，并且$\boldsymbol{A}^{-1} = \dfrac{1}{|\boldsymbol{A}|}\boldsymbol{A}^*$. 其中$\boldsymbol{A}^*$为$\boldsymbol{A}$的伴随矩阵.

$$\boldsymbol{A}^* = \begin{bmatrix} A_{11} & A_{21} & \cdots & A_{n1} \\ A_{12} & A_{22} & \cdots & A_{n2} \\ \vdots & \vdots & & \vdots \\ A_{1n} & A_{2n} & \cdots & A_{nn} \end{bmatrix},$$

其中，$A_{ij}(i,j=1,2,\cdots,n)$是$\boldsymbol{A}$的元素a_{ij}的代数余子式.

例 8 已知$\boldsymbol{A} = \begin{bmatrix} 1 & 2 & 3 \\ 2 & 2 & 1 \\ 3 & 4 & 3 \end{bmatrix}$，求$\boldsymbol{A}^{-1}$.

解 由$|\boldsymbol{A}| = 2 \neq 0$，知$\boldsymbol{A}^{-1}$存在，而

$$A_{11} = 2,\quad A_{21} = 6,\quad A_{31} = -4,\quad A_{12} = -3,$$

$$A_{22} = -6,\quad A_{32} = 5,\quad A_{13} = 2,\quad A_{23} = 2,\quad A_{33} = -2.$$

所以

$$A^* = \begin{bmatrix} 2 & 6 & -4 \\ -3 & -6 & 5 \\ 2 & 2 & -2 \end{bmatrix}, \quad A^{-1} = \frac{1}{|A|}A^* = \begin{bmatrix} 1 & 3 & -2 \\ -\frac{3}{2} & -3 & \frac{5}{2} \\ 1 & 1 & -1 \end{bmatrix}.$$

例 9　求对角矩阵 $A = \begin{bmatrix} 2 & 0 & 0 \\ 0 & 3 & 0 \\ 0 & 0 & -4 \end{bmatrix}$ 的逆矩阵.

解　由 $|A| = -24 \neq 0$，知 A^{-1} 存在，而

$$A_{11} = -12, \quad A_{22} = -8, \quad A_{33} = 6, \quad A_{12} = A_{13} = A_{21} = A_{23} = A_{31} = A_{32} = 0,$$

所以

$$A^{-1} = \frac{1}{-24}\begin{bmatrix} -12 & 0 & 0 \\ 0 & -8 & 0 \\ 0 & 0 & 6 \end{bmatrix} = \begin{bmatrix} \frac{1}{2} & 0 & 0 \\ 0 & \frac{1}{3} & 0 \\ 0 & 0 & -\frac{1}{4} \end{bmatrix}.$$

一般地，对角矩阵 $A = \begin{bmatrix} a_{11} & 0 & \cdots & 0 \\ 0 & a_{22} & \cdots & 0 \\ \vdots & \vdots & & \vdots \\ 0 & 0 & \cdots & a_{nn} \end{bmatrix}$（其中 $a_{ii} \neq 0$，$i = 1, 2, \cdots, n$）都是可逆的，并且

$$A^{-1} = \begin{bmatrix} \frac{1}{a_{11}} & 0 & \cdots & 0 \\ 0 & \frac{1}{a_{22}} & \cdots & 0 \\ \vdots & \vdots & & \vdots \\ 0 & 0 & \cdots & \frac{1}{a_{nn}} \end{bmatrix}.$$

一般地，对三阶及其以上的可逆矩阵，用伴随矩阵求逆矩阵的话，计算量非常大. 因此，在求三阶及以上的矩阵的逆矩阵时，常常采用初等变换的方法来求矩

阵的逆，可使计算简单快捷.

利用矩阵的初等变换可以求方阵的逆矩阵,方法是把n阶方阵$\boldsymbol{A}$和n阶单位矩阵$\boldsymbol{E}$合写成一个$n\times 2n$的矩阵，中间用竖线分开，即写成$[\boldsymbol{A}\mid\boldsymbol{E}]$. 然后对它进行初等行变换，可以证明当左边的矩阵变成单位矩阵时，右边的矩阵$\boldsymbol{E}$就变成矩阵$\boldsymbol{A}^{-1}$，即$[\boldsymbol{A}\mid\boldsymbol{E}]\xrightarrow{\text{初等行变换}}[\boldsymbol{E}\mid\boldsymbol{A}^{-1}]$.

例 10 求矩阵$\begin{bmatrix}1&3&3\\1&4&3\\1&3&4\end{bmatrix}$的逆矩阵.

解
$$[\boldsymbol{A}\mid\boldsymbol{E}]=\left[\begin{array}{ccc|ccc}1&3&3&1&0&0\\1&4&3&0&1&0\\1&3&4&0&0&1\end{array}\right]\xrightarrow[\text{③行}+(-1)\times\text{①行}]{\text{②行}+(-1)\times\text{①行}}\left[\begin{array}{ccc|ccc}1&3&3&1&0&0\\0&1&0&-1&1&0\\0&0&1&-1&0&1\end{array}\right]$$

$$\xrightarrow{\text{①行}+(-3)\times\text{②行}}\left[\begin{array}{ccc|ccc}1&0&3&4&-3&0\\0&1&0&-1&1&0\\0&0&1&-1&0&1\end{array}\right]\xrightarrow{\text{①行}+(-3)\times\text{③行}}\left[\begin{array}{ccc|ccc}1&0&0&7&-3&-3\\0&1&0&-1&1&0\\0&0&1&-1&0&1\end{array}\right]$$

$$=[\boldsymbol{E}\mid\boldsymbol{A}^{-1}],$$

所以

$$\boldsymbol{A}^{-1}=\begin{bmatrix}7&-3&-3\\-1&1&0\\-1&0&1\end{bmatrix}.$$

典型例题解答 设$\boldsymbol{A}=\begin{bmatrix}1&2&3\\2&0&1\\-1&1&0\end{bmatrix},\boldsymbol{X}=\begin{bmatrix}x_1\\x_2\\x_3\end{bmatrix},\boldsymbol{B}=\begin{bmatrix}-6\\0\\9\end{bmatrix}$，可求得

$$\boldsymbol{A}^{-1}=\begin{bmatrix}-\frac{1}{3}&1&\frac{2}{3}\\-\frac{1}{3}&1&\frac{5}{3}\\\frac{2}{3}&-1&-\frac{4}{3}\end{bmatrix},$$

于是

$$X = A^{-1}B = \begin{bmatrix} -\frac{1}{3} & 1 & \frac{2}{3} \\ -\frac{1}{3} & 1 & \frac{5}{3} \\ \frac{2}{3} & -1 & -\frac{4}{3} \end{bmatrix} \begin{bmatrix} -6 \\ 0 \\ 9 \end{bmatrix} = \begin{bmatrix} 8 \\ 7 \\ -16 \end{bmatrix},$$

即方程组有唯一解 $x_1 = 8, x_2 = 17, x_3 = -16$.

习题 5.2

1. 举例说明矩阵和行列式的区别和联系.

2. 设 $\boldsymbol{A}$ 是 n 阶方阵，则 $|\boldsymbol{A}|$ 与 $|-\boldsymbol{A}|$ 的关系是什么?

3. 设 $\boldsymbol{A} = \begin{bmatrix} 3 & 2 & 5 \\ 1 & 6 & 1 \\ 4 & 5 & 7 \end{bmatrix}$，$\boldsymbol{B} = \begin{bmatrix} 4 & 3 & 7.5 \\ 1.5 & 8.5 & 1.5 \\ 6 & 7.5 & 10 \end{bmatrix}$，求 $3\boldsymbol{A} + 2\boldsymbol{B}$ 及 $3\boldsymbol{A} - 2\boldsymbol{B}$.

4. 计算下列各题.

(1) $\begin{bmatrix} 1 & 0 & 3 \\ 2 & 1 & 0 \end{bmatrix} \begin{bmatrix} 4 & 1 \\ -1 & 1 \\ 2 & 0 \end{bmatrix}$;　　(2) $\begin{bmatrix} 4 & 1 \\ -1 & 1 \\ 2 & 0 \end{bmatrix} \begin{bmatrix} 1 & 0 & 3 \\ 2 & 1 & 0 \end{bmatrix}$;

(3) $\begin{bmatrix} -2 & 3 \\ 5 & -4 \end{bmatrix} \begin{bmatrix} 3 & 4 \\ 2 & 5 \end{bmatrix}$;　　(4) $\begin{bmatrix} -1 & 2 & 3 \\ 3 & -1 & 0 \end{bmatrix} \begin{bmatrix} 2 & 5 & 0 \\ -4 & 3 & -2 \\ 3 & -1 & 1 \end{bmatrix}$.

5. 设 $\boldsymbol{A} = \begin{bmatrix} 1 & 2 & 3 \end{bmatrix}, \boldsymbol{B} = \begin{bmatrix} 3 & 2 & 1 \end{bmatrix}, \boldsymbol{C} = \boldsymbol{B}^{\mathrm{T}}\boldsymbol{A}$，求 $\boldsymbol{C}^{100}$.

6. 求下列各方阵的幂 (n 为正整数).

(1) $\begin{bmatrix} 1 & 0 \\ \lambda & 1 \end{bmatrix}^n$;　　(2) $\begin{bmatrix} 1 & 1 \\ 1 & 1 \end{bmatrix}^n$;　　(3) $\begin{bmatrix} 0 & 1 & 0 \\ 0 & 0 & 1 \\ 1 & 0 & 0 \end{bmatrix}^3$.

7. 用初等变换将下列矩阵化为阶梯形矩阵.

(1) $\begin{bmatrix} 1 & -1 & 2 \\ 3 & -3 & 1 \end{bmatrix}$;　　(2) $\begin{bmatrix} 1 & 3 \\ 2 & 1 \\ 3 & -1 \end{bmatrix}$.

8. 把下列矩阵化为简化阶梯形矩阵.

(1) $\begin{bmatrix} -2 & 1 & 3 \\ 1 & -2 & 1 \\ 0 & -1 & 2 \end{bmatrix}$;　　(2) $\begin{bmatrix} 1 & 2 & -1 & 1 \\ 2 & -3 & 1 & 0 \\ 4 & 1 & -1 & 1 \end{bmatrix}$.

9. 求下列矩阵的秩.

(1) $\begin{bmatrix} 2 & 0 & 8 & 4 \\ 3 & 0 & -1 & 7 \end{bmatrix}$；

(2) $\begin{bmatrix} 1 & 2 & 3 & 4 \\ 1 & 10 & 2 & 1 \\ -2 & -4 & -6 & -8 \end{bmatrix}$；

(3) $\begin{bmatrix} 1 & 1 & 1 \\ a_1 & a_2 & a_3 \\ a_1^2 & a_2^2 & a_3^2 \end{bmatrix}$（$a_1, a_2, a_3$ 互异）；

(4) $\begin{bmatrix} 1 & a & a & a \\ a & 1 & a & a \\ a & a & 1 & a \\ a & a & a & 1 \end{bmatrix}$.

10. 设 $\boldsymbol{A} = \begin{bmatrix} 1 & -2 & 3k \\ -1 & 2k & -3 \\ k & -2 & 3 \end{bmatrix}$，问 k 取何值时，可使(1) $r(\boldsymbol{A})=1$；(2) $r(\boldsymbol{A})=2$；(3) $r(\boldsymbol{A})=3$.

11. 求下列矩阵的逆矩阵.

(1) $\begin{bmatrix} a & b \\ c & d \end{bmatrix}$（其中 $ad-bc \neq 0$）；

(2) $\begin{bmatrix} 2 & 2 & 3 \\ 1 & -1 & 0 \\ -1 & 2 & 1 \end{bmatrix}$；

(3) $\begin{bmatrix} 1 & 1 & 1 & 1 \\ 1 & 1 & -1 & -1 \\ 1 & -1 & 1 & -1 \\ 1 & -1 & -1 & 1 \end{bmatrix}$；

(4) $\begin{bmatrix} 2 & 1 & 0 & 0 \\ 0 & 2 & 1 & 0 \\ 0 & 0 & 2 & 1 \\ 0 & 0 & 0 & 2 \end{bmatrix}$.

12. 证明题.

(1) 设 $|\boldsymbol{A}| \neq 0$，且 $\boldsymbol{AB}=\boldsymbol{BA}$，求证：$\boldsymbol{A}^{-1}\boldsymbol{B}=\boldsymbol{BA}^{-1}$；

(2) 设 $|\boldsymbol{A}| \neq 0$，且 $\boldsymbol{AX}=\boldsymbol{AY}$，求证：$\boldsymbol{X}=\boldsymbol{Y}$；

(3) 设 $\boldsymbol{A}$ 是 $\boldsymbol{n}$ 非奇异矩阵，证明：$|\boldsymbol{A}^*| = |\boldsymbol{A}|^{n-1}$.

13. 求下列矩阵方程中的未知矩阵.

(1) $\begin{bmatrix} 2 & 5 \\ 1 & 3 \end{bmatrix}\boldsymbol{X} = \begin{bmatrix} 4 & -6 \\ 2 & 1 \end{bmatrix}$；

(2) $\boldsymbol{X}\begin{bmatrix} 1 & 1 & -1 \\ 2 & 1 & 0 \\ 1 & -1 & 1 \end{bmatrix} = \begin{bmatrix} 1 & -1 & 3 \\ 4 & 3 & 2 \\ 1 & -2 & 5 \end{bmatrix}$；

(3) $\begin{bmatrix} 0 & 1 & 0 \\ 1 & 0 & 0 \\ 0 & 0 & 1 \end{bmatrix}\boldsymbol{X}\begin{bmatrix} 1 & 0 & 0 \\ 0 & 0 & 1 \\ 0 & 1 & 0 \end{bmatrix} = \begin{bmatrix} 1 & -4 & 3 \\ 2 & 0 & -1 \\ 1 & -2 & 0 \end{bmatrix}$.

14. 设方阵 $\boldsymbol{X} = \begin{bmatrix} 0 & a_1 & 0 & \cdots & 0 \\ 0 & 0 & a_2 & \cdots & 0 \\ \vdots & \vdots & \vdots & & \vdots \\ 0 & 0 & 0 & \cdots & a_{n-1} \\ a_n & 0 & 0 & \cdots & 0 \end{bmatrix}$，其中 $a_i \neq 0\ (i=1,2,\cdots,n)$，求 $\boldsymbol{X}^{-1}$.

5.3　用高斯-若尔当消元法解线性方程组

典型例题　用高斯-若尔当消元法解线性方程组

$$\begin{cases} 2x_1 - 3x_2 + x_3 - x_4 = 3, \\ 3x_1 + x_2 + x_3 + x_4 = 0, \\ 4x_1 - x_2 - x_3 - x_4 = 7, \\ -2x_1 - x_2 + x_3 + x_4 = -5. \end{cases}$$

预备知识　一般线性方程组的解法.

5.3.1　线性方程组的矩阵形式

设线性方程组的一般形式为

$$\begin{cases} a_{11}x_1 + a_{12}x_2 + \cdots + a_{1n}x_n = b_1, \\ a_{21}x_2 + a_{22}x_2 + \cdots + a_{2n}x_n = b_2, \\ \qquad\qquad \vdots \\ a_{m1}x_1 + a_{m2}x_2 + \cdots + a_{mn}x_n = b_m. \end{cases} \tag{*}$$

当 $b_i (i = 1, 2, \cdots, m)$ 不全为零时，方程组(*)称为**非齐次线性方程组**或**一般线性方程组**. 当 $b_i (i = 1, 2, \cdots, m)$ 全为零时，方程组(*)称为**齐次线性方程组**.

若令

$$\boldsymbol{A} = \begin{bmatrix} a_{11} & a_{12} & \cdots & a_{1n} \\ a_{21} & a_{22} & \cdots & a_{2n} \\ \vdots & \vdots & & \vdots \\ a_{m1} & a_{m2} & \cdots & a_{mn} \end{bmatrix}, \quad \boldsymbol{X} = \begin{bmatrix} x_1 \\ x_2 \\ \vdots \\ x_n \end{bmatrix}, \quad \boldsymbol{B} = \begin{bmatrix} b_1 \\ b_2 \\ \vdots \\ b_n \end{bmatrix},$$

根据矩阵乘法，方程组(*)可以表示为矩阵方程 $\boldsymbol{AX} = \boldsymbol{B}$，其中 $\boldsymbol{A}$ 称为方程组的系数矩阵，$\boldsymbol{X}$ 称为未知矩阵，$\boldsymbol{B}$ 称为常数项矩阵.

方程组(*)的系数与常数项组成的矩阵

$$\tilde{\boldsymbol{A}} = \begin{bmatrix} a_{11} & a_{12} & \cdots & a_{1n} & b_1 \\ a_{21} & a_{22} & \cdots & a_{2n} & b_2 \\ \vdots & \vdots & & \vdots & \vdots \\ a_{m1} & a_{m2} & \cdots & a_{mn} & b_n \end{bmatrix}$$

称为方程组(*)的**增广矩阵**.

5.3.2 一般线性方程组的解的讨论

1. 一般线性方程组解的判定

定理 5 设 $\boldsymbol{A},\tilde{\boldsymbol{A}}$ 分别是方程组(*)的系数矩阵和增广矩阵，那么

(1)线性方程组(*)有唯一解的充要条件是：$r(\boldsymbol{A})=r(\tilde{\boldsymbol{A}})=n$.

(2)线性方程组(*)有无穷多解的充要条件是：$r(\boldsymbol{A})=r(\tilde{\boldsymbol{A}})<n$.

显然，线性方程组(*)无解的充要条件是：$r(\boldsymbol{A})\neq r(\tilde{\boldsymbol{A}})$ (或 $r(\boldsymbol{A})<r(\tilde{\boldsymbol{A}})$).

例 1 判断线性方程组$\begin{cases}2x_1-x_2+4x_3=0,\\4x_1-2x_2+5x_3=4,\\2x_1-x_2+3x_3=1\end{cases}$是否有解.

解 设方程组系数矩阵为 $\boldsymbol{A}$，增广矩阵为 $\tilde{\boldsymbol{A}}$. 因为

$$\tilde{\boldsymbol{A}}=\begin{bmatrix}2&-1&4&0\\4&-2&5&4\\2&-1&3&1\end{bmatrix}\xrightarrow[③行+(-1)\times①行]{②行+(-2)\times①行}\begin{bmatrix}2&-1&4&0\\0&0&-3&4\\0&0&-1&1\end{bmatrix}$$

$$\xrightarrow{②行与③行互换}\begin{bmatrix}2&-1&4&0\\0&0&-1&1\\0&0&-3&4\end{bmatrix}$$

$$\xrightarrow{③行+(-3)\times②行}\begin{bmatrix}2&-1&4&0\\0&0&-1&1\\0&0&0&1\end{bmatrix}.$$

显然 $r(\boldsymbol{A})=2,r(\tilde{\boldsymbol{A}})=3$，二者不等，所以方程组无解.

例 2 讨论方程组$\begin{cases}2x_1-x_2+3x_3=1,\\x_1+x_3=3,\\2x_1+x_2+x_3=11\end{cases}$是否有解；若有解，有多少个？

解 因为

$$\tilde{\boldsymbol{A}}=\begin{bmatrix}2&-1&3&1\\1&0&1&3\\2&1&1&11\end{bmatrix}\xrightarrow{①行与②行互换}\begin{bmatrix}1&0&1&3\\2&-1&3&1\\2&1&1&11\end{bmatrix}$$

$$\xrightarrow[\text{③行+(-2)×①行}]{\text{②行+(-2)×①行}}\begin{bmatrix}1&0&1&3\\0&-1&1&-5\\0&1&-1&5\end{bmatrix}\xrightarrow{\text{③行+②行}}\begin{bmatrix}1&0&1&3\\0&-1&1&-5\\0&0&0&0\end{bmatrix}.$$

显然$r(\boldsymbol{A})=r(\tilde{\boldsymbol{A}})=2<3$(未知量个数)，所以该方程组有解，且有无穷多解.

例 3 当a,b为何值时，方程组$\begin{cases}x_1+2x_3=-1,\\-x_1+x_2-3x_3=2,\\2x_1-x_2+ax_3=b\end{cases}$无解，有唯一解，有无穷解?

解 因为

$$\tilde{\boldsymbol{A}}=\begin{bmatrix}1&0&2&-1\\-1&1&-3&2\\2&-1&a&b\end{bmatrix}\xrightarrow[\text{③行+(-2)×①行}]{\text{②行+①行}}\begin{bmatrix}1&0&2&-1\\0&1&-1&1\\0&-1&a-4&b+2\end{bmatrix}$$

$$\xrightarrow{\text{③行+②行}}\begin{bmatrix}1&0&2&-1\\0&1&-1&1\\0&0&a-5&b+3\end{bmatrix},$$

则有

$$r(\boldsymbol{A})=\begin{cases}2, & a=5,\\3, & a\neq 5,\end{cases}\quad r(\tilde{\boldsymbol{A}})=\begin{cases}2, & a=5\text{ 且 }b=-3,\\3, & \text{其他}.\end{cases}$$

因此，当$a=5$且$b\neq-3$时，方程组无解；当$a\neq5$时，方程组有唯一解；当$a=5$且$b=-3$时，方程组有无穷多解.

2. 线性方程组解的求法

定理 6 如果用初等变换将方程组$\boldsymbol{AX}=\boldsymbol{B}$的增广矩阵$[\boldsymbol{A}\mid\boldsymbol{B}]$化成$[\boldsymbol{C}\mid\boldsymbol{D}]$，那么方程组$\boldsymbol{AX}=\boldsymbol{B}$与$\boldsymbol{CX}=\boldsymbol{D}$是同解方程组.

为了求线性方程组(*)的解，可用矩阵的初等行变换将增广矩阵$\tilde{\boldsymbol{A}}=[\boldsymbol{A}\mid\boldsymbol{B}]$化为简化阶梯形矩阵，再求由简化阶梯形矩阵所确定的方程组的解，也就得到了线性方程组的解. 这种利用方程组的增广矩阵求解线性方程组的方法称为高斯-若尔当消元法，它的优点在于既可讨论方程组解的存在性，又能把解求出来.

例 4 求解方程组

$$\begin{cases}x_1+x_2+x_3+x_4=0,\\x_1+3x_2+2x_3+4x_4=-6,\\2x_1+x_3-x_4=6.\end{cases}$$

解 方程组的增广矩阵为$\tilde{A}=\begin{bmatrix}1&1&1&1&0\\1&3&2&4&-6\\2&0&1&-1&6\end{bmatrix}$经过一系列初等行变换，可得到简化阶梯形矩阵$\begin{bmatrix}1&0&\frac{1}{2}&-\frac{1}{2}&3\\0&1&\frac{1}{2}&\frac{3}{2}&-3\\0&0&0&0&0\end{bmatrix}$与原方程组同解的方程组为

$$\begin{cases}x_1+\frac{1}{2}x_3-\frac{1}{2}x_4=3,\\x_2+\frac{1}{2}x_3+\frac{3}{2}x_4=-3,\end{cases}$$

令$x_3=C_1,x_4=C_2$，即得原方程组的解为

$$\begin{cases}x_1=-\frac{1}{2}C_1+\frac{1}{2}C_2+3,\\x_2=-\frac{1}{2}C_1-\frac{3}{2}C_2-3,\\x_3=C_1,\\x_4=C_2,\end{cases}$$

其中C_1,C_2为任意选取的常数. 所以它给出了方程组的无穷多组解，这种解的形式为方程组的通解或一般解.

5.3.3 齐次线性方程组解的讨论

设有齐次线性方程组

$$\begin{cases}a_{11}x_1+a_{12}x_2+\cdots+a_{1n}x_n=0,\\a_{21}x_1+a_{22}x_2+\cdots+a_{2n}x_n=0,\\\qquad\qquad\vdots\\a_{m1}x_1+a_{m2}x_2+\cdots+a_{mn}x_n=0.\end{cases}\tag{**}$$

由于齐次线性方程组(**)的系数矩阵A与它的增广矩阵$\tilde{A}$的秩总是相等，所以齐次线性方程组(**)总是有解，而且零解一定是它的解. 于是有下面的定理.

定理 7 齐次线性方程组(7.13)有非零解的充要条件是它的系数矩阵A的秩k小于它的未知量个数n.

事实上，当$k=n$时，方程组(**)只有零解；当$k<n$时，方程组(**)有无穷多

解，所以除零解外，还有非零解.

推论 5 (1)如果 $m=n$，齐次线性方程组(**)有非零解的充要条件是它的系数行列式 $|\boldsymbol{A}|=0$.

(2)如果 $m=n$，齐次线性方程组(**)只有零解的充要条件是它的系数行列式 $|\boldsymbol{A}|\neq 0$.

(3)如果 $m<n$，则齐次线性方程组(**)必有非零解.

例 5 讨论 m 取何值时，方程组 $\begin{cases}(1-m)x_1+2x_2+3x_3=0,\\ 2x_1+(1-m)x_2+3x_3=0,\\ 3x_1+3x_2+(6-m)x_3=0\end{cases}$ 有非零解.

解 该方程组有非零解的充要条件是其系数矩阵 $\boldsymbol{A}$ 的行列式 $|\boldsymbol{A}|=0$，即

$$|\boldsymbol{A}|=\begin{vmatrix}1-m & 2 & 3\\ 2 & 1-m & 3\\ 3 & 3 & 6-m\end{vmatrix}=-m(m+1)(m-9)=0,$$

解得 $m=0$ 或 $m=-1$ 或 $m=9$. 即当 $m=0$ 或 $m=-1$ 或 $m=9$ 时，原方程组有非零解.

例 6 求解齐次线性方程组

$$\begin{cases}x_1-x_2+5x_3-x_4=0,\\ x_1+x_2-2x_3+3x_4=0,\\ 3x_1-x_2+8x_3+x_4=0,\\ x_1+3x_2-9x_3+7x_4=0.\end{cases}$$

解 由于齐次线性方程组是一般线性方程组的特例，所以高斯-若尔当消元法对它仍然适用.

因为

$$\boldsymbol{A}=\begin{bmatrix}1 & -1 & 5 & -1\\ 1 & 1 & -2 & 3\\ 3 & -1 & 8 & 1\\ 1 & 3 & -9 & 7\end{bmatrix}\xrightarrow[\text{④行}+(-1)\times\text{①行}]{\substack{\text{②行}+(-1)\times\text{①行}\\ \text{③行}+(-3)\times\text{①行}}}\begin{bmatrix}1 & -1 & 5 & -1\\ 0 & 2 & -7 & 4\\ 0 & 2 & -7 & 4\\ 0 & 4 & -14 & 8\end{bmatrix}$$

$$\xrightarrow[\text{④行}+(-2)\times\text{②行}]{\text{③行}+(-1)\times\text{②行}}\begin{bmatrix}1 & -1 & 5 & -1\\ 0 & 2 & -7 & 4\\ 0 & 0 & 0 & 0\\ 0 & 0 & 0 & 0\end{bmatrix}\xrightarrow{\text{②行}\times\frac{1}{2}}\begin{bmatrix}1 & -1 & 5 & -1\\ 0 & 1 & -\frac{7}{2} & 2\\ 0 & 0 & 0 & 0\\ 0 & 0 & 0 & 0\end{bmatrix}$$

$$\xrightarrow{\text{①行+②行}}\begin{bmatrix}1 & 0 & \frac{3}{2} & 1\\ 0 & 1 & -\frac{7}{2} & 2\\ 0 & 0 & 0 & 0\\ 0 & 0 & 0 & 0\end{bmatrix}=\boldsymbol{B}.$$

由矩阵 $\boldsymbol{B}$ 可知，$r(\boldsymbol{A})=2<4$（未知量个数），所以该齐次方程有无穷多解，其中 x_3,x_4 为自由未知量，设其分别取任意常数 C_1,C_2，于是得到方程组的解为

$$x_1=-\frac{3}{2}C_1-C_2,\ x_2=\frac{7}{2}C_1-2C_2,\ x_3=C_1,\ x_4=C_2.$$

典型例题解答 对 $\tilde{\boldsymbol{A}}$ 施行初等行变换

$$\tilde{\boldsymbol{A}}=\begin{bmatrix}2 & -3 & 1 & -1 & 3\\ 3 & 1 & 1 & 1 & 0\\ 4 & -1 & -1 & -1 & 7\\ -2 & -1 & 1 & 1 & -5\end{bmatrix}\xrightarrow{\text{①行与②行互换}}\begin{bmatrix}3 & 1 & 1 & 1 & 0\\ 2 & -3 & 1 & -1 & 3\\ 4 & -1 & -1 & -1 & 7\\ -2 & -1 & 1 & 1 & -5\end{bmatrix}$$

$$\xrightarrow{\text{①行+③行}}\begin{bmatrix}7 & 0 & 0 & 0 & 7\\ 2 & -3 & 1 & -1 & 3\\ 4 & -1 & -1 & -1 & 7\\ -2 & -1 & 1 & 1 & -5\end{bmatrix}\xrightarrow{\frac{1}{7}\times\text{①行}}\begin{bmatrix}1 & 0 & 0 & 0 & 1\\ 2 & -3 & 1 & -1 & 3\\ 4 & -1 & -1 & -1 & 7\\ -2 & -1 & 1 & 1 & -5\end{bmatrix}$$

$$\xrightarrow[\text{④行+2×①行}]{\substack{\text{②行−2×①行}\\ \text{③行−4×①行}}}\begin{bmatrix}1 & 0 & 0 & 0 & 1\\ 0 & -3 & 1 & -1 & 1\\ 0 & -1 & -1 & -1 & 3\\ 0 & 1 & -1 & -1 & 3\end{bmatrix}\xrightarrow{\text{②行与④行互换}}\begin{bmatrix}1 & 0 & 0 & 0 & 1\\ 0 & 1 & -1 & -1 & 3\\ 0 & -1 & -1 & -1 & 3\\ 0 & -3 & 1 & -1 & 1\end{bmatrix}$$

$$\to\cdots\to\begin{bmatrix}1 & 0 & 0 & 0 & 1\\ 0 & 1 & 0 & 0 & 0\\ 0 & 0 & 1 & 0 & -1\\ 0 & 0 & 0 & 1 & -2\end{bmatrix},$$

因此方程组的解为 $x_1=1,x_2=0,x_3=-1,x_4=-2$.

习题 5.3

1. 求线性方程组时，高斯-若尔当法、逆矩阵法以及克拉默法则的适应范围？

2. 判别下列方程组解的情况.

(1) $\begin{cases} x_1+2x_2-3x_3=-1, \\ 2x_1-x_2+x_3=1, \\ x_1+x_2+x_3=3; \end{cases}$　　(2) $\begin{cases} 2x_1+x_2-x_3+x_4=1, \\ 3x_1-2x_2+2x_3-3x_4=0, \\ 5x_1+x_2-x_3+2x_4=-1, \\ 2x_1-x_2+x_3-x_4=4. \end{cases}$

3. 求解下列线性方程组.

(1) $\begin{cases} x_1+2x_2+3x_3=-7, \\ 2x_1-x_2+2x_3=-8, \\ x_1+3x_2=7; \end{cases}$　　(2) $\begin{cases} 2x_1+x_3=5, \\ x_1-2x_2-x_3=1, \\ -x_1+3x_2+2x_3=1; \end{cases}$

(3) $\begin{cases} x_1-2x_2+4x_3-7x_4=0, \\ 2x_1+3x_2+x_3=0, \\ 3x_1+x_2-2x_3+7x_4=0, \\ 4x_1-x_2+2x_3=0; \end{cases}$　　(4) $\begin{cases} x_1+3x_2-x_3+2x_4=0, \\ -3x_1+x_2+2x_3-5x_4=0, \\ -4x_1+16x_2+x_3+3x_4=0. \end{cases}$

4. 讨论 λ 取什么值时，方程组 $\begin{cases} x_1+x_2+\lambda x_3=1, \\ x_1+\lambda x_2+x_3=1, \\ \lambda x_1+x_2+x_3=1 \end{cases}$ 有唯一解、有无穷多解或无解，在有解时，求出解.

5. 已知齐次线性方程组 $\begin{cases} 2x+y+z=0, \\ kx-z=0, \\ -x+3z=0, \end{cases}$ 试求 k 值，使方程组有非零解，并求出全部解.

6. 在方程组 $\begin{cases} x_1+x_2+x_3+x_4+x_5=1, \\ 3x_1+2x_2+x_3+x_4-3x_5=0, \\ x_2+2x_3+2x_4+6x_5=b, \\ 5x_1+4x_2+3x_3+3x_4-x_5=a \end{cases}$ 中，a,b 取何值时，方程组有解，并求其解.

复习题 5

1. 判断题

(1) 矩阵 $\boldsymbol{A}$, $\boldsymbol{B}$ 满足 $\boldsymbol{AB}=\boldsymbol{O}$，必有 $\boldsymbol{A}=\boldsymbol{0}$ 或 $\boldsymbol{B}=\boldsymbol{0}$.　(　　)

(2) $\boldsymbol{A}$ 与 $\boldsymbol{B}$ 为同阶方阵，则有 $(\boldsymbol{A}+\boldsymbol{B})(\boldsymbol{A}-\boldsymbol{B})=\boldsymbol{A}^2-\boldsymbol{B}^2$.　(　　)

(3) 若 $|\boldsymbol{A}|\neq 0$ 且 $\boldsymbol{AX}=\boldsymbol{AY}$ 必有 $\boldsymbol{X}=\boldsymbol{Y}$.　(　　)

(4) 若矩阵 $\boldsymbol{A},\boldsymbol{B},\boldsymbol{C}$ 满足 $\boldsymbol{AB}=\boldsymbol{AC}$，且 $\boldsymbol{A}\neq\boldsymbol{0}$，则 $\boldsymbol{B}=\boldsymbol{C}$.　(　　)

(5) 若 $\boldsymbol{A}=(a_{ij})_{m\times m}$, $\boldsymbol{B}=(b_{ij})_{m\times m}$，且 $|\boldsymbol{A}|=|\boldsymbol{B}|$，则 $\boldsymbol{A}=\boldsymbol{B}$.　(　　)

(6) 等价矩阵秩相同.　(　　)

(7) 线性方程组都能用克拉默法则求解.　(　　)

(8) 设 $\boldsymbol{A}$ 是 n 阶方阵（$n>1$），则 $|2\boldsymbol{A}|=2|\boldsymbol{A}|$.　（　）

(9) n 阶方阵 $\boldsymbol{A}$ 可逆的充要条件是 $\boldsymbol{A}\neq\boldsymbol{0}$.　（　）

(10) $\begin{vmatrix}1&3\\2&4\end{vmatrix}+\begin{vmatrix}1&2\\-2&3\end{vmatrix}=\begin{vmatrix}2&5\\0&7\end{vmatrix}$.　（　）

2. 填空题

(1) $\begin{vmatrix}1&\log_a b\\\log_b a&1\end{vmatrix}=$________.

(2) $\begin{vmatrix}a+1&a+2&a+3\\b+1&b+2&b+3\\c+1&c+2&c+3\end{vmatrix}=$________.

(3) $\begin{vmatrix}1-x&2&3\\2&1-x&3\\3&3&6-x\end{vmatrix}=0$ 的解是________.

(4) 设 $\boldsymbol{A}$ 是 2005 阶矩阵，且 $-\boldsymbol{A}=\boldsymbol{A}^{\mathrm{T}}$，则 $|\boldsymbol{A}|=$________.

(5) 设 $\boldsymbol{AXB}=\boldsymbol{C}$，其中 $|\boldsymbol{A}|\neq 0,|\boldsymbol{B}|\neq 0$，则 $\boldsymbol{X}=$________.

(6) 设 $\boldsymbol{A}=\begin{bmatrix}\cos\alpha&-\sin\alpha\\\sin\alpha&\cos\alpha\end{bmatrix}$，则 $\boldsymbol{A}^*=$________，$|\boldsymbol{A}|=$________，$\boldsymbol{A}^{-1}=$________.

(7) 已知 $\boldsymbol{A}^k=\boldsymbol{O}$，则 $(\boldsymbol{E}-\boldsymbol{A})^{-1}=$________.

(8) 设矩阵 $\boldsymbol{A}=\begin{bmatrix}2&-3&1\\1&a&1\\5&0&3\end{bmatrix}$，且 $\boldsymbol{A}$ 的秩为 2，则 $a=$________.

(9) 设 $\boldsymbol{A}=\begin{bmatrix}3&1&0\\-1&2&1\\3&4&2\end{bmatrix},\boldsymbol{B}=\begin{bmatrix}1&-1&2\\-1&1&1\\3&0&2\end{bmatrix}$ 满足 $3\boldsymbol{A}-2\boldsymbol{X}=\boldsymbol{B}$，则 $\boldsymbol{X}=$________.

(10) 当 λ________时，$\begin{cases}\lambda x_1+x_2=\lambda^2,\\x_1+\lambda x_2=1\end{cases}$ 有唯一解.

3. 选择题

(1) 若 $\boldsymbol{D}=\begin{vmatrix}a_{11}&a_{12}&a_{13}\\a_{21}&a_{22}&a_{23}\\a_{31}&a_{32}&a_{33}\end{vmatrix}=1$，则 $\boldsymbol{D}_1=\begin{vmatrix}3a_{11}&3a_{11}-4a_{12}&a_{13}\\3a_{21}&3a_{21}-4a_{22}&a_{23}\\3a_{31}&3a_{31}-4a_{32}&a_{33}\end{vmatrix}=$（　）.

A. 9　　B. -3　　C. -12　　D. -36

(2) $\begin{vmatrix}0&0&0&-1\\0&0&2&0\\0&3&0&0\\4&0&0&0\end{vmatrix}=$（　）.

A. 0　　B. 8　　C. $-4!$　　D. $4!$

(3) 设 $\boldsymbol{A}$ 为方阵，且 $\boldsymbol{A}^2=\boldsymbol{A}$，则(　　).

A. $\boldsymbol{A}=\boldsymbol{E}$　　B. $\boldsymbol{A}=\boldsymbol{0}$ 或 $\boldsymbol{A}=\boldsymbol{E}$

C. $\boldsymbol{A}$ 可以既不是零矩阵，也不是单位矩阵　　D. $\boldsymbol{A}=\boldsymbol{0}$

(4) 若有矩阵 $\boldsymbol{A}_{3\times2},\boldsymbol{B}_{2\times3},\boldsymbol{C}_{3\times3}$，下列运算成立的是(　　).

A. $\boldsymbol{AC}$　　B. $\boldsymbol{ABC}$　　C. $\boldsymbol{CB}$　　D. $\boldsymbol{AB}-\boldsymbol{AC}$

(5) 若 $\boldsymbol{A}$ 为三阶矩阵，则 $|2\boldsymbol{A}|=$(　　).

A. $3^2|\boldsymbol{A}|$　　B. $2|\boldsymbol{A}|$　　C. $3|\boldsymbol{A}|$　　D. $2^3|\boldsymbol{A}|$

(6) 设矩阵 $\boldsymbol{A}$ 与 $\boldsymbol{B}$ 等价，$\boldsymbol{A}$ 有一个 k 阶子式不等于 0，则 $r(\boldsymbol{B})$ (　　) k.

A. $<$　　B. $=$　　C. $\geqslant$　　D. $\leqslant$

(7) 设矩阵 $\boldsymbol{A}=\begin{bmatrix}1&0&1\\0&2&0\\1&0&1\end{bmatrix}$，而 $n\geqslant2$ 为正整数，则 $\boldsymbol{A}^n-2\boldsymbol{A}^{n-1}=$(　　).

A. $\boldsymbol{A}=\begin{bmatrix}1&0&1\\0&2&0\\1&0&1\end{bmatrix}$　　B. $\boldsymbol{A}=\begin{bmatrix}1&0&1\\0&2^n&0\\1&0&1\end{bmatrix}$　　C. 2　　D. $\boldsymbol{O}$

(8) 设 λ 是常数，$\boldsymbol{A}$ 是矩阵，则 $(\lambda\boldsymbol{A})^{\mathrm{T}}=$(　　).

A. $\lambda\boldsymbol{A}^{\mathrm{T}}$　　B. $\dfrac{1}{\lambda}\boldsymbol{A}^{\mathrm{T}}$　　C. $-\lambda\boldsymbol{A}^{\mathrm{T}}$　　D. $-\dfrac{1}{\lambda}\boldsymbol{A}^{\mathrm{T}}$

(9) 设 $\boldsymbol{A}$ 是 n 阶可逆方阵，$\boldsymbol{A}^*$ 是其伴随矩阵，则(　　).

A. $|\boldsymbol{A}^*|=|\boldsymbol{A}|^{n-1}$　　B. $|\boldsymbol{A}^*|=|\boldsymbol{A}|^{n}$　　C. $|\boldsymbol{A}^*|=|\boldsymbol{A}|^{-1}$　　D. $|\boldsymbol{A}^*|=|\boldsymbol{A}|^{n+1}$

(10) 设 $\boldsymbol{A},\boldsymbol{B},\boldsymbol{C}$ 是 n 阶方阵且都可逆，则 $\boldsymbol{AB}=\boldsymbol{C}$ 时，$\boldsymbol{B}=$(　　).

A. $\boldsymbol{CA}^{-1}$　　B. $\boldsymbol{AC}$　　C. $\boldsymbol{A}^{-1}\boldsymbol{C}$　　D. $\boldsymbol{CA}$

4. 计算下列行列式.

(1) $\begin{vmatrix}1&4&9&16\\4&9&16&25\\9&16&25&36\\16&25&36&49\end{vmatrix}$;　　(2) $\begin{vmatrix}0&1&1&1\\1&0&1&1\\1&1&0&1\\1&1&1&1\end{vmatrix}$;

(3) $\begin{vmatrix}0&a_1&0&0&0\\0&0&a_2&0&0\\0&0&0&a_3&0\\0&0&0&0&a_4\\a_5&b&c&d&\mathrm{e}\end{vmatrix}$;　　(4) $\begin{vmatrix}0&0&0&5&5\\0&0&4&1&0\\0&3&2&0&0\\2&3&0&0&0\\4&0&0&0&1\end{vmatrix}$;

(5) $\begin{vmatrix} 1+a_1 & 1 & 1 & \cdots & 1 \\ 1 & 1+a_2 & 1 & \cdots & 1 \\ 1 & 1 & 1+a_3 & \cdots & 1 \\ \vdots & \vdots & \vdots & & \vdots \\ 1 & 1 & 1 & \cdots & 1+a_n \end{vmatrix}$； (6) $\begin{vmatrix} 1 & 2 & 2 & \cdots & 2 \\ 2 & 2 & 2 & \cdots & 2 \\ 2 & 2 & 3 & \cdots & 2 \\ \vdots & \vdots & \vdots & & \vdots \\ 2 & 2 & 2 & \cdots & n \end{vmatrix}$.

5. 用克拉默法则解下列线性方程组.

$$\begin{cases} 2x_1+3x_2+11x_3+5x_4=2, \\ x_1+x_2+5x_3+2x_4=1, \\ -x_2-7x_3=-5, \\ -2x_3+2x_4=-4. \end{cases}$$

6. λ取何值时，齐次线性方程组

$$\begin{cases} x_1-x_2+2x_3=0, \\ x_1+x_2+\lambda x_3=0, \\ -x_1+\lambda x_2+x_3=0. \end{cases}$$

(1) 只有零解；(2) 有非零解.

7. 求下列矩阵的秩.

$$\begin{bmatrix} 1 & 2 & 3 & 4 \\ 1 & 10 & 2 & 1 \\ -2 & -4 & -6 & -8 \end{bmatrix}.$$

8. 求下列矩阵的逆矩阵

$$\begin{bmatrix} 2 & 2 & 3 \\ 1 & -1 & 0 \\ -1 & 2 & 1 \end{bmatrix}.$$

9. 求下列矩阵方程中的未知矩阵.

$$\begin{bmatrix} 2 & 5 \\ 1 & 3 \end{bmatrix}\boldsymbol{X}=\begin{bmatrix} 4 & -6 \\ 2 & 1 \end{bmatrix}.$$

10. 求解下列线性方程组.

(1) $$\begin{cases} 2x_1+x_3=5, \\ x_1-2x_2-x_3=1, \\ -x_1+3x_2+2x_3=1; \end{cases}$$

(2) $$\begin{cases} x_1-2x_2+4x_3-7x_4=0, \\ 2x_1+3x_2+x_3=0, \\ 3x_1+x_2-2x_3+7x_4=0, \\ 4x_1-x_2+2x_3=0. \end{cases}$$

第6章　多元函数微积分

在自然科学和工程技术中，还会遇到两个及两个以上自变量的函数，自变量多于一个的函数称为多元函数. 多元函数微积分是一元函数微积分的推广与发展. 二元函数是最简单的多元函数，它具有多元函数的特性. 学习中要抓住一元函数微积分与二元函数微积分之间的联系，注意比较它们的共同点与不同点.

6.1　全微分在近似计算中的应用

典型例题1　求 $(1.04)^{2.02}$ 的近似值.

典型例题2　有一圆柱体，受压后发生变形，它的半径由20cm增大到20.05cm，高度由100cm减少到99cm. 求此圆柱体体积变化的近似值.

初步分析　典型例题1是求二元函数值的近似值，典型例题2是半径和高度这两个自变量都在变化，引起圆柱体积的变化，是二元函数全微分在实际中的应用. 需要学习二元函数概念、极限、偏导数、全微分及其应用.

预备知识　二元函数的概念、极限、连续、偏导数和全微分.

6.1.1　多元函数的概念

1. 区域

1)邻域的概念

设 $P_0(x_0,y_0)$ 是 xOy 平面上的一点，δ 是某一正数，xOy 平面上所有与点 P_0 的距离小于 δ 的点的集合，称为点 P_0 的 δ 邻域，记为 $U(P_0,\delta)$，即

$$U(P_0,\delta)=\{P\,\big|\,|P_0P|<\delta\}$$

或

$$U(P_0,\delta)=\left\{(x,y)\,\Big|\,\sqrt{(x-x_0)^2+(y-y_0)^2}<\delta\right\}.$$

点 P_0 的空心 δ 邻域，记为 $U^o(P_0,\delta)$，即

$$U^o(P_0,\delta)=\{P\,\big|\,0<|P_0P|<\delta\}.$$

几何上，$U(P_0,\delta)$就是以P_0为圆心，δ为半径的圆的内部，所以δ又称为邻域的半径. 有时在讨论问题时，若不需要强调半径，则点P_0的邻域和空心邻域分别可简记为$U(P_0)$和$U^o(P_0)$.

2) 区域的概念

平面点集：坐标平面上满足某种条件P的点组成的集合，称为平面点集，记为

$$E=\{(x,y)|(x,y)\text{满足条件}P\}.$$

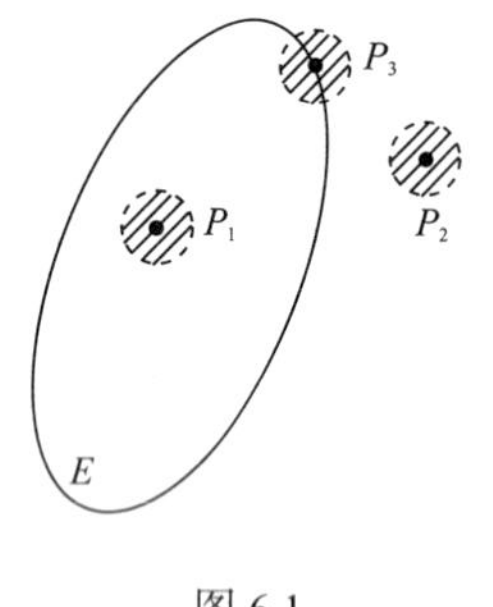

图 6.1

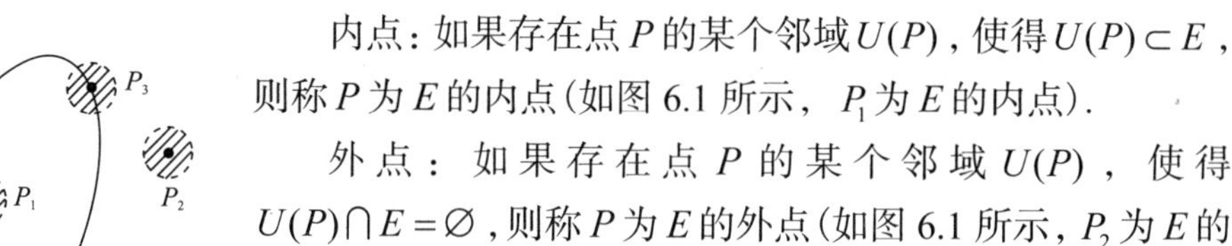

内点：如果存在点P的某个邻域$U(P)$，使得$U(P)\subset E$，则称P为E的内点(如图 6.1 所示，P_1为E的内点).

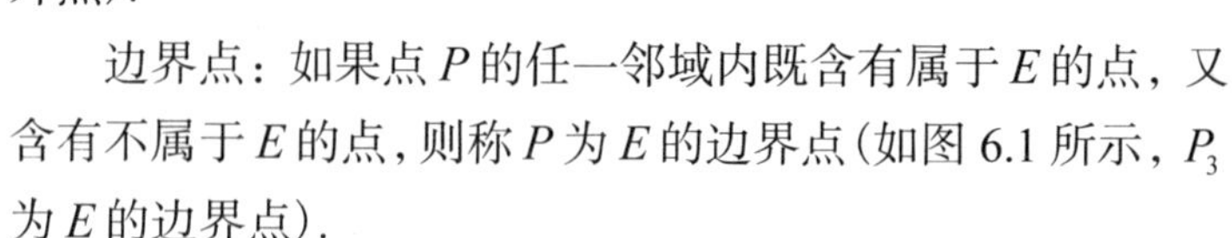

外点：如果存在点P的某个邻域$U(P)$，使得$U(P)\cap E=\varnothing$，则称P为E的外点(如图 6.1 所示，P_2为E的外点).

边界点：如果点P的任一邻域内既含有属于E的点，又含有不属于E的点，则称P为E的边界点(如图 6.1 所示，P_3为E的边界点).

边界：E的边界点的全体，称为E的边界，记为∂E.

E的内点必属于E；E的外点必定不属于E；而E的边界点可能属于E，也可能不属于E.

开集：如果点集E的点都是E的内点，则称E为开集.

闭集：如果点集E的边界$\partial E\subset E$，则称E为闭集.

例如，集合$\{(x,y)|1<x^2+y^2<2\}$是开集；集合$\{(x,y)|1\leqslant x^2+y^2\leqslant 2\}$是闭集；而集合$\{(x,y)|1<x^2+y^2\leqslant 2\}$既非开集也非闭集.

连通集：如果点集E内任何两点，都可用折线连接起来，且该折线上的点都属于E，则称E为连通集.

区域(或开区域)：连通的开集称为区域或开区域.

闭区域：开区域连同它的边界一起所构成的点集称为闭区域.

例如，集合$\{(x,y)|1<x^2+y^2<2\}$是区域；而集合$\{(x,y)|1\leqslant x^2+y^2\leqslant 2\}$是闭区域.

有界区域：一个区域E，如果能包含在一个以原点为圆心的圆内，则称E是有界区域，否则称E是无界区域.

例如，区域$\{(x,y)|1<x^2+y^2<2\}$，闭区域$\{(x,y)|1\leqslant x^2+y^2\leqslant 2\}$都是有界区域.

2. 二元函数

定义 1　设D是xOy坐标平面上的一个点集，如果按照某种对应法则f，对于D中每一点$P(x,y)$，都有唯一确定的实数z与之对应，则称z是定义在D上关于x,y的**二元函数**，记为$z=f(x,y)$，$(x,y)\in D$或$z=f(P),P\in D$，其中称D为函数的定义域，与$P(x,y)$所对应的z值称为函数在点$P(x,y)$的函数值，记为$z=f(x,y)$，函数值的全体称为f的值域，记为$f(D)$，通常称x,y为函数的自变量，z为因变量.

二元函数$z=f(x,y)$的图像通常是空间中的一张曲面，该曲面在xOy平面上的投影就是函数$f(x,y)$的定义域D，当函数关系$z=f(x,y)$由解析式给出时，其定义域就是使式子有意义的点(x,y)的全体.

同一元函数一样，对应法则与定义域也是二元函数的两个要素.

类似的可以定义三元函数，进而推广至n元函数.

二元及二元以上的函数统称为多元函数.

二元函数的定义域的几何表示往往是一个平面区域.

例 1　求函数$y=\arcsin(x^2+y^2)$的定义域.

解　要使函数有意义，变量x,y必须满足$x^2+y^2\leqslant 1$，这就是所求函数的定义域，它是一个有界闭区域，如图 6.2 所示，可记为

$$\{(x,y)|x^2+y^2\leqslant 1\}.$$

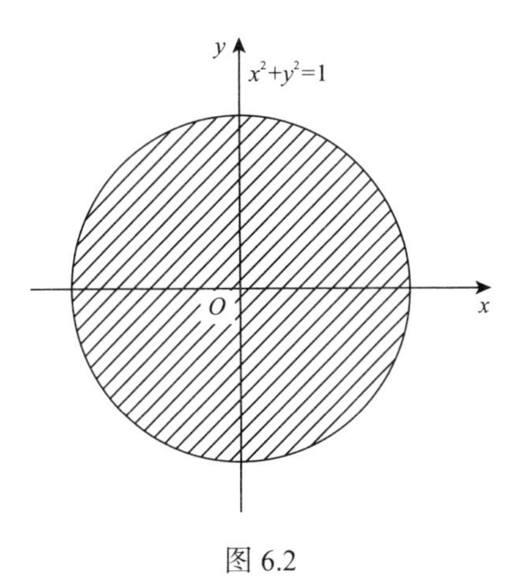

图 6.2

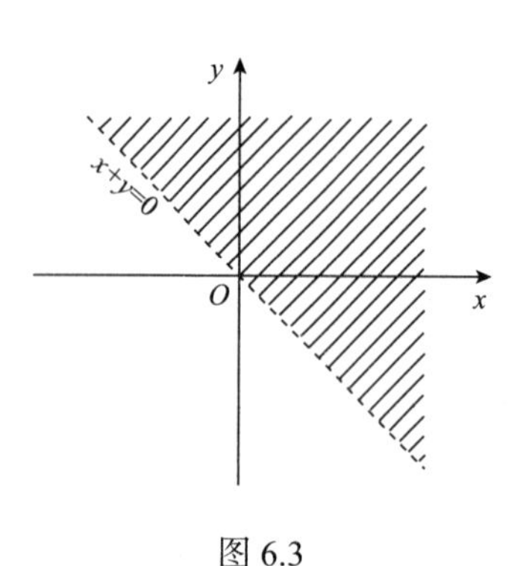

图 6.3

例 2 求函数 $z=\ln(x+y)$ 的定义域.

解 要使函数有意义，必须满足 $x+y>0$，所以函数的定义域为 $\{(x,y)|x+y>0\}$，这是一个无界开区域，如图 6.3 所示.

3. 二元函数的极限

1) 二元函数极限的概念

定义 2 设函数 $z=f(x,y)$ 在点 $P_0(x_0,y_0)$ 的某空心邻域 $U^o(P_0,\delta)$ 内有定义，如果当 $U^o(P_0,\delta)$ 内的点 $P(x,y)$ 以任意方式趋向于点 $P_0(x_0,y_0)$ 时，对应的函数值 $f(x,y)$ 总趋于一个确定的常数 A，那么称 A 是二元函数 $f(x,y)$ 当 $(x,y)\to(x_0,y_0)$ 时的**极限**，记为

$$\lim_{(x,y)\to(x_0,y_0)} f(x,y)=A \quad 或 \quad \lim_{\substack{x\to x_0\\ y\to y_0}} f(x,y)=A.$$

例 3 求极限 $\lim\limits_{\substack{x\to0\\ y\to0}}\dfrac{x^2+y^2}{\sqrt{1+x^2+y^2}-1}$.

解 $$\lim_{\substack{x\to0\\ y\to0}}\frac{x^2+y^2}{\sqrt{1+x^2+y^2}-1}=\lim_{\substack{x\to0\\ y\to0}}\frac{(x^2+y^2)\left(\sqrt{1+x^2+y^2}+1\right)}{\left(\sqrt{1+x^2+y^2}-1\right)\left(\sqrt{1+x^2+y^2}+1\right)}$$

$$=\lim_{\substack{x\to0\\ y\to0}}\left(\sqrt{1+x^2+y^2}+1\right)=1+1=2.$$

例 4 考察函数 $g(x,y)=\begin{cases}\dfrac{xy}{x^2+y^2}, & x^2+y^2\neq0,\\ 0, & x^2+y^2=0,\end{cases}$ 当 $(x,y)\to(0,0)$ 时的极限是否存在.

解 当点 (x,y) 沿 x 轴趋向于原点，即当 $y=0$，而 $x\to0$ 时，有

$$\lim_{\substack{x\to0\\ y\to0}} g(x,y)=\lim_{x\to0} g(x,0)=\lim_{x\to0} 0=0;$$

当点 (x,y) 沿 y 轴趋向于原点，即当 $x=0$，而 $y\to0$ 时，有

$$\lim_{\substack{x\to0\\ y\to0}} g(x,y)=\lim_{y\to0} g(0,y)=\lim_{y\to0} 0=0.$$

但是，当点(x,y)沿直线$y=kx(k\neq 0)$趋向于点$(0,0)$，即当$y=kx$，而$x\to 0$时，有

$$\lim_{\substack{x\to 0\\ y=kx\to 0}} g(x,y)=\lim_{x\to 0} g(x,kx)=\lim_{x\to 0}\frac{kx^2}{x^2+k^2x^2}=\frac{k}{1+k^2};$$

随着k的取值不同，$\dfrac{k}{1+k^2}$的值也不同，故极限$\lim\limits_{\substack{x\to 0\\ y\to 0}} g(x,y)$不存在.

2) 二元函数极限的四则运算法则

如$\lim\limits_{\substack{x\to x_0\\ y\to y_0}} f(x,y)=A$，$\lim\limits_{\substack{x\to x_0\\ y\to y_0}} g(x,y)=B$，则

$$\lim_{\substack{x\to x_0\\ y\to y_0}}[f(x,y)\pm g(x,y)]=A\pm B,$$

$$\lim_{\substack{x\to x_0\\ y\to y_0}}[f(x,y)\cdot g(x,y)]=A\cdot B,$$

$$\lim_{\substack{x\to x_0\\ y\to y_0}}\frac{f(x,y)}{g(x,y)}=\frac{A}{B}\quad (B\neq 0).$$

例 5　求$\lim\limits_{\substack{x\to 0\\ y\to 2}}\dfrac{\sin(xy)}{x}$.

解　$\lim\limits_{\substack{x\to 0\\ y\to 2}}\dfrac{\sin(xy)}{x}=\lim\limits_{\substack{x\to 0\\ y\to 2}}\dfrac{\sin(xy)}{xy}\cdot y=\lim\limits_{\substack{x\to 0\\ y\to 2}}\dfrac{\sin(xy)}{xy}\cdot\lim\limits_{\substack{x\to 0\\ y\to 2}} y=1\times 2=2$.

4. 二元函数的连续

定义 3　设函数$z=f(x,y)$在点$P_0(x_0,y_0)$的某邻域$U(P_0,\delta)$内有定义，如$\lim\limits_{\substack{x\to x_0\\ y\to y_0}} f(x,y)=f(x_0,y_0)$，则称函数$z=f(x,y)$在点$P_0(x_0,y_0)$处**连续**.

如果函数$f(x,y)$在区域D内每一点都连续，则称函数$f(x,y)$在区域D内连续，此时，又称函数$f(x,y)$是D的连续函数；如果函数$f(x,y)$又在边界∂D上每一点连续，则称函数$f(x,y)$在闭区域D上连续，此时，又称函数$f(x,y)$是D上的连续函数.

与一元连续函数相似，二元函数连续也有如下性质.

(1) 求极限：当$P_0(x_0,y_0)$属于函数的定义域时，有$\lim\limits_{\substack{x\to x_0\\ y\to y_0}} f(x,y)=f(x_0,y_0)$.

(2)有界闭区域上的二元连续函数必有界，也必有最大值和最小值.

例 6 求$\lim\limits_{\substack{x\to1\\y\to2}}\dfrac{xy}{x+y}$.

解 因为$f(x,y)=\dfrac{xy}{x+y}$在点$(1,2)$处连续，所以$\lim\limits_{\substack{x\to1\\y\to2}}\dfrac{xy}{x+y}=\dfrac{1\times2}{1+2}=\dfrac{2}{3}$.

6.1.2 偏导数

1. 二元函数的偏导数

1)偏导数的定义

定义 4 设函数$z=f(x,y)$在点$P_0(x_0,y_0)$的某邻域$U(P_0,\delta)$内有定义，固定$y=y_0$，在点(x_0,y_0)处给x以增量Δx，得函数$f(x,y)$在点(x_0,y_0)处关于x的**偏增量**

$$\Delta_x f(x_0,y_0)=f(x_0+\Delta x,y_0)-f(x_0,y_0),$$

如果

$$\lim_{\Delta x\to0}\frac{\Delta_x f(x_0,y_0)}{\Delta x}=\lim_{\Delta x\to0}\frac{f(x_0+\Delta x,y_0)-f(x_0,y_0)}{\Delta x}$$

存在，则称该极限值为函数$f(x,y)$在点(x_0,y_0)处关于自变量x的**偏导数**，记为

$$f'_x(x_0,y_0),\quad \left.\frac{\partial f}{\partial x}\right|_{\substack{x=x_0\\y=y_0}},\quad z'_x(x_0,y_0),\quad \left.\frac{\partial z}{\partial x}\right|_{\substack{x=x_0\\y=y_0}},$$

即

$$f'_x(x_0,y_0)=\lim_{\Delta x\to0}\frac{\Delta_x f(x_0,y_0)}{\Delta x}=\lim_{\Delta x\to0}\frac{f(x_0+\Delta x,y_0)-f(x_0,y_0)}{\Delta x}.$$

类似地，若函数$f(x,y)$在点(x_0,y_0)处关于自变量y的偏增量为

$$\Delta_y f(x_0,y_0)=f(x_0,y_0+\Delta y)-f(x_0,y_0),$$

如果

$$\lim_{\Delta y\to0}\frac{\Delta_y f(x_0,y_0)}{\Delta y}=\lim_{\Delta y\to0}\frac{f(x_0,y_0+\Delta y)-f(x_0,y_0)}{\Delta y}$$

存在，则称该极限值为函数 $f(x,y)$ 在点 (x_0,y_0) 处关于自变量 y 的偏导数，记为

$$f'_y(x_0,y_0),\quad \left.\frac{\partial f}{\partial y}\right|_{\substack{x=x_0\\y=y_0}},\quad z'_y(x_0,y_0),\quad \left.\frac{\partial z}{\partial y}\right|_{\substack{x=x_0\\y=y_0}}.$$

注意　求多元函数对一个自变量的偏导数时，只需将其他的自变量视为常数，用一元函数求导法求导即可.

若函数 $z=f(x,y)$ 在区域 D 内每一点 $P(x,y)$ 处有关于 x 的偏导数，则这个偏导数仍是 x,y 的函数，称为函数 $z=f(x,y)$ 关于自变量 x 的偏导函数，也简称为关于自变量 x 的偏导数，记为

$$f'_x(x,y),\quad \frac{\partial f}{\partial x},\quad z'_x,\quad \frac{\partial z}{\partial x}.$$

类似地，可定义函数 $z=f(x,y)$ 在区域 D 内关于自变量 y 的偏导函数，也简称为关于自变量 y 的偏导数，记为

$$f'_y(x,y),\quad \frac{\partial f}{\partial y},\quad z'_y,\quad \frac{\partial z}{\partial y}.$$

例 7　求函数 $f(x,y)=x^2+3xy+y^2$ 在点(1,2)处的偏导数.

解　**方法 1**　$f'_x(1,2)=\left.\dfrac{\mathrm{d}f(x,2)}{\mathrm{d}x}\right|_{x=1}=(2x+6)|_{x=1}=8$；

$$f'_y(1,2)=\left.\frac{\mathrm{d}f(1,y)}{\mathrm{d}y}\right|_{y=2}=(3+2y)|_{y=2}=7.$$

方法 2　$f'_x(x,y)=2x+3y,\quad f'_y(x,y)=3x+2y$；

$$f'_x(1,2)=8,\quad f'_y(1,2)=7.$$

例 8　求函数 $f(x,y)=\arctan\dfrac{y}{x}$ 的偏导数.

解　$\dfrac{\partial f}{\partial x}=\dfrac{1}{1+\left(\dfrac{y}{x}\right)^2}\cdot\left(\dfrac{y}{x}\right)'_x=\dfrac{1}{1+\left(\dfrac{y}{x}\right)^2}\cdot\left(\dfrac{-y}{x^2}\right)=\dfrac{-y}{x^2+y^2}$；

$$\frac{\partial f}{\partial y}=\frac{1}{1+\left(\dfrac{y}{x}\right)^2}\cdot\left(\frac{y}{x}\right)'_y=\frac{1}{1+\left(\dfrac{y}{x}\right)^2}\cdot\left(\frac{1}{x}\right)=\frac{x}{x^2+y^2}.$$

例 9 求函数 $z=x^y(x>0)$ 的偏导数.

解 $\dfrac{\partial z}{\partial x}=yx^{y-1}$， $\dfrac{\partial z}{\partial y}=x^y\ln x$.

例 10 求函数 $u=\sin(x+y^2-\mathrm{e}^z)$ 的偏导数.

解 $\dfrac{\partial u}{\partial x}=\cos(x+y^2-\mathrm{e}^z)$;

$$\frac{\partial u}{\partial y}=\cos(x+y^2-\mathrm{e}^z)\ ;$$

$$\frac{\partial u}{\partial z}=-\mathrm{e}^z\cos(x+y^2-\mathrm{e}^z)\ .$$

2) 偏导数的几何意义

二元函数 $z=f(x,y)$ 在点 (x_0,y_0) 处的偏导数 $f'_x(x_0,y_0)$ 实质上是一元函数 $z=f(x,y_0)$ 在点 $x=x_0$ 处的导数，所以 $f'_x(x_0,y_0)$ 在几何上仍表示曲线的切线的斜率,只不过它表示的是空间曲线 $\begin{cases}z=f(x,y),\\ y=y_0\end{cases}$ 在点 $P_0(x_0,y_0,f(x_0,y_0))$ 处切线的斜率，即 $\tan\alpha$（α 为切线与 x 轴正向的夹角），如图 6.4 所示. 同理, $f'_y(x_0,y_0)$ 表示的是空间曲线 $\begin{cases}z=f(x,y),\\ x=x_0\end{cases}$ 在点 $P_0(x_0,y_0,f(x_0,y_0))$ 处切线的斜率，即 $\tan\beta$（β 为切线与 y 轴正向的夹角），如图 6.5 所示.

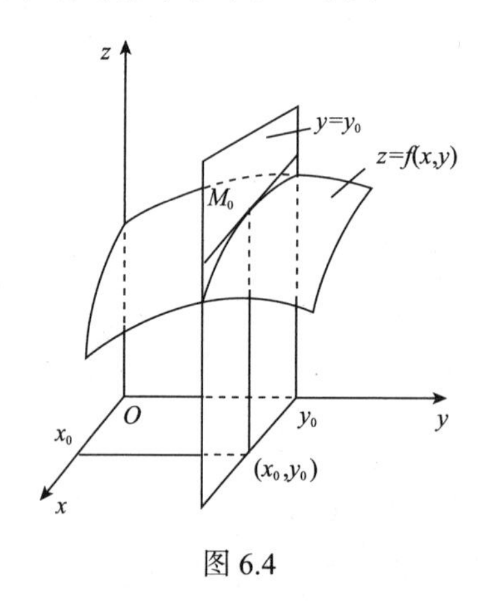

图 6.4

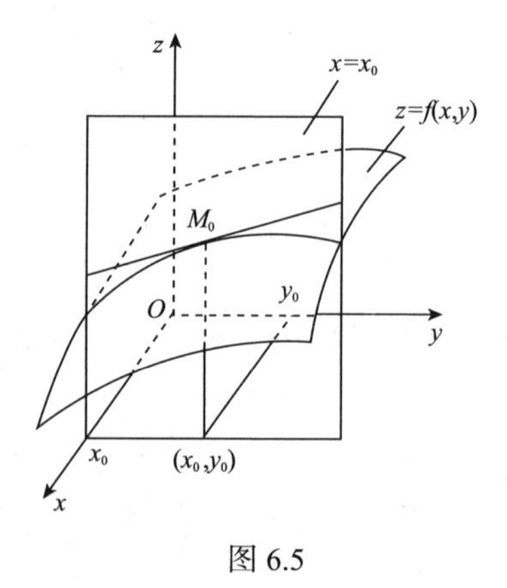

图 6.5

2. 高阶偏导数

一般地，如果函数 $z=f(x,y)$ 的偏导函数 $\dfrac{\partial z}{\partial x}$， $\dfrac{\partial z}{\partial y}$ 的偏导数存在，则称函数

$f(x,y)$ 具有二阶偏导数，有以下四种形式:

$$\frac{\partial}{\partial x}\left(\frac{\partial z}{\partial x}\right)=\frac{\partial^2 z}{\partial x^2}=f''_{xx}(x,y)=z''_{xx},\quad \frac{\partial}{\partial y}\left(\frac{\partial z}{\partial x}\right)=\frac{\partial^2 z}{\partial x\partial y}=f''_{xy}(x,y)=z''_{xy},$$

$$\frac{\partial}{\partial x}\left(\frac{\partial z}{\partial y}\right)=\frac{\partial^2 z}{\partial y\partial x}=f''_{yx}(x,y)=z''_{yx},\quad \frac{\partial}{\partial y}\left(\frac{\partial z}{\partial y}\right)=\frac{\partial^2 z}{\partial y^2}=f''_{yy}(x,y)=z''_{yy},$$

其中 $f''_{xy}(x,y)$， $f''_{yx}(x,y)$ 称为函数 $f(x,y)$ 的**二阶混合偏导数**.

类似地，可以定义三阶及三阶以上的高阶偏导数，二阶及二阶以上的偏导数统称为高阶偏导数.

例 11　求函数 $z=x^3y^2-3xy^3-xy$ 的二阶偏导数.

解

$$\frac{\partial z}{\partial x}=3x^2y^2-3y^3-y,\quad \frac{\partial z}{\partial y}=2x^3y-9xy^2-x;$$

$$\frac{\partial^2 z}{\partial x^2}=6xy^2,\qquad \frac{\partial^2 z}{\partial x\partial y}=6x^2y-9y^2-1;$$

$$\frac{\partial^2 z}{\partial y\partial x}=6x^2y-9y^2-1,\quad \frac{\partial^2 z}{\partial y^2}=2x^3-18xy.$$

可以证明，$z=f(x,y)$ 的两个混合偏导数 $f''_{xy}(x,y)$， $f''_{yx}(x,y)$ 在区域 D 内连续，那么，在区域 D 内必有 $f''_{xy}(x,y)=f''_{yx}(x,y)$.

例 12　验证函数 $z=\ln\sqrt{x^2+y^2}$ 满足方程 $\dfrac{\partial^2 z}{\partial x^2}+\dfrac{\partial^2 z}{\partial y^2}=0$.

解　因为 $z=\ln\sqrt{x^2+y^2}=\dfrac{1}{2}\ln(x^2+y^2)$，所以

$$\frac{\partial z}{\partial x}=\frac{x}{x^2+y^2},\quad \frac{\partial z}{\partial y}=\frac{y}{x^2+y^2},$$

$$\frac{\partial^2 z}{\partial x^2}=\frac{(x^2+y^2)-x\cdot 2x}{(x^2+y^2)^2}=\frac{y^2-x^2}{(x^2+y^2)^2},$$

$$\frac{\partial^2 z}{\partial y^2}=\frac{(x^2+y^2)-y\cdot 2y}{(x^2+y^2)^2}=\frac{x^2-y^2}{(x^2+y^2)^2},$$

因此

$$\frac{\partial^2 z}{\partial x^2}+\frac{\partial^2 z}{\partial y^2}=\frac{y^2-x^2}{(x^2+y^2)^2}+\frac{x^2-y^2}{(x^2+y^2)^2}=0.$$

6.1.3 全微分

1. 全微分的概念

1) 定义

如果二元函数 $z=f(x,y)$ 在点 (x_0,y_0) 的某个邻域有定义，在点 (x_0,y_0) 处的全增量

$$\Delta z=f(x_0+\Delta x,y_0+\Delta y)-f(x_0,y_0)$$

可表示为 $\Delta z=A\Delta x+B\Delta y+o(\rho)$ ，其中 A,B 不依赖于 $\Delta x,\Delta y$ ，而仅与 x_0,y_0 有关，其中 $\rho=\sqrt{(\Delta x)^2+(\Delta y)^2}$ ，则称函数 $z=f(x,y)$ 在点 (x_0,y_0) 处可微，称 $A\Delta x+B\Delta y$ 为函数 $z=f(x,y)$ 在点 (x_0,y_0) 的**全微分**，记为 $\mathrm{d}z\big|_{(x_0,y_0)}$ ，即

$$\mathrm{d}z\big|_{(x_0,y_0)}=A\Delta x+B\Delta y .$$

如果函数在区域 D 内各点处都可微分，那么称这个函数在 D 内可微.

2) 定理(可微的必要条件)

如函数 $z=f(x,y)$ 在点 (x,y) 可微，则函数在该点的偏导数 $\frac{\partial z}{\partial x},\frac{\partial z}{\partial y}$ 必存在，且 $A=\frac{\partial z}{\partial x},B=\frac{\partial z}{\partial y}$ ，从而函数 $z=f(x,y)$ 在点 (x,y) 处的全微分为

$$\mathrm{d}z=\frac{\partial z}{\partial x}\Delta x+\frac{\partial z}{\partial y}\Delta y .$$

3) 定理(可微的充分条件)

如果函数 $z=f(x,y)$ 的偏导数 $\frac{\partial z}{\partial x},\frac{\partial z}{\partial y}$ 在点 $P(x,y)$ 处连续，则函数在该点可微.

以上关于二元函数全微分的定义及可微的必要条件和充分条件，可以完全类似地推广到三元和三元以上的多元函数.

习惯上，将自变量的增量 $\Delta x,\Delta y$ 分别记为 $\mathrm{d}x,\mathrm{d}y$ ，并分别称为自变量 x,y 的微分. 这样，函数 $z=f(x,y)$ 的全微分就可写为

$$\mathrm{d}z=\frac{\partial z}{\partial x}\mathrm{d}x+\frac{\partial z}{\partial y}\mathrm{d}y .$$

如三元函数 $u=f(x,y,z)$ 可微分，那么它的全微分就等于它的三个偏微分之

和，即

$$du=\frac{\partial u}{\partial x}dx+\frac{\partial u}{\partial y}dy+\frac{\partial u}{\partial z}dz.$$

例 13　求 $z=x^2y$ 在点 $(1,-2)$ 处当 $\Delta x=0.02,\Delta y=-0.01$ 时的全增量与全微分.

解　全增量

$$\begin{aligned}\Delta z\big|_{(1,-2)}&=(x_0+\Delta x)^2(y_0+\Delta y)-x_0{}^2y_0\\&=(1+0.02)^2\times(-2-0.01)+2\\&=-0.091\,204.\end{aligned}$$

因为

$$\left.\frac{\partial z}{\partial x}\right|_{\substack{x=1\\y=-2}}=2xy\big|_{\substack{x=1\\y=-2}}=-4,\quad \left.\frac{\partial z}{\partial y}\right|_{\substack{x=1\\y=-2}}=x^2\big|_{\substack{x=1\\y=-2}}=1,$$

所以

$$dz\big|_{(1,-2)}=\left.\frac{\partial z}{\partial x}\right|_{\substack{x=1\\y=-2}}\cdot\Delta x+\left.\frac{\partial z}{\partial y}\right|_{\substack{x=1\\y=-2}}\cdot\Delta y=-4\times0.02+1\times(-0.01)=-0.09.$$

例 14　求 $z=\ln\sqrt{x^2+y^2}$ 的全微分.

解　因为

$$\frac{\partial z}{\partial x}=\frac{x}{x^2+y^2},\quad \frac{\partial z}{\partial y}=\frac{y}{x^2+y^2},$$

所以

$$dz=\frac{\partial z}{\partial x}dx+\frac{\partial z}{\partial y}dy=\frac{xdx+ydy}{x^2+y^2}.$$

2. 全微分在近似计算中的应用

全微分是全增量的近似值，因此可进行近似计算：如果函数 $z=f(x,y)$ 的偏导数 $f'_x(x,y),f'_y(x,y)$ 在点 (x_0,y_0) 处连续，那么当 $|\Delta x|,|\Delta y|$ 都较小时，有

$$\Delta z\approx dz=f'_x(x_0,y_0)\Delta x+f'_y(x_0,y_0)\Delta y$$

或

$$f(x_0+\Delta x, y_0+\Delta y) \approx f(x_0,y_0)+f_x'(x_0,y_0)\Delta x+f_y'(x_0,y_0)\Delta y \quad (|\Delta x|, |\Delta y| \text{很小时}).$$

典型例题 1 解答 设函数 $f(x,y)=x^y$，取 $x_0=1, y_0=2, \Delta x=0.04, \Delta y=0.02$. 因为 $f_x'(x,y)=y\cdot x^{y-1}$, $f_y'(x,y)=x^y\ln x$ 在点(1,2)处连续，且 $f_x'(1,2)=2, f_y'(1,2)=0$, $f(1,2)=1$，所以

$$(1.04)^{2.02}\approx 1+2\times 0.04+0\times 0.02=1.08.$$

典型例题 2 解答 设圆柱体的半径、高和体积依次为 r,h,V，则有

$$V=\pi r^2 h.$$

记 r,h,V 的增量依次为 $\Delta r, \Delta h, \Delta V$，则有

$$\Delta V\approx \mathrm{d}V=\frac{\partial V}{\partial r}\Delta r+\frac{\partial V}{\partial h}\Delta h=2\pi rh\Delta r+\pi r^2\Delta h.$$

将 $r=20, h=100, \Delta r=0.05, \Delta h=-1$ 代入，得

$$\Delta V\approx 2\pi\times 20\times 100\times 0.05+\pi\times 20^2\times(-1)=-200\pi(\text{cm}^3).$$

即此圆柱体在受压后体积约减少了 $200\pi\,\text{cm}^3$.

习题 6.1

1. 求下列各函数的函数值.

(1) $f(x,y)=xy+\dfrac{x}{y}$，求 $f(1,1)$；

(2) $f(x,y)=\dfrac{2xy}{x^2+y^2}$，求 $f\left(1,\dfrac{y}{x}\right)$；

(3) $f(u,v)=u^2+v^2$，求 $f(x+y,xy)$；

(4) $f(x-y,x+y)=xy$，求 $f(x,y)$.

2. 求下列函数的定义域.

(1) $z=\sqrt{xy}+\arcsin\dfrac{y}{2}$；

(2) $z=\dfrac{1}{\sqrt{x+y}}+\dfrac{1}{\sqrt{x-y}}$；

(3) $z=\sqrt{x-\sqrt{y}}$；

(4) $z=\ln(y-x)+\dfrac{\sqrt{x}}{\sqrt{1-x^2-y^2}}$；

(5) $z=\arcsin\dfrac{x^2+y^2}{4}+\arccos(x^2+y^2)$；

(6) $u=\sqrt{R^2-x^2-y^2-z^2}+\dfrac{1}{\sqrt{x^2+y^2+z^2-r^2}}\ (R>r>0)$；

3. 求下列各极限.

(1) $\lim\limits_{\substack{x\to 0\\ y\to 1}}\dfrac{x^2y}{x^2+y^2}$；　(2) $\lim\limits_{\substack{x\to \infty\\ y\to a}}\left(1+\dfrac{1}{xy}\right)^{\frac{x^2}{x+y}}$；

(3) $\lim\limits_{\substack{x\to 0\\ y\to 0}}\dfrac{2-\sqrt{xy+4}}{xy}$；　(4) $\lim\limits_{\substack{x\to 2\\ y\to 0}}\dfrac{\tan(xy)}{y}$.

4. 求下列函数在指定点处的偏导数.

(1) $f(x,y)=x+y-\sqrt{x^2+y^2}$，求 $f'_x(3,4)$；

(2) $f(x,y)=\arctan\dfrac{y}{x}$，求 $f'_x(1,1)$，　$f'_y(1,1)$；

(3) $f(x,y)=\mathrm{e}^{xy}\sin(\pi y)+(x-1)\arctan\sqrt{\dfrac{x}{y}}$，求 $f'_x(x,1)$，　$f'_x(1,1)$.

5. 求下列函数的偏导数.

(1) $z=x^3y-y^3x$；　(2) $s=\dfrac{u^2+v^2}{uv}$；

(3) $z=\arctan\dfrac{x+y}{1-xy}$；　(4) $z=\sin(xy)+\cos^2(xy)$；

(5) $u=\sin(x+y^2+\mathrm{e}^z)$；　(6) $u=\arctan(x-y)^z$.

6. 求下列函数的二阶偏导数.

(1) $z=x^3+3x^2y+y^4+2$；　(2) $z=\sin^2(ax+by)$（a,b 是常数）；

(3) $z=\arctan\dfrac{y}{x}$.

7. 求函数 $z=2x^2+3y^2$ 当 $x=10, y=8, \Delta x=0.2, \Delta y=0.3$ 时的全微分和全增量.

8. 求下列函数的全微分.

(1) $z=\arctan\dfrac{y}{x}$；　(2) $z=\ln(3x-2y)$；

(3) $z=\dfrac{x+y}{x-y}$；　(4) $u=\ln(x^2+y^2+z^2)$.

9. 计算 $(1.97)^{1.05}$ 的近似值 ($\ln 2\approx 0.693$).

10. 当正圆锥体变形时，它的底面半径由 30cm 增大到 30.1cm，高由 60cm 减少到 59.5cm，求正圆锥体体积变化的近似值.

6.2　二元函数的极值与最值的求法

典型例题　造一个容积为 V_0 的长方体无盖水池，问应如何选择水池的尺寸才能使用料最省?

初步分析 本题水池用料即表面积是长和宽的二元函数，需要学习二元函数求导的方法、二元函数取得极值与最值的条件及其求法步骤.

预备知识 二元函数极值与最值求法.

6.2.1 复合函数的求导法则

1. 二元复合函数的求导法则

1)复合函数的中间变量均为一元函数的情形

定理 1 如果函数 $u=\varphi(x), v=\psi(x)$ 均在 x 处可导，函数 $z=f(u,v)$ 在对应点 (u,v) 处具有连续偏导数，则复合函数 $z=f[\varphi(x),\psi(x)]$ 在 x 处可导，且有

$$\frac{\mathrm{d}z}{\mathrm{d}x}=\frac{\partial z}{\partial u}\cdot\frac{\mathrm{d}u}{\mathrm{d}x}+\frac{\partial z}{\partial v}\cdot\frac{\mathrm{d}v}{\mathrm{d}x},$$

$\frac{\mathrm{d}z}{\mathrm{d}x}$ 称为**全导数**.

同理，设 $z=f(u,v,w), u=\varphi(x), v=\psi(x), w=\omega(x)$ 复合而得复合函数 $z=f[\varphi(x),\psi(x),\omega(x)]$ 的导数为

$$\frac{\mathrm{d}z}{\mathrm{d}x}=\frac{\partial z}{\partial u}\cdot\frac{\mathrm{d}u}{\mathrm{d}x}+\frac{\partial z}{\partial v}\cdot\frac{\mathrm{d}v}{\mathrm{d}x}+\frac{\partial z}{\partial w}\cdot\frac{\mathrm{d}w}{\mathrm{d}x}.$$

例 1 设 $z=uv, u=\mathrm{e}^x, v=\cos x$，求 $\frac{\mathrm{d}z}{\mathrm{d}x}$.

解 $$\frac{\mathrm{d}z}{\mathrm{d}x}=\frac{\partial z}{\partial u}\cdot\frac{\mathrm{d}u}{\mathrm{d}x}+\frac{\partial z}{\partial v}\cdot\frac{\mathrm{d}v}{\mathrm{d}x}=v\cdot\mathrm{e}^x+u(-\sin x)$$

$$=\mathrm{e}^x\cos x-\mathrm{e}^x\sin x=\mathrm{e}^x(\cos x-\sin x).$$

例 2 设 $z=uv+\sin t$，其中 $u=\mathrm{e}^t, v=\cos t$，求 $\frac{\mathrm{d}z}{\mathrm{d}t}$.

解 令 $u=\mathrm{e}^t, v=\cos t, t=t$，则有

$$\frac{\mathrm{d}z}{\mathrm{d}t}=\frac{\partial z}{\partial u}\cdot\frac{\mathrm{d}u}{\mathrm{d}t}+\frac{\partial z}{\partial v}\cdot\frac{\mathrm{d}v}{\mathrm{d}t}+\frac{\partial z}{\partial t}\cdot\frac{\mathrm{d}t}{\mathrm{d}t}=v\mathrm{e}^t+u(-\sin t)+\cos t$$

$$=\mathrm{e}^t\cos t-\mathrm{e}^t\sin t+\cos t=(1+\mathrm{e}^t)\cos t-\mathrm{e}^t\sin t.$$

2) 复合函数的中间变量均是二元函数的情形

定理 2　如果函数 $u=\varphi(x,y),v=\psi(x,y)$ 在点 (x,y) 处都具有偏导数 $\frac{\partial u}{\partial x},\frac{\partial u}{\partial y}$, $\frac{\partial v}{\partial x},\frac{\partial v}{\partial y}$，函数 $z=f(u,v)$ 在对应点 (u,v) 处具有连续偏导数 $\frac{\partial z}{\partial u},\frac{\partial z}{\partial v}$，则复合函数 $z=f[\varphi(x,y),\psi(x,y)]$ 在点 (x,y) 处的两个偏导数存在，且有

$$\frac{\partial z}{\partial x}=\frac{\partial z}{\partial u}\cdot\frac{\partial u}{\partial x}+\frac{\partial z}{\partial v}\cdot\frac{\partial v}{\partial x},\quad \frac{\partial z}{\partial y}=\frac{\partial z}{\partial u}\cdot\frac{\partial u}{\partial y}+\frac{\partial z}{\partial v}\cdot\frac{\partial v}{\partial y}.$$

例 3　设 $z=\ln(u^2+v)$,$u=\mathrm{e}^{x+y^2}$,$v=x^2+y$，求 $\frac{\partial z}{\partial x},\frac{\partial z}{\partial y}$.

解

$$\frac{\partial z}{\partial x}=\frac{\partial z}{\partial u}\cdot\frac{\partial u}{\partial x}+\frac{\partial z}{\partial v}\cdot\frac{\partial v}{\partial x}=\frac{2u}{u^2+v}\cdot\mathrm{e}^{x+y^2}+\frac{1}{u^2+v}\cdot 2x$$

$$=\frac{2}{u^2+v}(u\mathrm{e}^{x+y^2}+x)=\frac{2(\mathrm{e}^{2(x+y^2)}+x)}{\mathrm{e}^{2(x+y^2)}+x^2+y},$$

$$\frac{\partial z}{\partial y}=\frac{\partial z}{\partial u}\cdot\frac{\partial u}{\partial y}+\frac{\partial z}{\partial v}\cdot\frac{\partial v}{\partial y}=\frac{2u}{u^2+v}\cdot\mathrm{e}^{x+y^2}\cdot 2y+\frac{1}{u^2+v}\cdot 1$$

$$=\frac{4uy\mathrm{e}^{x+y^2}+1}{u^2+v}=\frac{4y\mathrm{e}^{2(x+y^2)}+1}{\mathrm{e}^{2(x+y^2)}+x^2+y}.$$

例 4　设函数 $z=f(u,y)=y+2u$,$u=x^2-y^2$，证明：$y\frac{\partial z}{\partial x}+x\frac{\partial z}{\partial y}=x$.

解　因为

$$\frac{\partial z}{\partial x}=\frac{\partial z}{\partial u}\cdot\frac{\partial u}{\partial x}=2\times 2x=4x,$$

$$\frac{\partial z}{\partial y}=\frac{\partial z}{\partial u}\cdot\frac{\partial u}{\partial y}+\frac{\partial z}{\partial y}\cdot\frac{\mathrm{d}y}{\mathrm{d}y}=2\times(-2y)+1=1-4y.$$

所以

$$y\frac{\partial z}{\partial x}+x\frac{\partial z}{\partial y}=4xy+x-4xy=x.$$

2. 二元隐函数的求导法

(1) 由方程 $F(x,y)=0$ 所确定的隐函数 $y=f(x)$ 的求导公式

$$\frac{\mathrm{d}y}{\mathrm{d}x}=-\frac{F'_x}{F'_y}.$$

例 5 设方程 $y-\frac{1}{2}\sin y=x$ 确定隐函数 $y=f(x)$，求 $\frac{\mathrm{d}y}{\mathrm{d}x}$.

解 设 $F(x,y)=y-\frac{1}{2}\sin y-x$，由于 $F'_x=-1, F'_y=1-\frac{1}{2}\cos y$，所以，得

$$\frac{\mathrm{d}y}{\mathrm{d}x}=-\frac{F'_x}{F'_y}=-\frac{-1}{1-\frac{1}{2}\cos y}=\frac{2}{2-\cos y}.$$

(2) 由方程 $F(x,y,z)=0$ 所确定的隐函数 $z=f(x,y)$ 的求导公式.

由 $F(x,y,z)=0$ 所确定的隐函数 $z=f(x,y)$ 的偏导数

$$\frac{\partial z}{\partial x}=-\frac{F'_x}{F'_z},\quad \frac{\partial z}{\partial y}=-\frac{F'_y}{F'_z}.$$

例 6 设 $z^3+3xyz=a^3$，求 $\frac{\partial z}{\partial x},\frac{\partial z}{\partial y}$.

解 令 $F(x,y,z)=z^3+3xyz-a^3$，则 $F'_x=3yz$，$F'_y=3xz$，$F'_z=3z^2+3xy$，所以当 $z^2+xy\neq 0$ 时，有

$$\frac{\partial z}{\partial x}=-\frac{F'_x}{F'_z}=-\frac{yz}{z^2+xy},\quad \frac{\partial z}{\partial y}=-\frac{F'_y}{F'_z}=-\frac{xz}{z^2+xy}.$$

6.2.2 二元函数的极值与最值

1. 二元函数的极值

1) 二元函数极值的概念

定义 5 设函数 $z=f(x,y)$ 在点 (x_0,y_0) 的某一邻域内有定义，如果对于该邻域内异于点 (x_0,y_0) 的任何点 (x,y)，恒有

$$f(x,y)<f(x_0,y_0) \quad 或 \quad f(x,y)>f(x_0,y_0)$$

成立，则称函数 $f(x,y)$ 在点 (x_0,y_0) 处取得**极大值**(或**极小值**) $f(x_0,y_0)$，点 (x_0,y_0) 称为 $f(x,y)$ 的**极大值点**(或**极小值点**).

极大值和极小值统称为极值，极大值点和极小值点统称为极值点.

例 7 函数 $z=\sqrt{x^2+y^2}$ 在点 $(0,0)$ 取得极小值 0，如图 6.6 所示；而函数

$z = 2 - \sqrt{x^2 + y^2}$ 在点 (0,0) 取得极大值 2，如图 6.7 所示；函数 $z = x + y$ 在点 (0,0) 处没有极值，因为在点 (0,0) 处函数值等于零，而在点 (0,0) 的任一邻域内，总有正的和负的函数值.

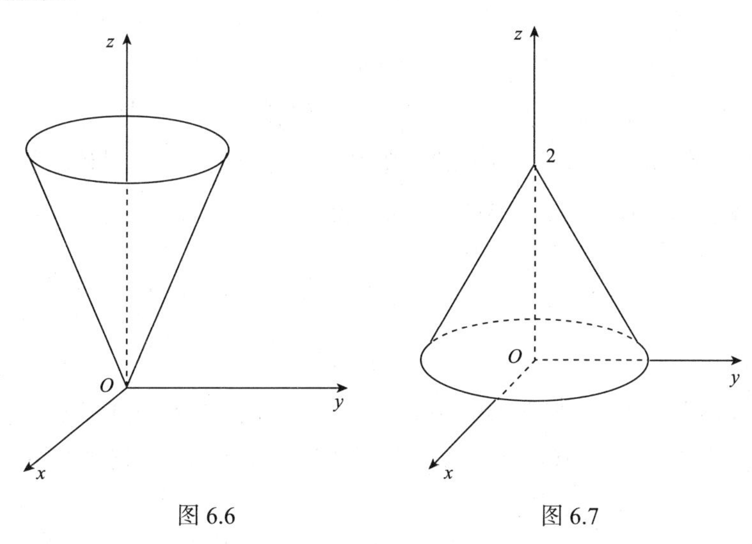

图 6.6　　图 6.7

2) 极值存在的必要条件

定理 3　设函数 $f(x,y)$ 在点 (x_0, y_0) 处一阶偏导数存在，且在该点取得极值，则必有

$$f_x'(x_0,y_0) = 0, \quad f_y'(x_0,y_0) = 0.$$

使 $f_x'(x_0,y_0) = 0$，$f_y'(x_0,y_0) = 0$ 同时成立的点 (x_0, y_0) 称为函数 $f(x,y)$ 的稳定点.

具有偏导数的函数的极值点必为稳定点(或驻点)，但稳定点未必是极值点. 如函数 $z = xy$ 在点 (0,0) 处一阶偏导数都等于零，但函数在点 (0,0) 没有极值，因为在点 (0,0) 处的函数值 $f(0,0) = 0$，而在点 (0,0) 处的任一邻域内，总有是函数值为正或为负的点存在.

3) 极值的判定定理

定理 4 (极值的充分条件)　设函数 $f(x,y)$ 在点 (x_0, y_0) 的某邻域内连续，其二阶偏导数连续，点 (x_0, y_0) 是函数 $f(x,y)$ 的稳定点，令 $A = f_{xx}''(x_0,y_0)$，$B = f_{xy}''(x_0,y_0)$，$C = f_{yy}''(x_0,y_0)$，则

(1) 当 $B^2 - AC < 0$ 时，$f(x_0,y_0)$ 必为极值，且 $A > 0$，则 $f(x_0,y_0)$ 为极小值，$A < 0$，则 $f(x_0,y_0)$ 为极大值；

(2) 当 $B^2-AC>0$ 时，$f(x_0,y_0)$ 一定不是极值；

(3) 当 $B^2-AC=0$ 时，$f(x_0,y_0)$ 可能是极值，也可能不是极值.

要求二元函数的极值，首先要求出该函数的稳定点及偏导数不存在的点，然后再求极值. 一般步骤：

(1) 解方程组 $f'_x(x,y)=0, f'_y(x,y)=0$. 求得一切实数解，即求得一切驻点；

(2) 对于每一个驻点 (x_0,y_0)，求出二阶偏导数的值 A,B 和 C；

(3) 确定 B^2-AC 的符号，由定理 4 的结论判定是极大值还是极小值.

例 8 求 $f(x,y)=x^3+y^3-3x^2-3y^2$ 的极值.

解 由 $\begin{cases} f'_x(x,y)=3x^2-6x=0, \\ f'_y(x,y)=3y^2-6y=0 \end{cases}$ 得 $f(x,y)$ 的稳定点为 $(0,0)$，$(0,2)$，$(2,0)$，$(2,2)$，又因为 $f''_{xx}(x,y)=6x-6$，$f''_{xy}(x,y)=0$，$f''_{yy}(x,y)=6y-6$，所以

在点 $(0,0)$ 处：$B^2-AC=-36<0$，且 $A=-6<0$，故点 $(0,0)$ 为极大值点；

在点 $(0,2)$ 处：$B^2-AC=36>0$，故点 $(0,2)$ 不是极值点；同理 $(2,0)$ 也不是极值点；

在点 $(2,2)$ 处：$B^2-AC=-36<0$，且 $A=6>0$，故点 $(2,2)$ 是极小值点.

例 9 讨论函数 $f(x,y)=(y-x^2)(y-2x^2)$ 的极值.

解 由

$$\begin{cases} f'_x(x,y)=-2x(y-2x^2)-4x(y-x^2)=-2x(3y-4x^2), \\ f'_y(x,y)=(y-2x^2)+(y-x^2)=2y-3x^2=0 \end{cases}$$

得 $f(x,y)$ 的唯一稳定点 $(0,0)$.

在点 $(0,0)$ 处：$B^2-AC=0$，不能用定理来判定，用极值定义进行讨论.

如图 6.8 所示，由于 $x^2<y<2x^2$ 时，$f(x,y)<0$；当 $y>2x^2$ 或 $y<x^2$ 时，$f(x,y)>0$，且 $f(0,0)=0$，由极值的定义知，函数 $f(x,y)$ 不可能在点 $(0,0)$ 处取得极值，又因为该函数没有偏导数不存在的点，所以无任何极值存在.

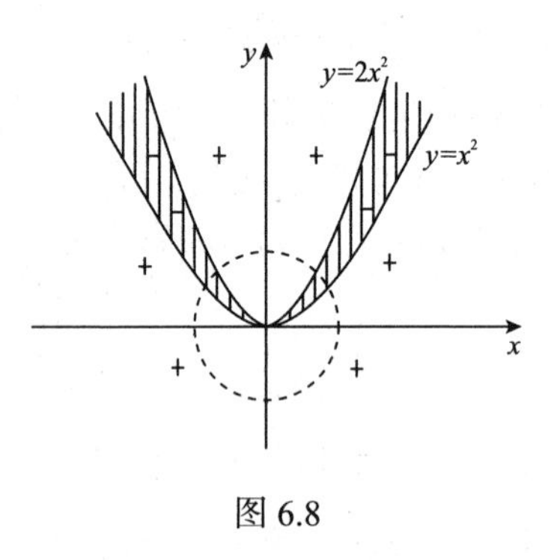

图 6.8

2. 二元函数的最值

1) 二元函数最值的存在性

如果所讨论的是实际问题，那么最值的存在与否由实际意义而定；否则当函

数 $f(x,y)$ 在有界闭区域 D 上连续时，其在 D 上必定能取到最大值和最小值.

二元函数取得最大值和最小值的点可能在 D 的内部，也可能在 D 的边界上，若在内部则可能是稳定点或偏导数不存在的点.

2) 求二元函数的最值的步骤

(1) 先求出 D 内所有的稳定点及偏导数不存在的点；

(2) 再求出边界上函数取得最大值和最小值的点；

(3) 比较上述各点处的函数值，其中最大的即为 $f(x,y)$ 在闭区域 D 上的最大值，最小的即为 $f(x,y)$ 在闭区域 D 上的最小值.

例 10　求函数 $f(x,y)=3x^2+3y^2-x^3$ 在区域 D： $x^2+y^2\leqslant 16$ 上的最小值.

解　因为 D： $x^2+y^2\leqslant 16$ 为有界闭区域，函数 $f(x,y)$ 在闭区域 D 上连续，所以必有最值，由 $\begin{cases} f_x'(x,y)=6x-3x^2=0, \\ f_y'(x,y)=6y=0 \end{cases}$ 得稳定点 $(0,0),(2,0)$.

在 D 的边界 $x^2+y^2\leqslant 16$ 上，函数 $f(x,y)=3x^2+3y^2-x^3=3(x^2+y^2)-x^3\leqslant 48-x^3$. 由于 $\dfrac{\mathrm{d}(48-x^3)}{\mathrm{d}x}=-3x^2\leqslant 0$，所以 $48-x^3$ 是 $[-4,4]$ 上的减函数，当 $x=4$ 时，该函数值最小. 故 $f(x,y)$ 在边界 $x^2+y^2=16$ 上的最小值为 $(48-x^3)\big|_{x=4}=-16$. 比较 $f(0,0)=0$，$f(2,0)=4$，$f(4,0)=-16$ 知函数 $f(x,y)$ 在闭区域 D 上的最小值为 -16，且在 D 的边界上的点 $(4,0)$ 处取到.

在解决实际问题时，如果根据问题的性质已能判断偏导数存在的函数是在区域 D 的内部取得最值，而此时函数在区域 D 的内部又只有一个稳定点 (x_0,y_0)，那么该稳定点处的函数值 $f(x_0,y_0)$ 即为所求的最值.

3. 条件极值与拉格朗日乘数法

上述求二元函数 $f(x,y)$ 极值的方法中，两个自变量 x 与 y 是相互独立的，但在许多实际问题中，x 与 y 不是相互独立的，而是满足一定的条件 $\varphi(x,y)=0$，称这类极值问题为**条件极值**，$\varphi(x,y)=0$ 称为**条件方程**或**约束方程**，$f(x,y)$ 称为**目标函数**，条件极值的解法有两种.

(1) 从条件方程中解出一个变量，代入目标函数中，使之成为无条件极值问题. 如典型例题.

由于从条件方程中求解一个变量有时并不容易，如要从 $xy+\mathrm{e}^{x+y}=1$ 中求出 $y=y(x)$ 或 $x=x(y)$ 都是不可能的，所以有如下的求条件极值的另一种方法.

(2)拉格朗日乘数法：

①作拉格朗日函数 $L(x,y,\lambda)=f(x,y)+\lambda\varphi(x,y)$，其中变量 λ 称为拉格朗日乘数.

②求 $L(x,y,\lambda)=f(x,y)+\lambda\varphi(x,y)$ 的稳定点 (x_0,y_0,λ_0)，即求解方程组

$$\begin{cases}L'_x=f'_x(x,y)+\lambda\varphi'_x(x,y)=0,\\ L'_y=f'_y(x,y)+\lambda\varphi'_y(x,y)=0,\\ L'_\lambda=\varphi(x,y)=0.\end{cases}$$

③点 (x_0,y_0) 就是函数 $z=f(x,y)$ 在约束条件 $\varphi(x,y)=0$ 下的可能极值点. 是否为极值点视具体情况而定.

由于函数 $f(x,y)$ 极值点只可能是点 (x_0,y_0)，所以在求 $L(x,y,\lambda)$ 的稳定点 (x_0,y_0,λ_0)时，有时也可不必求出 λ_0.

典型例题解答　方法 1　设水池长为 x，宽为 y，则高为 $\frac{V_0}{xy}$. 由题意得水池表面积为

$$S(x,y)=xy+2\left(y\cdot\frac{V_0}{xy}+x\cdot\frac{V_0}{xy}\right),x>0,y>0.$$

由 $\begin{cases}S'_x=y-\dfrac{2V_0}{x^2}=0,\\ S'_y=x-\dfrac{2V_0}{y^2}=0\end{cases}$ 得 $S(x,y)$ 的稳定点为 $(\sqrt[3]{2V_0},\sqrt[3]{2V_0})$.

由实际意义知，可微函数 $S(x,y)$ 在开区域 $D=\{(x,y)\,|\,x>0,y>0\}$ 内必有最小值，且为稳定点，而稳定点又唯一，所以此点必是函数的最小值点，故当水池长、宽均为 $\sqrt[3]{2V_0}$，高为 $\frac{1}{2}\sqrt[3]{2V_0}$ 时，表面积最小，从而用料最省.

方法 2　用拉格朗日乘数法求解.

设水池长为 x，宽为 y，高为 z，则约束方程为 $xyz=V_0$，目标函数为

$$S=xy+2(yz+zx),$$

故拉格朗日函数为

$$L(x,y,z,\lambda)=xy+2(yz+xz)+\lambda(xyz-V_0).$$

由

$$\begin{cases} L'_x = y + 2z + \lambda yz = 0, \\ L'_y = y + 2z + \lambda xz = 0, \\ L'_z = 2y + 2x + \lambda xy = 0, \\ L'_\lambda = xyz - V_0 = 0, \end{cases}$$

解得 $x_0 = y_0 = 2z_0 = \sqrt[3]{2V_0}$．即 S 的可能极值点为 $(\sqrt[3]{2V_0},\sqrt[3]{2V_0},\frac{1}{2}\sqrt[3]{2V_0})$，这是唯一可能的极值点，由实际意义知. 条件最小值一定存在，所以，S 必在点 $(\sqrt[3]{2V_0},\sqrt[3]{2V_0},$ $\frac{1}{2}\sqrt[3]{2V_0})$ 处取得最小值.

习题 6.2

1. 设 $z = x^2 y$，而 $x = \cos t, y = \sin t$，求 $\frac{\mathrm{d}z}{\mathrm{d}t}$.

2. 设 $z = \ln(\mathrm{e}^u + v)$，而 $u = xy, v = x^2 - y^2$，求 $\frac{\partial z}{\partial x},\frac{\partial z}{\partial y}$.

3. 设 $\mathrm{e}^{xy} - xy^2 = \sin y$，求 $\frac{\mathrm{d}y}{\mathrm{d}x}$.

4. 设 $\mathrm{e}^{xy} - \arctan z + xyz = 0$，求 $\frac{\partial z}{\partial x},\frac{\partial z}{\partial y}$.

5. 求下列函数的极值.

(1) $f(x,y) = x^2 + xy + y^2 + x - y + 1$；

(2) $f(x,y) = (6x - x^2)(4y - y^2)$；

(3) $f(x,y) = \mathrm{e}^{2x}(x + y^2 + 2y)$

(4) $f(x,y) = x^3 + y^3 - 3(x^2 + y^2)$.

6. 求下列函数的条件极值.

(1) $z = xy$, 条件方程为 $x + y = 1$；

(2) $z = x^2 + y^2$, 条件方程为 $\frac{x}{a} + \frac{y}{b} = 1$.

7. 在 xOy 面上求一点，使它到直线 $x = 0$，直线 $y = 0$ 和直线 $x + 2y - 16 = 0$ 的距离的平方和最小.

8. 求抛物线 $y^2 = 4x$ 上的点，使它与直线 $x - y + 4 = 0$ 相距最近.

9. 某工厂准备生产两种型号的机器，其产量分别为 x 台和 y 台，总成本函数 $C(x,y) = 6x^2 + 3y^2$（单位：万元）. 根据市场预测，共需这两种机器 18 台，问这两种机器各生产多少台时，才能使总成本最小？

6.3 曲顶柱体体积的计算

典型例题 求由三个坐标平面与平面 $x+2y+z=1$ 围成的立体体积.

初步分析 本题求不规则立体体积，即曲顶柱体体积，需要学习二重积分的概念、性质、计算及应用.

预备知识 二重积分的概念、性质、计算及应用.

6.3.1 二重积分的概念

1. 实例分析

设函数 $z=f(x,y)$ 在有界闭区域 D 上连续，且 $z=f(x,y)\geqslant 0$. 以函数 $z=f(x,y)$ 所表示的曲面为顶，以区域 D 为底，且以 D 的边界曲线为准线而母线平行于 z 轴的柱面为侧面的立体称为**曲顶柱体**(图 6.9). 现在我们讨论如何计算它的体积 V .

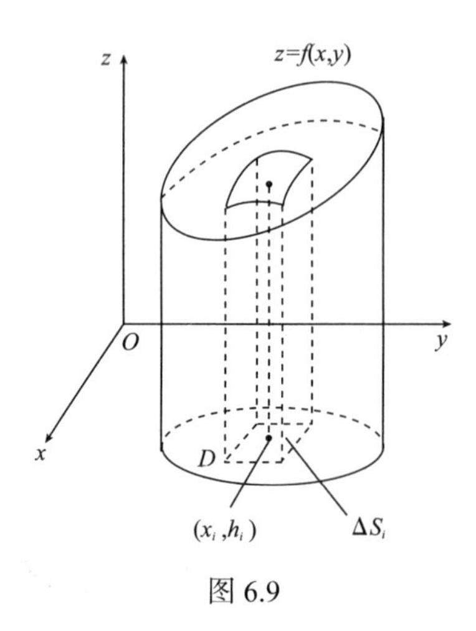

图 6.9

由于柱体的高 $f(x,y)$ 是变动的，且在区域 D 上连续的，所以在小范围内它的变动不大，可以近似地看成不变，依此，就可用类似于求曲边梯形面积的方法，即采取分割、取近似、求和、取极限的方法(以后简称四步求积法)来求曲顶柱体的体积 V .

为此，我们用一组曲线网把区域 D 分割成 n 个小区域 $\Delta\sigma_1,\Delta\sigma_2,\cdots,\Delta\sigma_n$ ，$\Delta\sigma_i(i=1,2,\cdots,n)$ 同时又表示它们的面积. 以每个小区域 $\Delta\sigma_i$ 为底作 n 个母线平行于 z 轴的小柱体，又在小区域 $\Delta\sigma_i$ 上任取一点 $(\xi_i,\eta_i)(i=1,2,\cdots,n)$ ，以 $f(\xi_i,\eta_i)$ 为高，$\Delta\sigma_i$ 为底的小平顶柱体体积 $f(\xi_i,\eta_i)\Delta\sigma_i$ 作为小柱体体积的近似值，于是 n 个平顶柱

体体积的和

$$\sum_{i=1}^{n} f(\xi_i,\eta_i)\Delta\sigma_i$$

就是所求曲顶柱体体积的一个近似值，令 n 个小区域 $\Delta\sigma_i$ 的直径中最大值(记为 λ)趋向零，取上述和式的极限便得所求曲顶柱体的体积，即

$$V=\lim_{\lambda\to 0}\sum_{i=1}^{n} f(\xi_i,\eta_i)\Delta\sigma_i .$$

2. 二重积分的定义

设 $f(x,y)$ 定义在有界闭区域 D 上，任给一组曲线网将 D 分成 n 个小闭区域 $D_1,D_2,\cdots,D_n$，对应面积分别为 $\Delta\sigma_1,\Delta\sigma_2,\cdots,\Delta\sigma_n$，直径分别为 $\lambda_1,\lambda_2,\cdots,\lambda_n$；在每个 D_i 上任取点 (ξ_i,η_i)，作和式 $\sum\limits_{i=1}^{n} f(\xi_i,\eta_i)\Delta\sigma_i$，令 $\lambda=\max\limits_{1\leqslant i\leqslant n}\{\lambda_i\}$，若 $\lim\limits_{\lambda\to 0}\sum\limits_{i=1}^{n} f(\xi_i,\eta_i)\Delta\sigma_i$ 存在，则称 $f(x,y)$ 在 D 上**二重可积**，简称可积，并称此极限值为 $f(x,y)$ 在 D 上的**二重积分**，记为 $\iint\limits_D f(x,y)\mathrm{d}\sigma$，即

$$\iint\limits_D f(x,y)\mathrm{d}\sigma=\lim_{\lambda\to 0}\sum_{i=1}^{n} f(\xi_i,\eta_i)\Delta\sigma_i ,$$

其中，$f(x,y)$ 称为**被积函数**，闭区域 D 称为**积分区域**，x 与 y 称为**积分变量**，$\mathrm{d}\sigma$ 称为**面积微元**，$\iint$ 称为**二重积分号**.

3. 二重积分的物理意义及几何意义

当 $f(x,y)\geqslant 0$ 时，$\iint\limits_D f(x,y)\mathrm{d}\sigma$ 的物理意义为面密度为 $f(x,y)$ 的平面薄板的质量；几何意义是表示 $z=f(x,y)$ 为曲顶、D 为底、母线平行于 z 轴的曲顶柱体体积. 当 $f(x,y)\equiv 1$ 时，$\iint\limits_D \mathrm{d}\sigma$ 在数值上表示 D 的面积.

4. 可积条件

(1) 若 $f(x,y)$ 在有界闭区域 D 上可积，则 $f(x,y)$ 在 D 上必有界.

(2) 有界闭区域 D 上的连续函数必可积.

(3) 有界闭区域 D 上只有有限条间断线的有界函数必可积.

6.3.2 二重积分的性质

(1) (线性性) 设 $f(x,y), g(x,y)$ 在 D 上可积，$(x,y)\in D, k$ 为常数，则

$$\iint\limits_D kf(x,y)\mathrm{d}\sigma = k\iint\limits_D f(x,y)\mathrm{d}\sigma,$$

$$\iint\limits_D [f(x,y)\pm g(x,y)]\mathrm{d}\sigma = \iint\limits_D f(x,y)\mathrm{d}\sigma \pm \iint\limits_D g(x,y)\mathrm{d}\sigma.$$

(2) (区域可加性) 设 $f(x,y)$ 在 D 上可积，$D=D_1\cup D_2$，且 D_1 与 D_2 仅有公共边界，则

$$\iint\limits_D f(x,y)\mathrm{d}\sigma = \iint\limits_{D_1} f(x,y)\mathrm{d}\sigma + \iint\limits_{D_2} f(x,y)\mathrm{d}\sigma.$$

(3) (不等式性) 设 $f(x,y), g(x,y)$ 在 D 上可积，且 $f(x,y)\leqslant g(x,y), (x,y)\in D$，则

$$\iint\limits_D f(x,y)\mathrm{d}\sigma \leqslant \iint\limits_D g(x,y)\mathrm{d}\sigma.$$

特别地，当 $m\leqslant f(x,y)\leqslant M, (x,y)\in D$ 时，有 $m\sigma\leqslant \iint\limits_D f(x,y)\mathrm{d}\sigma \leqslant M\sigma$ (其中 σ 为 D 的面积). 此不等式称为二重积分的估计不等式.

(4) (绝对可积性) 设 $f(x,y)$ 在 D 上可积，则 $|f(x,y)|$ 在 D 上也可积，且有

$$\left|\iint\limits_D f(x,y)\mathrm{d}\sigma\right| \leqslant \iint\limits_D |f(x,y)|\mathrm{d}\sigma.$$

(5) (积分中值定理) 设 $f(x,y)$ 在有界闭区域 D 上连续，则至少存在一点 $(\xi,\eta)\in D$，使得

$$\iint\limits_D f(x,y)\mathrm{d}\sigma = f(\xi,\eta)\sigma \ (\text{其中 } \sigma \text{ 为 } D \text{ 的面积}).$$

例 1 试比较积分 $\iint\limits_D (x+y)^2\mathrm{d}\sigma$ 与 $\iint\limits_D (x+y)^3\mathrm{d}\sigma$ 的大小. D 是由 $x+y=1, x=1, y=1$ 围成的部分，如图 6.10 所示.

解 因为 D 内任意一点 (x,y) 都满足 $x+y\geqslant 1$，所以 $(x+y)^3\geqslant (x+y)^2$，所以

$$\iint\limits_D (x+y)^3\mathrm{d}\sigma \geqslant \iint\limits_D (x+y)^2\mathrm{d}\sigma.$$

例 2　估计二重积分 $\iint\limits_D \frac{1}{100+\cos^2 x+\sin^2 y}\mathrm{d}x\mathrm{d}y$ 的值，其中 D 由 $x+y=\pm 10$，$x-y=\pm 10$ 围成，如图 6.11 所示.

解　因为在 D 上任意点 (x,y) 处，有 $100\leqslant 100+\cos^2 x+\sin^2 y\leqslant 102$，所以

$$\frac{1}{102}\leqslant \frac{1}{100+\cos^2 x+\sin^2 y}\leqslant \frac{1}{100},$$

而 D 是边长为 $10\sqrt{2}$ 的正方形，其面积为 $\sigma=(\sqrt{2}\times 10)^2=200$，所以

$$\frac{200}{102}\leqslant \iint\limits_D \frac{1}{100+\cos^2 x+\sin^2 y}\mathrm{d}\sigma\leqslant 2.$$

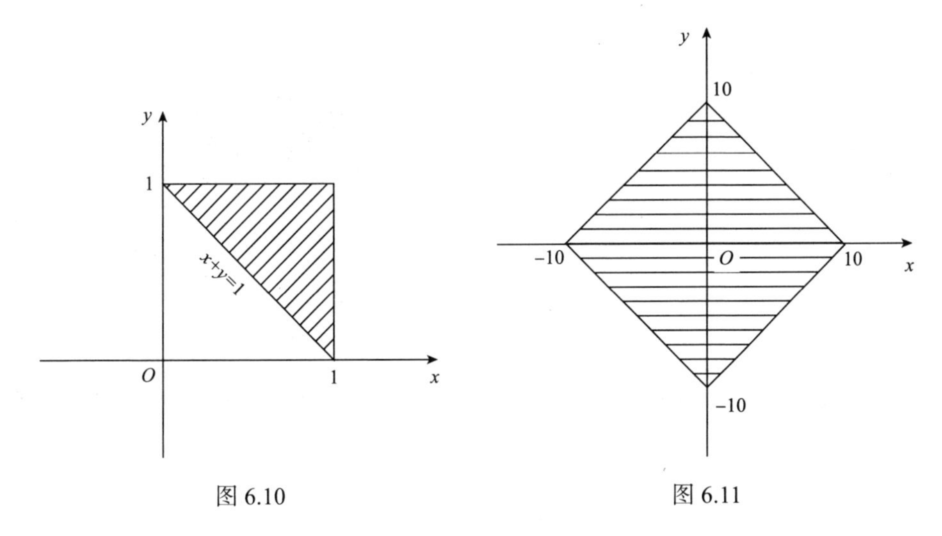

图 6.10　　　图 6.11

6.3.3　二重积分的计算

1. 直角坐标下二重积分的计算

1) 矩形区域上的二重积分

最简单的积分区域是矩形区域，对于矩形区域上的二重积分按如下方法计算.

设函数 $f(x,y)$ 在矩形区域 $D: a\leqslant x\leqslant b, c\leqslant y\leqslant d$ 上连续，则

$$\iint\limits_D f(x,y)\mathrm{d}x\mathrm{d}y=\int_a^b \mathrm{d}x\int_c^d f(x,y)\mathrm{d}y=\int_c^d \mathrm{d}y\int_a^b f(x,y)\mathrm{d}x.$$

例 3　计算 $\iint\limits_D x^2 y\mathrm{d}x\mathrm{d}y$，其中 $D: 0\leqslant x\leqslant 1, 1\leqslant y\leqslant 2$.

解 如图 6.12 所示，有

$$\iint_D x^2 y\mathrm{d}x\mathrm{d}y = \int_0^1 \mathrm{d}x\int_1^2 x^2 y\mathrm{d}y = \int_0^1 \frac{x^2 y^2}{2}\bigg|_1^2 \mathrm{d}x = \int_0^1 \frac{3}{2}x^2\mathrm{d}x = \frac{1}{2}.$$

2) X 型区域上的二重积分

X 型区域 $D:\varphi_1(x)\leqslant y\leqslant\varphi_2(x), a\leqslant x\leqslant b$，如图 6.13 所示.

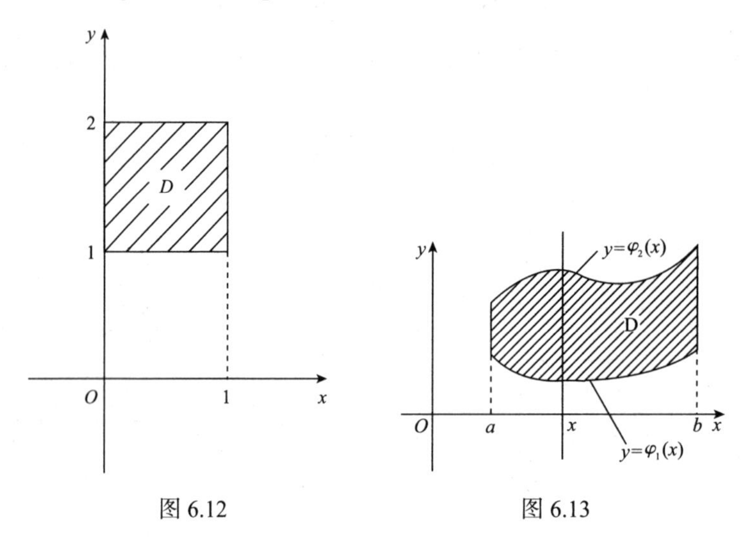

图 6.12　　　　图 6.13

其特点是：穿过 D 内部且平行于 y 轴的直线与 D 的边界相交不多于两点，则

$$\iint_D f(x,y)\mathrm{d}x\mathrm{d}y = \int_a^b \mathrm{d}x\int_{\varphi_1(x)}^{\varphi_2(x)} f(x,y)\mathrm{d}y.$$

例 4 计算 $\iint_D \mathrm{e}^{x+y}\mathrm{d}\sigma$，其中 $D:|x|+|y|\leqslant 1$.

解 积分区域 D 如图 6.14 所示，$D=D_1+D_2$.

$$D_1:\begin{cases}-1\leqslant x\leqslant 0,\\ -x-1\leqslant y\leqslant x+1,\end{cases}\qquad D_2:\begin{cases}0\leqslant x\leqslant 1,\\ x-1\leqslant y\leqslant 1-x,\end{cases}$$

所以

$$\iint_D \mathrm{e}^{x+y}\mathrm{d}\sigma = \int_{-1}^0 \mathrm{d}x\int_{-x-1}^{1+x} \mathrm{e}^{x+y}\mathrm{d}y + \int_0^1 \mathrm{d}x\int_{x-1}^{1-x} \mathrm{e}^{x+y}\mathrm{d}y = \mathrm{e}-\mathrm{e}^{-1}.$$

3) Y 型区域上的二重积分

Y 型区域 $D:\psi_1(y)\leqslant x\leqslant\psi_2(y), c\leqslant y\leqslant d$，如图 6.15 所示，其特点是：穿过 D

内部且平行于 x 轴的直线与 D 的边界相交不多于两点.

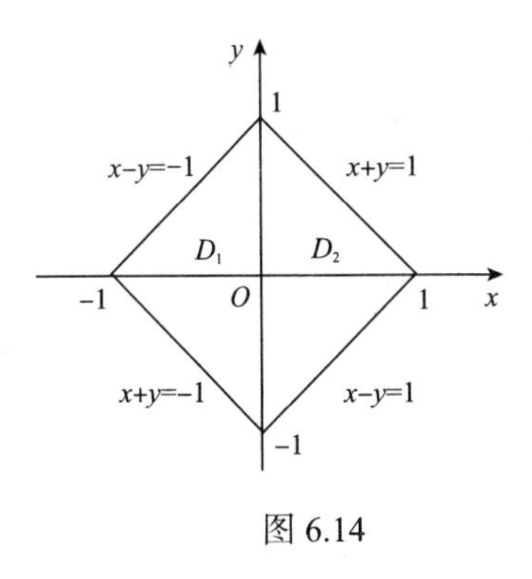

图 6.14

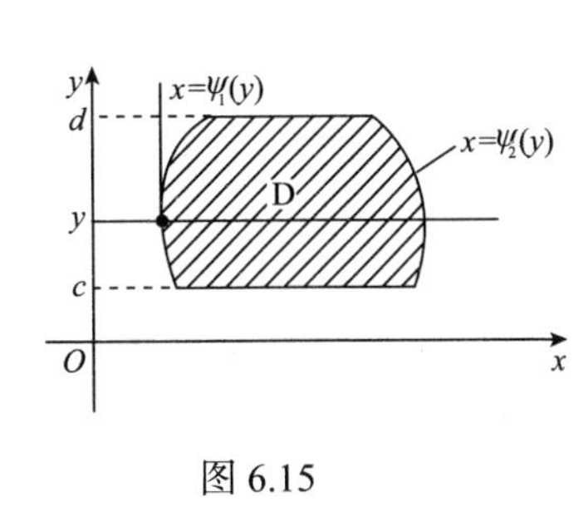

图 6.15

则

$$\iint_D f(x,y)\mathrm{d}x\mathrm{d}y=\int_c^d \mathrm{d}y\int_{\psi_1(y)}^{\psi_2(y)} f(x,y)\mathrm{d}x .$$

例 5　计算 $\iint_D (2x-y)\mathrm{d}x\mathrm{d}y$，其中 D 由直线 $y=x, y=2x, x=2$ 围成.

解　**方法 1**　D 如图 6.16 所示，D 为 X 型区域：$x\leqslant y\leqslant 2x$，$0\leqslant x\leqslant 2$，所以

$$\iint_D (2x-y)\mathrm{d}x\mathrm{d}y=\int_0^2 \mathrm{d}x\int_x^{2x}(2x-y)\mathrm{d}y$$

$$=\int_0^2\left(2xy-\frac{y^2}{2}\right)\Bigg|_x^{2x}\mathrm{d}x$$

$$=\int_0^2\left(4x^2-2x^2-2x^2+\frac{x^2}{2}\right)\mathrm{d}x$$

$$=\frac{x^3}{6}\Bigg|_0^2=\frac{4}{3}$$

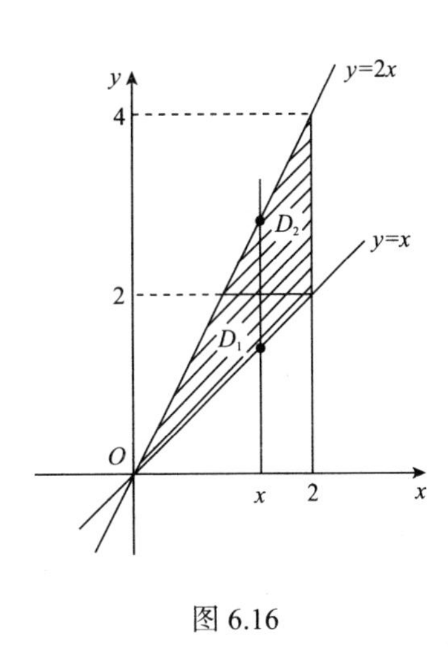

图 6.16

方法 2　将 D 分为两部分 D_1, D_2，则

$D_1:\dfrac{y}{2}\leqslant x\leqslant y, 0\leqslant y\leqslant 2$，$D_2:\dfrac{y}{2}\leqslant x\leqslant 2, 2\leqslant y\leqslant 4$ 都是 Y 型区域，有

$$\iint_D (2x-y)\mathrm{d}x\mathrm{d}y=\iint_{D_1}(2x-y)\mathrm{d}x\mathrm{d}y+\iint_{D_2}(2x-y)\mathrm{d}x\mathrm{d}y$$

$$=\int_0^2 dy\int_{\frac{y}{2}}^{y}(2x-y)dx+\int_2^4 dy\int_{\frac{y}{2}}^{2}(2x-y)dx$$

$$=\int_0^2 (x^2-xy)\Big|_{\frac{y}{2}}^{y}dy+\int_2^4 (x^2-xy)\Big|_{\frac{y}{2}}^{2}dy$$

$$=\frac{y^3}{12}\Big|_0^2+\left(4y-y^2+\frac{y^3}{12}\right)\Big|_2^4=\frac{4}{3}.$$

显然方法 1 比方法 2 简单，因此选择恰当的区域类型，即选择合适的积分顺序，是使积分计算简便的关键.

例 6 求 $\iint\limits_D x^2 e^{-y^2}dxdy$ 的值，其中 D 由直线 $x=0, y=1, y=x$ 围成.

解 D 如图 6.17 所示，故 D 既是 X 型区域也是 Y 型区域.

若 D 是 X 型区域，则有 D： $x\leqslant y\leqslant 1, 0\leqslant x\leqslant 1$，于是

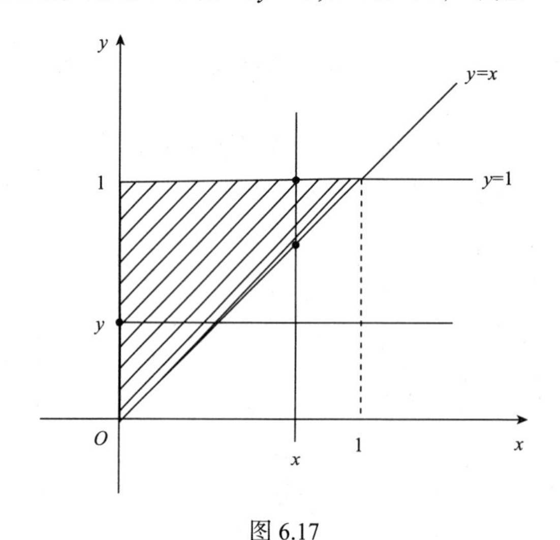

图 6.17

$$\iint\limits_D x^2 e^{-y^2}dxdy=\int_0^1 dx\int_x^1 x^2 e^{-y^2}dy .$$

由于 e^{-y^2} 关于 y 的积分积不出来，所以该二重积分不能用先对 y 后对 x 的二次积分来计算.

若 D 是 Y 型区域，则有 $D:0\leqslant x\leqslant y, 0\leqslant y\leqslant 1$，于是

$$\iint\limits_D x^2 e^{-y^2}dxdy=\int_0^1 dy\int_0^y x^2 e^{-y^2}dx=\int_0^1\left(\frac{x^3}{3}e^{-y^2}\right)\Big|_0^y dy$$

$$=\frac{1}{3}\int_0^1 y^3 \mathrm{e}^{-y^2}\mathrm{d}y=\frac{1}{6}\int_0^1 y^2\mathrm{e}^{-y^2}\mathrm{d}y^2$$

$$=\frac{1}{6}\left[-y^2\mathrm{e}^{-y^2}\Big|_0^1+\int_0^1 \mathrm{e}^{-y^2}\mathrm{d}(y^2)\right]$$

$$=\frac{1}{6}\left(-\frac{1}{\mathrm{e}}-\mathrm{e}^{-y^2}\Big|_0^1\right)=\frac{1}{6}\left(1-\frac{2}{\mathrm{e}}\right).$$

此例表明，选择不同的积分次序，不仅会影响到二重积分的计算速度与难易程度，而且还关系到积分能否算出的问题.

4) 一般有界闭区域上二重积分的计算

设 D 为 xOy 平面上的一般有界闭区域，当 D 既不是 X 型区域又不是 Y 型区域时，可作有限条平行于坐标轴的辅助线，将 D 分割成有限个小闭区域，使每个小闭区域都是 X 型区域或 Y 型区域，如图 6.18 所示，于是 D 上 $f(x,y)$ 的二重积分就可以利用公式及二重积分的积分区域可加性进行计算.

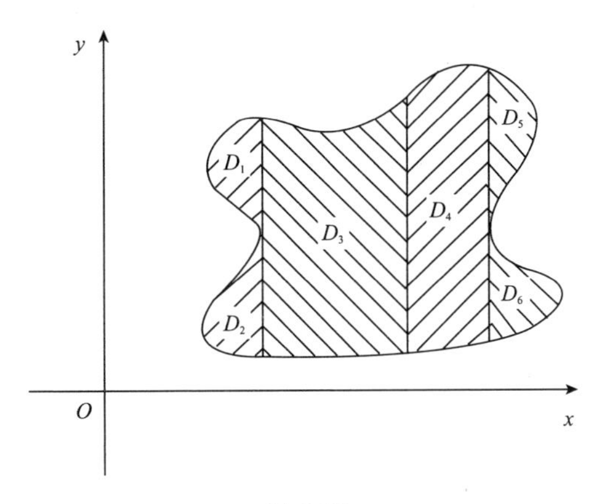

图 6.18

例 7　交换二次积分 $\int_0^1 \mathrm{d}x\int_0^x f(x,y)\mathrm{d}y+\int_1^2 \mathrm{d}x\int_0^{2-x} f(x,y)\mathrm{d}y$ 的积分次序.

解　这个积分可以看成区域 $D=D_1+D_2$ 上的二重积分，其中 D_1 由直线 $y=0$，$y=x, x=1$ 所围成，D_2 由直线 $y=0, y=2-x, x=1$ 所围成，如图 6.19 所示. 现将它化成先对 x、后对 y 的二次积分，此时 $D: 0\leqslant y\leqslant 1, y\leqslant x\leqslant 2-y$，于是

$$\int_0^1 \mathrm{d}x\int_0^x f(x,y)\mathrm{d}y+\int_1^2 \mathrm{d}x\int_0^{2-x} f(x,y)\mathrm{d}y=\int_0^1 \mathrm{d}y\int_y^{2-y} f(x,y)\mathrm{d}x.$$

例 8 交换积分次序计算二重积分 $\int_0^1 dx\int_x^1 e^{-y^2}dy$.

解 这个积分可以看成区域 $D:0\leqslant x\leqslant 1,x\leqslant y\leqslant 1$ (图 6.20) 上的二重积分，现将它化成先对 x、后对 y 的二次积分，此时 $D:0\leqslant y\leqslant 1,0\leqslant x\leqslant y$，于是

$$\int_0^1 dx\int_x^1 e^{-y^2}dy=\int_0^1 dy\int_0^y e^{-y^2}dx=-\frac{1}{2}e^{-y^2}\Big|_0^1=\frac{1}{2}\left(1-\frac{1}{e}\right).$$

由此可见，若不交换积分次序，就无法算得二次积分的结果.

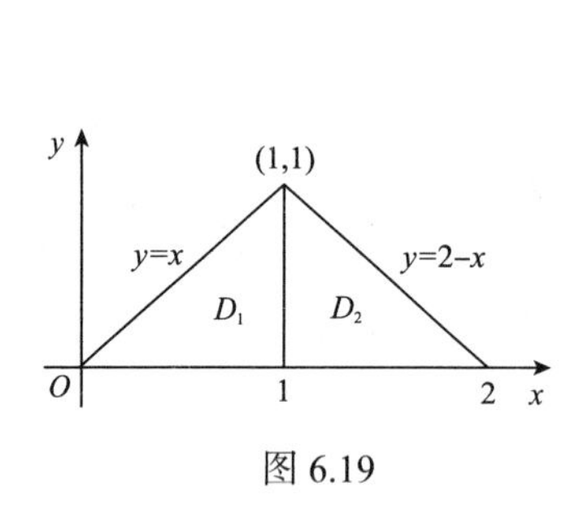

图 6.19

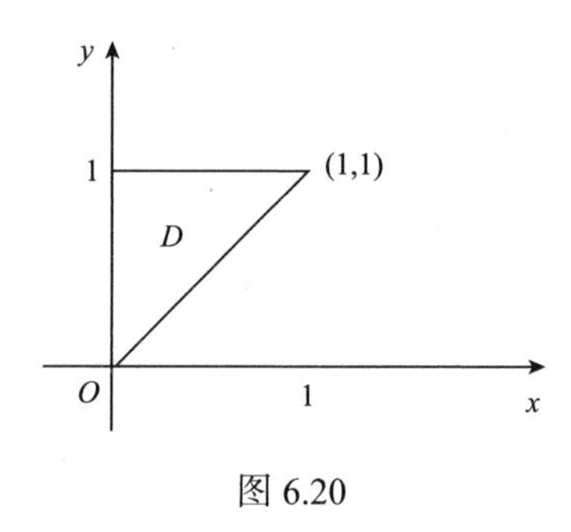

图 6.20

2. 极坐标系下二重积分的计算

在具体计算二重积分时，根据被积函数的特点和积分区域的形状，选择适当的坐标，会使计算变得简单，二重积分也可用极坐标来计算.

对直角坐标系下的二重积分 $\iint\limits_D f(x,y)d\sigma$ 可用下面的方法将它变换成极坐标系下的二重积分：

(1)通过变换 $x=r\cos\theta,y=r\sin\theta$ 将被积函数 $f(x,y)$ 化为 r,θ 的函数，即

$$f(x,y)=f(r\cos\theta,r\sin\theta)=F(r,\theta).$$

(2)将区域 D 的边界曲线用极坐标方程 $r=r(\theta)$ 来表示.

(3)将面积元素 $d\sigma$ 表示成极坐标下的面积元素 $rdrd\theta$. 于是就得到二重积分的极坐标表示式

$$\iint\limits_D f(x,y)d\sigma=\iint\limits_{D'} f(r\cos\theta,r\sin\theta)rdrd\theta.$$

例 9 计算 $\iint\limits_D e^{x^2+y^2}d\sigma$，其中 D 是圆域 $x^2+y^2\leqslant 9$.

解　引进极坐标变换$\begin{cases}x=r\cos\theta,\\ y=r\sin\theta,\end{cases}$则积分区域$D\to D'$：$0\leqslant r\leqslant 3,0\leqslant\theta\leqslant 2\pi$；被积函数$e^{x^2+y^2}\to e^{r^2}$；面积微元$d\sigma\to r dr d\theta$，于是

$$\iint_D e^{x^2+y^2}d\sigma=\iint_{D'}e^{r^2}r dr d\theta=\int_0^{2\pi}d\theta\int_0^3 re^{r^2}dr=\frac{1}{2}\int_0^{2\pi}e^{r^2}\Big|_0^3 d\theta=\pi(e^9-1).$$

例 10　计算$\iint_D\sqrt{x^2+y^2}d\sigma$，其中$D$是第一象限由圆$x^2+y^2=a^2,x^2+y^2=b^2$ $(a<b)$及x轴,y轴围成的区域.

解　D为如图6.21所示的阴影部分,引进极坐标变换$\begin{cases}x=r\cos\theta,\\ y=r\sin\theta,\end{cases}$则边界$x^2+y^2=a^2\to r=a,x^2+y^2=b^2\to r=b$，故有积分区域$D\to D':a\leqslant r\leqslant b,\ 0\leqslant\theta\leqslant\frac{\pi}{2}$，则有

$$\iint_D\sqrt{x^2+y^2}d\sigma=\iint_{D'}r^2 dr d\theta=\int_0^{\frac{\pi}{2}}d\theta\int_a^b r^2dr=\frac{\pi(b^3-a^3)}{6}.$$

例 11　计算$\iint_D\sqrt{4-x^2-y^2}d\sigma$，其中$D$由曲线$x^2+y^2=2x$围成.

解　D为如图6.22所示的阴影部分，引进极坐标变换$\begin{cases}x=r\cos\theta,\\ y=r\sin\theta,\end{cases}$则边界曲线为$x^2+y^2=2x\to r=2\cos\theta$，故积分区域$D':0\leqslant r\leqslant 2\cos\theta,-\frac{\pi}{2}\leqslant\theta\leqslant\frac{\pi}{2}$，于是

$$\iint_D\sqrt{4-x^2-y^2}d\sigma=\iint_{D'}\sqrt{4-r^2}r dr d\theta=\int_{-\frac{\pi}{2}}^{\frac{\pi}{2}}d\theta\int_0^{2\cos\theta}\sqrt{4-r^2}r dr$$

$$=\int_{-\frac{\pi}{2}}^{\frac{\pi}{2}}\left[-\frac{1}{2}\times\frac{2}{3}(4-r^2)\right]^{\frac{3}{2}}\Bigg|_0^{2\cos\theta}d\theta=\frac{1}{3}\int_{-\frac{\pi}{2}}^{\frac{\pi}{2}}(8-8|\sin\theta|^3)d\theta$$

$$=\frac{16}{3}\int_0^{\frac{\pi}{2}}(1-\sin^3\theta)d\theta=\frac{16}{3}\left[\theta\Big|_0^{\frac{\pi}{2}}+\int_0^{\frac{\pi}{2}}(1-\cos^2\theta)d\cos\theta\right]$$

$$=\frac{16}{3}\left(\frac{\pi}{2}-1+\frac{1}{3}\right)=\frac{8}{3}\left(\pi-\frac{4}{3}\right).$$

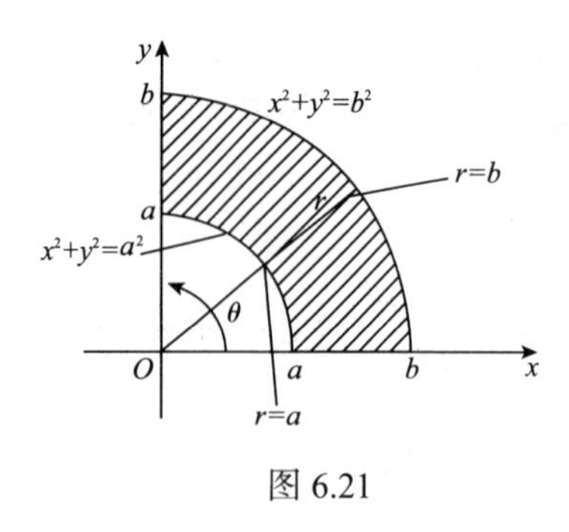

图 6.21

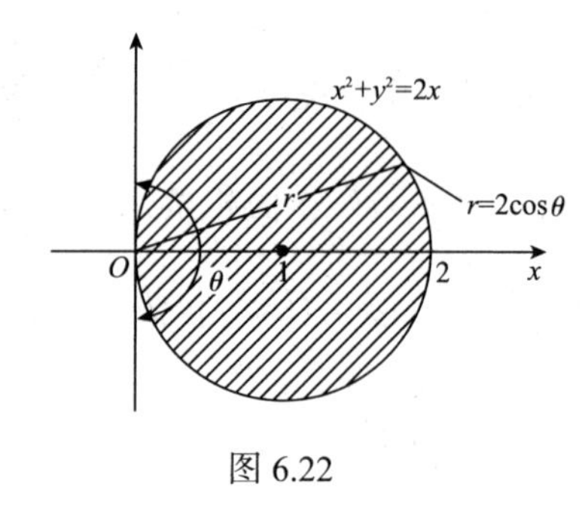

图 6.22

6.3.4　二重积分在几何上的应用

1. 平面图形面积

$$S=\iint_D \mathrm{d}\sigma .$$

2. 空间立体体积

(1) $z=f(x,y)(z\geqslant 0)$ 为曲顶，xOy 平面上的有界闭区域 D 为底，母线平行于 z 轴的曲顶柱体体积为

$$V=\iint_D f(x,y)\mathrm{d}\sigma .$$

(2)若立体有上、下两曲面，上曲面 $z=f_2(x,y)$，下曲面 $z=f_1(x,y)$，则该立体体积为

$$V=\iint_D [f_2(x,y)-f_1(x,y)]\mathrm{d}\sigma .$$

例 12　计算半径为 R 的圆的面积.

解　设所求面积为 S 的圆域为 $D:x^2+y^2\leqslant R$，则 $S=\iint\limits_D \mathrm{d}\sigma$，引进极坐标变换 $\begin{cases}x=r\cos\theta,\\ y=r\sin\theta,\end{cases}$ 则 $D\to D':0\leqslant r\leqslant R,0\leqslant\theta\leqslant 2\pi$，于是

$$S=\iint_{D'} r\mathrm{d}r\mathrm{d}\theta=\int_0^{2\pi}\mathrm{d}\theta\int_0^R r\mathrm{d}r=\pi R^2 .$$

典型例题解答　如图 6.23 所示，顶面为 $z=1-x-2y$，其在 xOy 面上投影为 X

型区域 $D: 0 \leqslant y \leqslant \dfrac{1-x}{2}, 0 \leqslant x \leqslant 1$，故所求体积为

$$V=\iint_D (1-x-2y)\mathrm{d}\sigma=\int_0^1 \mathrm{d}x\int_0^{\frac{1-x}{2}}(1-x-2y)\mathrm{d}y=\int_0^1 (y-xy-y^2)\Big|_0^{\frac{1-x}{2}}\mathrm{d}x$$

$$=\int_0^1\left(\frac{1}{4}-\frac{x}{2}+\frac{x^2}{4}\right)\mathrm{d}x=\frac{1}{12}.$$

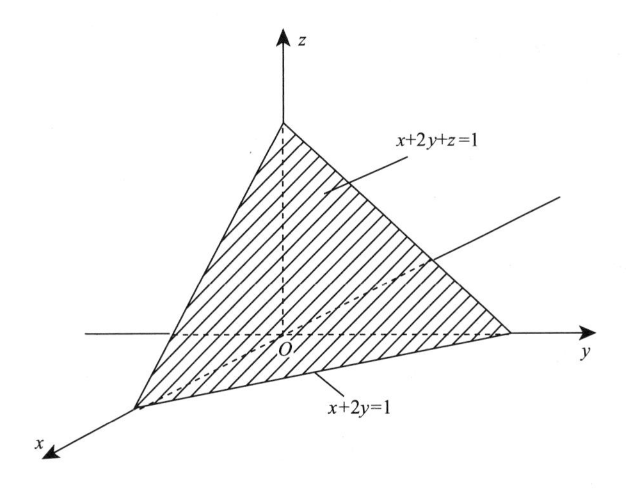

图 6.23

习题 6.3

1. 母线平行于 z 轴的曲顶柱体，顶面为 $z=x^2+y^2$，底为圆的区域 $D: x^2+y^2 \leqslant 4$，试用二重积分表示出该柱体的体积.

2. 利用二重积分的性质，不经计算直接给出二重积分的值.

(1) $\iint_D \mathrm{d}\sigma$，$D: |x| \leqslant 1, |y| \leqslant 1$；

(2) $\iint_D \mathrm{d}\sigma, x^2+y^2 \leqslant 4$.

3. 比较下列积分的大小.

(1) $\iint_D (x+y)^2\mathrm{d}\sigma$ 与 $\iint_D (x+y)^3\mathrm{d}\sigma$，其中积分区域 D 由圆周 $(x-2)^2+(y-1)^2=2$ 所围成；

(2) $\iint_D \ln(x+y)\mathrm{d}\sigma$ 与 $\iint_D \ln^2(x+y)\mathrm{d}\sigma$，其中积分区域 D 是三角形闭区域，三顶点分别为 $(1,0),(1,1),(2,0)$.

4. 估计下列积分的值.

(1) $I=\iint\limits_{D} xy(x+y)\mathrm{d}\sigma$，其中 $D=\{(x,y)|0\leqslant x\leqslant 1,0\leqslant y\leqslant 1\}$；

(2) $I=\iint\limits_{D} \sin^2 x\sin^2 y\mathrm{d}\sigma$，其中 $D=\{(x,y)|0\leqslant x\leqslant \pi,0\leqslant y\leqslant \pi\}$.

5. 计算下列二重积分.

(1) $\iint\limits_{D} x^2y^2\mathrm{d}\sigma$，其中 $D=\{(x,y)||x|\leqslant 1,|y|\leqslant 1\}$；

(2) $\iint\limits_{D} (x^3+3x^2y+y^3)\mathrm{d}\sigma$，其中 $D=\{(x,y)|0\leqslant x\leqslant 1,0\leqslant y\leqslant 1\}$；

(3) $\iint\limits_{D} x\sqrt{y}\mathrm{d}\sigma$，其中 D 是由两条抛物线 $y=\sqrt{x},y=x^2$ 所围成的闭区域.

6. 利用极坐标计算下列二重积分.

(1) $\iint\limits_{D} \mathrm{e}^{x^2+y^2}\mathrm{d}x\mathrm{d}y$，其中 $D=\{(x,y)\,|\,x^2+y^2\leqslant 1,x\geqslant 0,y\geqslant 0\}$；

(2) $\iint\limits_{D} \dfrac{\sin\sqrt{x^2+y^2}}{\sqrt{x^2+y^2}}\mathrm{d}\sigma$，其中 $D:\dfrac{\pi^2}{4}\leqslant x^2+y^2\leqslant \pi^2$.

7. 计算由四个平面 $x=0,y=0,x=1,y=1$ 所围成的柱体被平面 $z=0$ 及 $2x+3y+z=6$ 截得的立体的体积，如图 6.24 所示.

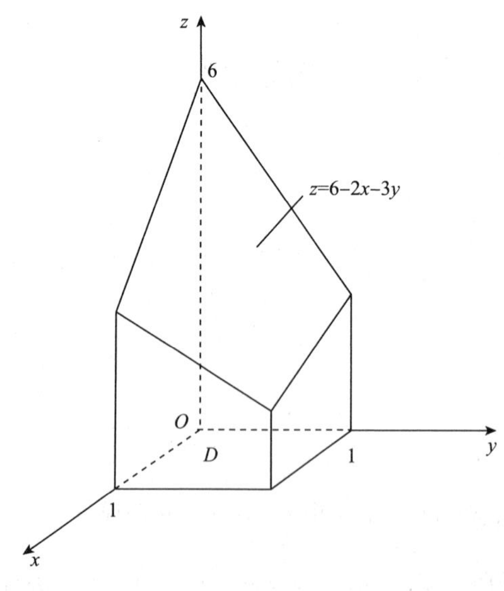

图 6.24

8. 求球面 $x^2+y^2+z^2=25$ 被平面 $z=3$ 所截上半部分曲面的面积.

6.4　平面薄板的质量和重心计算

典型例题　xOy 右半平面内有一钢板 D，其边界曲线由 $x^2+4y^2=12$ 及 $x=4y^2$ 组成，D 内点 (x,y) 处面密度与横坐标 x 成正比，比例系数为 2，求钢板质量和重心.

初步分析　求平面薄板的质量和中心，是二重积分的应用，有计算公式.

预备知识　平面薄板的质量和重心计算公式.

1. 平面薄板质量

平面薄板 D 的质量：$m=\iint\limits_D \rho(x,y)\mathrm{d}\sigma$，其中 $\rho(x,y)$ 为面密度，$\rho \geqslant 0$.

2. 平面薄板重心

平面薄板 D 的面密度 $\rho(x,y)$，则重心坐标为

$$\bar{x}=\frac{M_y}{M}=\frac{\iint\limits_D x\rho(x,y)\mathrm{d}\sigma}{\iint\limits_D \rho(x,y)\mathrm{d}\sigma},\quad \bar{y}=\frac{M_x}{M}=\frac{\iint\limits_D y\rho(x,y)\mathrm{d}\sigma}{\iint\limits_D \rho(x,y)\mathrm{d}\sigma}.$$

例 1　求区域 $D: x^2+y^2\leqslant 2, x\leqslant y^2$ 的重心.

解　由对称性可得 $\bar{y}=0$，

$$\bar{x}=\frac{\iint\limits_D x\mathrm{d}\sigma}{\iint\limits_D \mathrm{d}\sigma}=\frac{\int_{-\sqrt{2}}^{0}\mathrm{d}x\int_{-\sqrt{2-x^2}}^{\sqrt{2-x^2}}x\mathrm{d}y+2\int_0^1\mathrm{d}x\int_{\sqrt{x}}^{\sqrt{2-x^2}}x\mathrm{d}y}{\int_{-\sqrt{2}}^{0}\mathrm{d}x\int_{-\sqrt{2-x^2}}^{\sqrt{2-x^2}}\mathrm{d}y+2\int_0^1\mathrm{d}x\int_{\sqrt{x}}^{\sqrt{2-x^2}}\mathrm{d}y}=-\frac{44}{45\pi-10},$$

重心坐标为 $\left(-\dfrac{44}{45\pi-10},0\right)$.

例 2　xOy 右半平面内有一钢板 D，其边界曲线由 $x^2+4y^2=12$ 及 $x=4y^2$ 组成，D 内点 (x,y) 处面密度与横坐标 x 成正比，比例系数为 $k(k>0)$，求钢板质量.

解　如图 6.25 中阴影部分所示. 由 $\begin{cases}x^2+4y^2=12,\\ x=4y^2\end{cases}$ 解得交点为 $A\left(3,-\dfrac{\sqrt{3}}{2}\right)$，$B\left(3,\dfrac{\sqrt{3}}{2}\right)$，视 D 为 Y 型区域：$4y^2\leqslant x\leqslant\sqrt{12-4y^2}, -\dfrac{\sqrt{3}}{2}\leqslant y\leqslant\dfrac{\sqrt{3}}{2}$，则

$$m=\iint_D kx\mathrm{d}\sigma=k\int_{-\frac{\sqrt{3}}{2}}^{\frac{\sqrt{3}}{2}}\mathrm{d}y\int_{4y^2}^{\sqrt{12-4y^2}}x\mathrm{d}x=\frac{k}{2}\int_{-\frac{\sqrt{3}}{2}}^{\frac{\sqrt{3}}{2}}(12-4y^2-16y^4)\mathrm{d}y=\frac{23k}{5}\sqrt{3}.$$

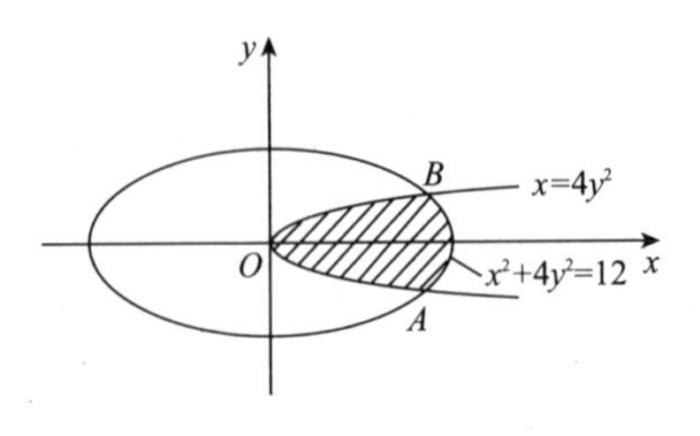

图 6.25

典型例题解答 如图 6.25 中阴影部分所示. 由$\begin{cases}x^2+4y^2=12,\\ x=4y^2\end{cases}$解得交点为 $A\left(3,-\dfrac{\sqrt{3}}{2}\right),B\left(3,\dfrac{\sqrt{3}}{2}\right)$, 视 D 为 Y 型区域：$4y^2\leqslant x\leqslant\sqrt{12-4y^2},-\dfrac{\sqrt{3}}{2}\leqslant y\leqslant\dfrac{\sqrt{3}}{2}$，则

$$m=\iint_D 2x\mathrm{d}\sigma=2\int_{-\frac{\sqrt{3}}{2}}^{\frac{\sqrt{3}}{2}}\mathrm{d}y\int_{4y^2}^{\sqrt{12-4y^2}}x\mathrm{d}x=\int_{-\frac{\sqrt{3}}{2}}^{\frac{\sqrt{3}}{2}}(12-4y^2-16y^4)\mathrm{d}y=\frac{46}{5}\sqrt{3}.$$

$$\bar{x}=\frac{\iint_D x\mathrm{d}\sigma}{\iint_D \mathrm{d}\sigma}=\frac{\frac{23}{5}\sqrt{3}}{\int_{-\frac{\sqrt{3}}{2}}^{\frac{\sqrt{3}}{2}}\mathrm{d}y\int_{4y^2}^{\sqrt{12-4y^2}}\mathrm{d}x}=\pi+\frac{1}{2}\sqrt{3},$$

由对称性可得 $\bar{y}=0$，重心坐标为 $\left(\pi+\dfrac{1}{2}\sqrt{3},0\right)$.

习题 6.4

1. 计算下列二重积分.

(1) $\iint_D(3x+2y)\mathrm{d}\sigma$，其中 D 是由两坐标轴及直线 $x+y=2$ 所围成的闭区域.

(2) $\iint_D x\cos(x+y)\mathrm{d}\sigma$，其中 D 是顶点分别为 $(0,0),(\pi,0),(\pi,\pi)$ 的三角形闭区域.

(3) $\iint_D\left(\dfrac{x}{y}\right)^2\mathrm{d}x\mathrm{d}y$，其中 D 是由直线 $x=2,y=x,xy=1$ 所围成的闭区域.

2. 利用极坐标计算下列二重积分.

(1) $\iint\limits_D \sqrt{1-x^2-y^2}$，其中 D 是圆心在原点的单位圆的上半部分；

(2) $\iint\limits_D \ln(1+2x^2+2y^2)\mathrm{d}\sigma$，其中 $D: y=x, y=-x, x^2+y^2=1$ 围成在 x 轴上方的扇形.

3. 设平面薄板 D 由曲线 $y=x^2$ 与 $x=y^2$ 围成，其上质量分布均匀，求其重心.

4. 设圆盘的圆心在原点上，半径为 R，而面密度 $\rho=x^2+y^2$，求该圆盘的质量.

复习题 6

1. 判断题

(1) 设 $f(u,v)=u^2+v^2$，则 $f(\sqrt{xy}, x+y)=xy+(x+y)^2$.　(　　)

(2) $z=\dfrac{1}{\sqrt{x-y}}+\dfrac{1}{y}$ 的定义域：$\{(x,y)|y\neq 0, y\leqslant x\}$.　(　　)

(3) 设 $f'_x(x_0,y_0)=2$，则 $\lim\limits_{\Delta x\to 0}\dfrac{f(x_0-\Delta x,y_0)-f(x_0,y_0)}{\Delta x}=2$.　(　　)

(4) 设 $z=x^y$，则 $\dfrac{\partial z}{\partial y}=x^y\ln x$.　(　　)

(5) 设 $D:\{(x,y)|x^2+y^2\leqslant 2\}$ 所围成的闭区域，则 $\iint\limits_D \mathrm{d}x\mathrm{d}y=4\pi$.　(　　)

(6) $\iint\limits_D (x+y)^2\mathrm{d}\sigma\leqslant\iint\limits_D (x+y)^3\mathrm{d}\sigma$，其中 D：由 x 轴，y 轴与直线 $x+y=1$ 所围成的闭区域.

(　　)

(7) 交换积分次序 $\int_0^1\mathrm{d}x\int_x^1 f(x,y)\mathrm{d}y=\int_0^1\mathrm{d}y\int_0^y f(x,y)\mathrm{d}x$.　(　　)

(8) 矩形铁板 D：$0\leqslant x\leqslant a, 0\leqslant y\leqslant b$，其面密度为 $\rho=3x^2$，用二重积分表示 D 的质量为：$\int_0^b\mathrm{d}y\int_0^a 3x^2\mathrm{d}x$.　(　　)

(9) 设 $x^2+y^2+z^2=1$，则 $\dfrac{\partial z}{\partial x}=\dfrac{x}{z}$.　(　　)

(10) $z=xy, x=1, y=2, \Delta x=0.1, \Delta y=0.2$，则 $\mathrm{d}z=0.4$.　(　　)

2. 填空题

(1) 设 $f(x+y,x-y)=x^2+y^2$，则 $f(x,y)=$____________.

(2) 函数 $f(x,y)=\dfrac{\sqrt{4x-y^2}}{\ln(1-x^2-y^2)}$ 的定义域为____________.

(3) $\lim\limits_{(x,y)\to(0,1)}\dfrac{\arctan(x^2+y^2)}{1+\mathrm{e}^{xy}}=$____________.

(4) 若 $f(x,y)=\sqrt{xy+\dfrac{x}{y}}$，则 $f'_x(2,1)=$__________，$f'_y(2,1)=$__________.

(5) 设 $z=(1+x)^{xy}$，则 $\dfrac{\partial z}{\partial y}=$__________.

(6) 设 $z=\mathrm{e}^{y(x^2+y^2)}$，则 $\mathrm{d}z=$__________.

(7) 已知 $x\ln y+y\ln z+z\ln x=1$，则 $\dfrac{\partial z}{\partial x}\cdot\dfrac{\partial x}{\partial y}\cdot\dfrac{\partial y}{\partial z}=$__________.

(8) 交换积分 $\int_0^1\mathrm{d}x\int_0^{1-x}f(x,y)\mathrm{d}y$ 的次序为__________.

(9) 设 D 是由直线 $x+y=1,x-y=1$ 及 $x=0$ 所围成的闭区域，则 $\iint\limits_D\mathrm{d}x\mathrm{d}y=$__________.

(10) 设 D 是由圆环 $2\leqslant x^2+y^2\leqslant 4$ 所确定的闭区域，则 $\iint\limits_D\mathrm{d}x\mathrm{d}y=$__________.

3. 选择题

(1) 函数 $z=\ln(xy)$ 的定义域为(　　).

A. $x\geqslant 0\geqslant y\geqslant 0$　　B. $x\geqslant 0,y\geqslant 0$ 或 $x\leqslant 0,y\leqslant 0$

C. $x<0,y<0$　　D. $x>0,y>0$ 或 $x<0,y<0$

(2) 设 $f(x,y)=\begin{cases}\dfrac{xy^2}{x^2+y^4}, & x^2+y^4\neq 0,\\ 0 & x^2+y^4=0,\end{cases}$ 则 $\lim\limits_{(x,y)\to(0,0)}f(x,y)$ (　　).

A. 存在　　B. 不存在　　C. 不确定　　D. 无法判别

(3) 设 $z=f(x,y)$ 在点 (x_0,y_0) 处的偏导数存在，则 $\lim\limits_{h\to 0}\dfrac{f(x_0+2h,y_0)-f(x_0-h,y_0)}{h}=$ (　　).

A. 0　　B. $f_x'(x_0,y_0)$　　C. $2f_x'(x_0,y_0)$　　D. $3f_x'(x_0,y_0)$

(4) 若 $D=\{(x,y)\,|\,(x-2)^2+(y-1)^2\leqslant 1\}$，$I_k=\iint\limits_D(x+y)^k\mathrm{d}\sigma(k=1,2,3)$，比较 I_1,I_2,I_3 的大小(　　).

A. $I_1<I_2<I_3$　　B. $I_2<I_1<I_3$　　C. $I_2<I_3<I_1$　　D. $I_3<I_2<I_1$

(5) 若 $f'_x(x_0,y_0)=0,f'_y(x_0,y_0)=0$，则 $f(x,y)$ 在点 (x_0,y_0) 处(　　).

A. 有极值　　B. 无极值　　C. 不一定有极值　　D. 有极大值

(6) 下列各点中，是二元函数 $f(x,y)=x^3-y^3-3y-9x$ 的极值点的是(　　).

A. $(-3,-1)$　　B. $(3,1)$　　C. $(-1,1)$　　D. $(-1,-1)$

(7) 如果 $\iint\limits_D\mathrm{d}x\mathrm{d}y=1$，其中区域 D 是由(　　)所围成的闭区域.

A. $y=x+1,x=0,x=1$ 及 x 轴　　B. $|x|=1,|y|=1$

C. $2x+y=2$ 及 x 轴，y 轴　　D. $|x+y|=1,|x-y|=1$

(8) 设 D 是由 $|x|=2,|y|=1$ 所围成的闭区域，则 $\iint\limits_D xy^2\mathrm{d}x\mathrm{d}y=$（　　）.

A. $\dfrac{4}{3}$　　B. $\dfrac{8}{3}$　　C. $\dfrac{16}{3}$　　D. 0

(9) 设 D 是由 $0\leqslant x\leqslant 1,0\leqslant y\leqslant \pi$ 所围成的闭区域，则 $\iint\limits_D y\cos(xy)\mathrm{d}x\mathrm{d}y=$（　　）.

A. 2　　B. 2π　　C. $\pi+1$　　D. 0

(10) $\iint\limits_{x^2+y^2\leqslant a^2}(x^2+y^2)\mathrm{d}x\mathrm{d}y=8\pi$，则 $a=$（　　）.

A. $\sqrt{2}$　　B. $2\sqrt{2}$　　C. 1　　D. 2

4. 求下列函数的偏导数.

(1) $z=x\mathrm{e}^{-xy}$；　(2) $z=(x+2y)^x$；　(3) $z=\arctan\sqrt{x^y}$；　(4) $\mathrm{e}^z=xyz$.

5. 证明题.

(1) 设 $z=x^2f\left(\dfrac{y}{x}\right)$，其中 f 为可微函数，证明：$x\dfrac{\partial z}{\partial x}+y\dfrac{\partial z}{\partial y}=2z$.

(2) 设 $u=y+f(v)$，其中 $f(v)$ 可微，且 $v=x^2+y^2$，证明：$x\dfrac{\partial u}{\partial y}-y\dfrac{\partial u}{\partial x}=x$.

(3) 设 $f(x)$ 连续，a,m 为常数，求证：

$$\int_0^a\mathrm{d}y\int_0^y\mathrm{e}^{m(a-x)}f(x)\mathrm{d}x=\int_0^a(a-x)\mathrm{e}^{m(a-x)}f(x)\mathrm{d}x.$$

6. 求下列各函数的全微分.

(1) $z=y^{\sin x}$；　(2) $u(x,y,z)=x^yy^zz^x$.

7. 求由方程 $\cos^2x+\cos^2y+\cos^2z=1$ 确定的函数 $z=f(x,y)$ 的全微分 $\mathrm{d}z$.

8. 求下列各函数的极值.

(1) $f(x,y)=4(x-y)-x^2-y^2$；　(2) $f(x,y)=\mathrm{e}^{2x}(x+y^2+2y)$.

9. 求函数 $f(x,y)=x+2y$ 在条件 $x^2+y^2=5$ 下的极值.

10. 计算下列二重积分.

(1) $\iint\limits_D xy\mathrm{d}x\mathrm{d}y$，其中 D 是由 $x=\sqrt{y},x=3-2y,y=0$ 所围成的闭区域.

(2) $\iint\limits_D\dfrac{x+y}{x^2+y^2}\mathrm{d}x\mathrm{d}y$，其中 D 是由 $x^2+y^2\leqslant 1,x+y\geqslant 1$ 所围成的闭区域.

11. 在斜边长为 c 的一切直角三角形中，求有最大周长的直角三角形.

12. 设一矩形的周长为2，现让它绕其一边旋转，求所得圆柱体积为最大时矩形的面积及圆柱体积.

习 题 答 案

第 1 章

习题 1.1

1. (1)不同，对应关系不同；(2)不同，定义域不同；(3)不同，定义域不同；(4)相同.

2. (1) $\left[-\frac{4}{3},+\infty\right)$；　(2) $[-1,1]$；　(3) $(-\infty,1)\cup(1,2)\cup(2,+\infty)$；

　(4) $(1,5]$；　(5) $(-1,0)\cup(0,+\infty)$；　(6) $\left[0,\frac{1}{2}\right]$.

3. $f(1)=\frac{1}{3}$；$f(2)=\frac{8}{3}$.

4. $f(x)=x^2+x+3$.

5. (1)偶函数；(2)偶函数；(3)偶函数；(4)奇函数.

6. 略.

7. (1) $y=\sqrt{x^2-1}$；　(2) $y=\sqrt{1+\sin x}$.

8. 略.

9. $y=\begin{cases}4, & 0<x\leqslant 10,\\ 4+0.3(x-10), & 10<x\leqslant 200.\end{cases}$

10. $s=2\pi r^2+\frac{2V}{r},\ r\in(0,+\infty)$.

11. $y=\begin{cases}0.15x, & 0<x\leqslant 50,\\ 0.25x-5, & x>50.\end{cases}$

12. $y=\frac{8000a}{x}+8ax+1000a.$

13. (1) $y=\left(120-\frac{x-10}{0.5}\times 10\right)(x-8)$；(2) $y=320$ 元.

14. $f(x)=\begin{cases}25000, & x\leqslant 25000,\\ 25000+(x-25000)60\%, & 25000<x<100000,\\ x-2000, & x\geqslant 100000.\end{cases}$

15. $y=\begin{cases}500+10x\%, & s\leqslant 20000,\\ 500+20x\%, & s>20000.\end{cases}$

函数在 $s=20000$ 点的左、右极限分别为 2500 和 4500，图形有幅度 2000 的向上跳跃. 这意味着如果某人的销售额接近但未达到 20000 元，他将更努力地工作以期获得额外的奖金. 如果销售额远远未达到 20000 元或者已经超过了 20000 元，这种额外的刺激就不复存在了.

习题 1.2

1. 6.

2. $Q=20000P-20000$.

3. $y=-3.75x+10500$.

习题 1.3

1. $C=7+2\times4+4^2=31$.

2. (1) 商品的保本点为 1 或 7；(2) 单价至少应定为 12.7 万元.

3. $L(x)=px-C(x)=(50-x)x-(50+x+0.2x^2)=-1.2x^2+49x-50$.

习题 1.4

1. (1) $\lim\limits_{n\to\infty}x_n=0$；(2) $\lim\limits_{n\to\infty}x_n=0$；(3) $\lim\limits_{n\to\infty}x_n=2$；

(4) $\lim\limits_{n\to\infty}x_n=1$；(5) $\lim\limits_{n\to\infty}x_n=1$；(6) $\lim\limits_{n\to\infty}x_n=-5$；

(7) $\lim\limits_{n\to\infty}x_n$ 不存在；(8) $\lim\limits_{n\to\infty}x_n$ 不存在.

2. (1) $-\dfrac{1}{2}$；(2) 2.

3. (1) 3；(2) $\dfrac{2}{3}$；(3) 1；(4) -3；(5) 3；(6) 6；(7) -2；(8) -1；(9) 1；(10) $-\dfrac{1}{2}$.

4. (1) $\dfrac{9}{2}$；(2) $\dfrac{3}{4}$；(3) $\dfrac{1}{1+x}$.

5. (1) $\dfrac{4}{9}$；(2) $\dfrac{68}{165}$；(3) 1.

6. 2.

习题 1.5

1. (1) 0；(2) 0；(3) 0；(4) 0；(5) 0；(6) 2.

2. (1) 0；(2) 1；(3) 0；(4) 1；(5) -6；(6) 2；(7) 1；(8) -1.

3. $\lim\limits_{x\to0}f(x)=0$.

4. $f(0-0)=1$； $f(0+0)=1$； $\lim\limits_{x\to0}f(x)=1$.

5. $\lim\limits_{x\to0}f(x)$ 不存在； $\lim\limits_{x\to1}f(x)=2$.

6. $\lim\limits_{x\to1}f(x)$ 不存在.

7. $a=2$.

8. (1) 2； (2) $\frac{5}{4}$； (3) 4； (4) 0； (5) $-\frac{4}{3}$； (6) $\frac{5}{3}$； (7) $\frac{1}{2}$； (8) 0.

9. (1) $\frac{1}{2}$； (2) 3； (3) 0； (4) 0.

10. (1) −4； (2) 4； (3) $\frac{2}{3}$； (4) 0； (5) $\frac{1}{2}$； (6) $3x^2$； (7) $\frac{1}{6}$； (8) $\frac{3}{2}$.

11. (1) 0； (2) $\frac{4}{3}$； (3) 5； (4) $\frac{3}{2}$； (5) 1； (6) 0.

12. (1) $e^{\frac{1}{2}}$； (2) e^{-1}； (3) $e^{\frac{1}{3}}$； (4) e^{-1}； (5) e^2； (6) e^{-6}； (7) e^2； (8) e^4； (9) e.

13.

		11.2	47719.88
	7.1%	9.8	
7500		8.3	

14. 9.6%.

15. 51.8.

16. 19081.5.

复习题 1

1. (1) ×； (2) ×； (3) √； (4) ×； (5) √； (6) ×； (7) ×； (8) ×； (9) √； (10) ×.

2. (1) $\left(\frac{3}{4},1\right]$； (2) $\pi+1$； (3) −3； (4) 2； (5) 2 个； (6) 略； (7) 1； (8) e^{-1}； (9) 1； (10) 1.

3. (1) B； (2) C； (3) B； (4) D； (5) D； (6) B； (7) C； (8) C； (9) A； (10) B.

4. (1) 4； (2) $\frac{3}{10}$； (3) $\frac{1}{20}$； (4) 0； (5) 1； (6) 0； (7) $\frac{3}{2}$； (8) 1； (9) $\frac{1}{2}$； (10) 0； (11) e^{-1}； (12) e^{-k}.

5. 不连续；连续区间 $(-\infty,0)\cup(0,+\infty)$.

6. $a=k=\mathrm{e}^{-2}$.

7. (1) $y=\left(120-\dfrac{x-10}{0.5}\times 10\right)(x-8)$ ；(2) 320.

8. $\dfrac{4000\times(1+15\%)^3}{36}\approx 169>150$.

贷款方式每月还款 169 元，故不应贷款购音响.

9. $500\times(1+8.5\%)^5\approx 751.8$.

10. $26000\times(1-6\%)^5\approx 19081.5$.

11. (1) $y=\left(120-\dfrac{x-10}{0.5}\times 10\right)(x-8)$ ；(2) $y=320$ 元.

12. $L(x)=px-C(x)=(50-x)-(50+x+0.2x^2)=-1.2x^2+49x-50$.

13. (1) 日总成本函数 $C(q)=200+20q(0<q\leqslant 100)$ ，日平均成本函数 $\bar{C}(q)=\dfrac{200+20q}{q}$ $(0<q\leqslant 100)$.

(2) 总收入函数 $R(q)=45q(0\leqslant q\leqslant 100)$.

(3) 利润函数 $L(q)=45q-(200+20q)=25q-200\ (0\leqslant q\leqslant 100)$.

$L(q)=45q-(200+20q)=25q-200=0$ ，$q=8$, 无盈亏点为 8 件.

14. (1) 8；(2) 20；(3) 赔本.

15. 令 $q=\dfrac{1}{1+6\%}$ ，则

$$s=10000(q+q^2+\cdots)=10000\frac{q}{1-q}=10000\times\frac{100}{6}=166666.7.$$

第 2 章

习题 2.1

1. $\dfrac{\Delta y}{\Delta x}=\dfrac{f(x+\Delta x)-f(x)}{\Delta x}$， $y'=\lim\limits_{\Delta x\to 0}\dfrac{f(x+\Delta x)-f(x)}{\Delta x}$.

2. -3， -3 .

3. (1) $\frac{11}{3}x^{\frac{8}{3}}$； (2) $\frac{7}{6}x^{\frac{1}{6}}$； (3) $\frac{1}{x}$； (4) $\cos x$.

4. $k\big|_{切线}=12$； $(1,1)$与$(-1,-1)$.

5. 切线方程 $y=\frac{x}{e}$，法线方程 $y-1=-e(x-e)$.

6. 切线方程：$3x-6y+3\sqrt{3}-\pi=0$；法线方程：$12x+6y-3\sqrt{3}-4\pi=0$.

7. $a=\sqrt{2e}$.

习题 2.2

1. (1) 1； (2) $\frac{1}{3}$； (3) $\frac{a}{b}$； (4) 2； (5) $\frac{\pi}{2}$； (6) 1.

2. (1) 2； (2) 0； (3) 1； (4) $\frac{1}{2}$； (5) 0； (6) $\frac{1}{3}$； (7) 1； (8) 0； (9) $+\infty$； (10) $\frac{1}{2}$； (11) $\frac{2}{\pi}$.

3. (1) 1； (2) 1； (3) 1； (4) -1； (5) e^{-1}； (6) 1.

习题 2.3

1. (1) 单调递增； (2) 单调递减.

2. (1) 单调递增区间 $(-\infty,-1)\cup[3,+\infty)$，单调递减区间 $[-1,3)$；

(2) 单调递减区间 $\left(0,\frac{1}{2}\right)$，单调递增区间 $\left(\frac{1}{2},+\infty\right)$；

(3) 单调递增区间 $(-\infty,0)\cup[2,+\infty)$，单调递减区间 $[0,2)$；

(4) 单调递增区间 $(-1,+\infty)$，单调递减区间 $(-\infty,-1)$.

3. (1) 稳定点 $0,\pm\sqrt{3}$； (2) 0.

4. (1) 单调递增区间 $(-\infty,0)$，单调递减区间 $(0,+\infty)$；

(2) 单调递增区间 $[0,+\infty)$，单调递减区间 $(-\infty,0)$；

(3) 递增区间 $(-1,+\infty)$；

(4) 单调递增区间 $[-1,0)\cup[1,+\infty)$，单调递减区间 $[-\infty,-1)\cup[0,1)$；

(5) 单调递增区间 $(-\infty,1]\cup[2,+\infty)$，单调递减区间 $(1,2)$；

(6) 单调递增区间 $(2,+\infty)$，单调递减区间 $(0,2)$.

习题 2.4

1. (1) 极大值 $f(e)=\frac{1}{e}$；　　(2) 极大值 $f(-4)=60$，极小值 $f(2)=-48$；

(3) 极小值 $f\left(\frac{1}{2}\right)=\frac{1}{2}+\ln 2$； (4) 极大值 $f(-2)=-8$，极小值 $f(2)=8$；

(5) 极大值 $f(0)=0$，极小值 $f(1)=-1$； (6) 极小值 $f\left(\frac{1}{\sqrt{e}}\right)=-\frac{1}{2e}$；

(7) 极小值 $f(0)=2$.

2. (1) 极大值 $f\left(\frac{\pi}{4}\right)=\sqrt{2}$；(2) 极大值 $f\left(\frac{\pi}{4}\right)=\frac{1}{\sqrt{2}}e^{\frac{\pi}{4}}$ 及 $f\left(\frac{5\pi}{4}\right)=-\frac{1}{\sqrt{2}}e^{\frac{5\pi}{4}}$.

3. 极大值 $f(1)=0$，极小值 $f\left(\frac{7}{5}\right)=-\frac{3}{25}\times\sqrt[3]{40}$.

习题 2.5

1. (1) 最大值 $y(\pm 2)=13$，最小值 $y(\pm 1)=4$；

(2) 最大值 $y\left(-\frac{\pi}{2}\right)=\frac{\pi}{2}$，最小值 $y\left(\frac{\pi}{2}\right)=-\frac{\pi}{2}$；

(3) 最大值 $y\left(\frac{3}{4}\right)=\frac{5}{4}$，最小值 $y(-5)=-5+\sqrt{6}$；

(4) 最大值 $y\left(-\frac{1}{2}\right)=y(1)=\frac{1}{2}$，最小值 $y(0)=0$；

(5) 最大值 $y(4)=8$，最小值 $y(0)=0$；

(6) 最大值 $y(10)=66$，最小值 $y(2)=2$.

2 ~ 8 略.

习题 2.6

1. (1) 凹曲线；(2) 凸曲线；(3) 凹曲线；(4) 在 $(2,+\infty)$ 内是凹的；在 $(-\infty,2)$ 内是凸的；

(5) 在 $\left(\frac{\sqrt{2}}{2},+\infty\right)$ 内是凹的；在 $\left(0,\frac{\sqrt{2}}{2}\right)$ 内是凸的.

2. (1) $\left(-\infty,\frac{5}{3}\right)$ 为凸区间，$\left(\frac{5}{3},+\infty\right)$ 为凹区间，$\left(\frac{5}{3},\frac{20}{27}\right)$ 为拐点；

(2) $(-\infty,2)$ 为凸区间，$(2,+\infty)$ 为凹区间，$(2,2e^{-2})$ 为拐点；

(3) $\left(-\infty,\frac{1}{2}\right)$ 为凹区间，$\left(\frac{1}{2},+\infty\right)$ 为凸区间，$\left(\frac{1}{2},e^{\arctan\frac{1}{2}}\right)$ 为拐点；

(4) $(-\infty,-1)$, $(1,+\infty)$ 为凸区间，$(-1,1)$ 为凹区间，$(-1,\ln 2)$ 及 $(1,\ln 2)$ 为拐点；

(5) $\left(-\infty,-\frac{\sqrt{2}}{2}\right)$, $\left(\frac{\sqrt{2}}{2},+\infty\right)$ 为凹区间，$\left(-\frac{\sqrt{2}}{2},\frac{\sqrt{2}}{2}\right)$ 为凸区间，$\left(-\frac{\sqrt{2}}{2},e^{-\frac{1}{2}}\right)$ 及 $\left(\frac{\sqrt{2}}{2},e^{-\frac{1}{2}}\right)$ 为拐点；

(6) 在 $(-\infty,1)$ 内是凹曲线，在 $(1,+\infty)$ 内是凸曲线，拐点为 $(1,2)$.

3. $a=-\dfrac{3}{2},b=\dfrac{9}{2}$.

4. 在 $(1,11)$ 附近是凸的；在 $(3,3)$ 附近是凹的.

习题 2.7

1. $\dfrac{(x-1)\mathrm{e}^x}{x^2}$.

2. 总成本为 125，平均成本为 12.5，边际成本为 5，即当产量为 10 个单位时，每多生产 1 个单位产品需要增加 5 个单位成本.

3. 总成本为 7956.25，平均单位成本为 106.08，平均改变量为 101.25，边际成本为 97.5.

4. (1) 5；(2) 4.5；(3) 4.

5. 总收益为 9975，平均收益为 199.5，边际收益为 199.

6. (1) $\bar{C}(Q)=\dfrac{125}{Q}+3+\dfrac{Q}{25}$, $C'(Q)=3+\dfrac{2}{25}Q$；(2) $C'(25)=5$, $R'(25)=5$, $L'(25)=0$.

习题 2.8

1. (1) $E(P)=\dfrac{P}{p-24}$；(2) $E(p)<1$，即 $0<p<12$ 为低弹性，$E(p)>1$，即 $12<p<24$ 为高弹性；(3) $E(6)=-0.33$，说明：当 $p=6$ 时，需求变动幅度小于价格变动幅度，即 $p=6$ 时，价格上涨 1%，需求减少 0.33%，或者说当价格下降 1%时，需求将增加 0.33%.

2. (1) $E(P)=-p$；(2) $E(3)=-3$，$E(5)=-5$，$E(6)=-6$.

3. (1) $E(x)=x\ln 3$；(2) $E(1)=\ln 3$.

习题 2.9

1. $\Delta y=0.0404$, $\mathrm{d}y=0.04$.

2. (1) $\dfrac{1}{2}\mathrm{d}x$；(2) $\mathrm{d}x$；(3) $\mathrm{d}x$；(4) $216\mathrm{d}x$.

3. (1) $\arctan x+C$；(2) $\arcsin x+C$；(3) e^x+C；

(4) $\ln x+C$；(5) $-\dfrac{1}{x}+C$；(6) $\dfrac{2}{3}x^{\frac{3}{2}}+C$；

(7) $2\sqrt{x}+C$；(8) $\tan x+C$；(9) $-2\sin 2x$；

(10) $=\dfrac{1}{2}\mathrm{e}^{-\frac{1}{2}x}$；(11) $-\dfrac{1}{2}$；(12) 3；

(13) $\frac{1}{3}$；　　(14) -1.

4. (1) $\mathrm{d}y=3\mathrm{e}^{\sin 3x}\cos 3x\mathrm{d}x$；　　(2) $\mathrm{d}y=\left(\sec^2 x+2^x\ln 2+\frac{1}{2x\sqrt{x}}\right)\mathrm{d}x$；

(3) $\mathrm{d}y=\mathrm{e}^{-x}[\sin(3-x)-\cos(3-x)]\mathrm{d}x$；　　(4) $\mathrm{d}y=-\frac{1}{2x(1-\ln x)}\mathrm{d}x$；

(5) $\mathrm{d}y=(\mathrm{e}^x+\mathrm{e}^{-x})^{\sin x}\left[\cos x\ln(\mathrm{e}^x+\mathrm{e}^{-x})+\sin x\frac{\mathrm{e}^x-\mathrm{e}^{-x}}{\mathrm{e}^x+\mathrm{e}^{-x}}\right]\mathrm{d}x$；

(6) $\mathrm{d}y=-\frac{y}{x}\mathrm{d}x$；　　(7) $\frac{2x\cos x-(1-x^2)\sin x}{(1-x^2)^2}\mathrm{d}x$；

(8) $\frac{2\ln(1-x)}{x-1}\mathrm{d}x$；　　(9) $\frac{2\mathrm{e}^{2x}}{1+\mathrm{e}^{4x}}\mathrm{d}x$；

(10) $8x\tan(1+2x)^2\sec^2(1+2x^2)\mathrm{d}x$.

5. 面积的精确值为 2.1π，面积的近似值为 2π.

6. (1) 0.985；(2) 0.10005；(3) -0.02；(4) 1.04.

7. 30；3%.

复习题 2

1. (1) ×；(2) ×；(3) ×；(4) ×；(5) √；(6) ×；(7) ×；(8) ×；(9) ×；(10) √.

2. (1) 单调递增，单调递减，常函数；(2) $(0,2)$；(3) $y=1, x=\pm 1$；(4) 驻点，不可导点；(5) $(-\infty,-2), (-2,+\infty), (-2,-2\mathrm{e}^{-2})$；(6) $-\frac{9}{2}, 6$；(7) 2；(8) $f(2)=20$；(9) 0；(10) 1.

3. (1) B；(2) B；(3) C；(4) B；(5) C；(6) B；(7) B；(8) C；(9) D；(10) D.

4. (1) 1；(2) $\frac{3}{2}$；(3) $-\frac{1}{2}$；(4) $\frac{1}{3}$；(5) 1；(6) $\frac{1}{2}$；(7) $\frac{1}{2}$；(8) 0.

5. $y_{极大}=f(0)=1$.

6. $\alpha=\frac{2\sqrt{6}}{3}\pi$.

7. 底面边长和深度分别为 10m 和 15m 时，总造价最省.

8. $h=\frac{\sqrt{2}}{2}R$.

9. $R'(20)=2$.

10. $x=40$.

11. $P=15$.

第3章

习题 3.1

1. 略.

2. $5^x+\cos x$.

3. (1) $x,x+C$; (2) x^3,x^3+C; (3) $\mathrm{e}^x,\mathrm{e}^x+C$;

(4) $\tan x,\tan x+C$; (5) $-\cos x,-\cos x+C$.

4. $2x+C$.

5. (1) $-x^{-2}+C$; (2) $\frac{9}{8}x^{\frac{8}{3}}-\frac{3}{5}x^{\frac{5}{3}}+C$; (3) $\frac{4}{5}x^5+2x^2-\frac{1}{x}+C$;

(4) $2\mathrm{e}^x-\frac{1}{3}\ln|x|+C$; (5) $-2\cos x-3\arcsin x+C$; (6) $\sqrt{\frac{2h}{g}}+C$;

(7) $\mathrm{e}^x-\sqrt{2x}+C$; (8) $x\cos\left(\frac{\pi}{4}+1\right)+C$; (9) $\frac{2}{3}t^{\frac{3}{2}}-t+C$.

6. (1) $\frac{1}{22}(2x+3)^{11}+C$; (2) $x+\ln(1+x^2)+C$; (3) $\frac{2}{9}\sqrt{(3x+1)^3}+C$;

(4) $-\frac{2}{5}\sqrt{2-5x}+C$; (5) $-\frac{1}{a}\cos(ax+b)+C$; (6) $-\left(\mathrm{e}^{-x}+\frac{1}{2}\mathrm{e}^{-2x}\right)+C$;

(7) $\frac{1}{2}\arcsin 2x+C$; (8) $-\frac{3}{16}\sqrt[3]{(1-x^4)^4}+C$; (9) $\sqrt{1+x^2}+C$;

(10) $-\frac{1}{3}\cot 3x+C$.

7. (1) $\frac{2}{5}(x+2)\sqrt{(x-3)^3}+C$; (2) $2\left(\sqrt{x}-\arctan\sqrt{x}\right)+C$;

(3) $x-2\sqrt{x}+2\ln\left(1+\sqrt{x}\right)+C$; (4) $3\frac{1}{2}\sqrt[3]{x^2}-\sqrt[3]{x}+\ln\left(1+\sqrt[3]{x}\right)+C$;

(5) $2\sqrt{x}-3\sqrt[3]{x}+6\sqrt[6]{x}-6\ln\left(\sqrt[6]{x}+1\right)+C$.

8. (1) $-x\cos x+\sin x+C$; (2) $x\ln x-x+C$; (3) $x\arcsin x+\sqrt{1-x^2}+C$;

(4) $-xe^{-x}-e^{-x}+C$； (5) $\frac{x^3\ln x}{3}-\frac{x^3}{9}+C$； (6) $\frac{e^{-x}(\sin x-\cos x)}{2}+C$.

9. $C(x)=10x+12x^2-x^3+2500$.

习题 3.2

1. $R(x)=32x^2-\frac{1}{3}x^3$.

2. $R(Q)=100Q-\frac{1}{5}Q^2$，$Q=500-5P$.

3. $R(x)=\frac{8x}{1+x}$.

4. (1) $\tan x-\sec x+C$； (2) $-\cot x-x+C$； (3) $\ln|x|+\arctan x+C$；

(4) $\frac{2}{3}x^3+x+C$； (5) $\frac{8}{15}x^{\frac{15}{8}}+C$； (6) $\frac{2}{\ln 3-\ln 4}\left(\frac{3}{4}\right)^x+\frac{5}{2^x\ln 2}+C$；

(7) $\frac{1}{2}\tan x+C$； (8) $-\frac{1}{x}-\arctan x+C$； (9) $x^2+x-2\ln|x|+\frac{1}{x}+C$.

5. (1) $\ln(x^2+2)+C$； (2) $\frac{1}{3}\sin x^3+C$. (3)～(10)略.

习题 3.3

1. $Q=4$，$L(4)=7$.

2. $x=80$，$L(80)=1200$.

3. $R(x)=8x-\frac{1}{2}x^2$，$C(x)=2x+\frac{1}{4}x^2+1$，$L(x)=6x-\frac{3}{4}x^2-1$，当 $x=4$ 时，总利润 $L(x)$ 最大，最大值 $L(4)=11$（万元）.

4. (1) $-\cot x-\tan x+C$； (2) $-\sin x+\cos x+C$； (3) $\frac{1}{\sqrt{1-x^2}}+\sin x+C$；

(4) $2\arctan e^x+C$； (5) $\frac{1}{6}\arctan\frac{2x}{3}+C$； (6) $\ln|1+\ln x|+C$；

(7) $2e^{\sqrt{x}}+C$； (8) $\frac{1}{3}\tan x^3+C$； (9) $\tan\frac{x}{2}+C$；

(10) $\cos\frac{1}{x}+C$； (11) $\frac{1}{3}(3+2e^x)^{\frac{3}{2}}+C$； (12) $\frac{1}{2}\arctan\frac{x+3}{2}+C$.

习题 3.4

1. $f(x)=x^2+C$.

2. $f(x)=-\frac{1}{x}$.

3. $f(x)=\ln|x|+1$.

4. $F(x)=\arcsin x+2\pi$.

5. (1) $\frac{1}{3}x^3-x+\arctan x+C$； (2) e^x-x+C； (3) $\frac{1}{2}\tan x+C$；

(4) $\frac{1}{2}\tan x+C$； (5) $\frac{1}{2}(-\cot x+\csc x)+C$；

(6) $-\frac{1}{x}-\arctan x+C$； (7) $-\ln\left|\frac{1+\sqrt{1-x^2}}{x}\right|+C$；

(8) $\sqrt{x^2-9}-3\arccos\frac{3}{x}+C$； (9) $\ln\left|\sqrt{4+x^2}+x\right|+C$；

(10) $e^{\sqrt[3]{x}}\left(x^{\frac{2}{3}}-2x^{\frac{1}{3}}+2\right)+C$； (11) $\left(\frac{1}{3}x^2-\frac{2}{27}\right)\sin 3x+\frac{2}{9}x\cos 3x+C$；

(12) $x\ln(1+x^2)-2x+2\arctan x+C$.

复习题 3

1. (1) √； (2) ×； (3) ×； (4) ×； (5) ×； (6) ×； (7) √； (8) √； (9) √； (10) ×.

2. (1) C； (2) 全体原函数； (3) $2e^{\sqrt{x}}+C$； (4) $6x^3+6x^2+5x+C$； (5) $y=\frac{5}{3}x^3$； (6) x^2+C；

(7) $\frac{1}{\sqrt{1-x^2}}$； (8) $\frac{1}{3}x^3-\cos x+C, 2x+\cos x$； (9) $\frac{\ln^3 x}{3}-\ln x+C$； (10) $\frac{1}{x}$.

3. (1) C； (2) C； (3) D； (4) C； (5) C； (6) D； (7) D； (8) A； (9) D； (10) D.

4. (1) $-\frac{1}{x}(1+\ln x)+C$； (2) $\frac{1}{2}\arcsin\frac{x^2}{2}+C$；

(3) $2\sqrt{\sin x}+C$ (4) $4\sqrt{\frac{x}{2}}-4\ln\left(1+\sqrt{\frac{x}{2}}\right)+C$；

(5) $\frac{1}{2}\ln\frac{|e^x-1|}{e^x+1}+C$； (6) $\frac{1}{22}(2x+1)^{11}+C$；

(7) $\ln|x+\sin x|+C$； (8) $\ln|\ln(\ln x)|+C$；

(9) $3e^{\sqrt[3]{x}}\left(x^{\frac{2}{3}}-2x^{\frac{1}{3}}+2\right)+C$； (10) $-xe^{-x}-e^{-x}+C$；

(11) $\frac{1}{32}\ln\left|\frac{2+x}{2-x}\right|+\frac{1}{16}\arctan\frac{x}{2}+C$；　(12) $-\frac{1}{a}\cos(ax+b)+C$.

5. $25x+3400$.

6. $100x-0.01x^2$.

7. $L(Q)=8Q-Q^2+88$，当 $Q=4$ 时 $L(4)=104$.

8. $x(1-2\ln x)$.

第 4 章

习题 4.1

1. 略.

2. 略.

3. (1) $\frac{15}{2}$；(2) $\frac{\pi}{4}$；(3) 1；(4) 0.

4. (1) >；(2) >；(3) <；(4) >；(5) >；(6) >.

5. (1) $6\leqslant\int_1^4(1+x^2)\mathrm{d}x\leqslant 51$；　(2) $0\leqslant\int_0^{\frac{\pi}{2}}(1-\sin x)\mathrm{d}x\leqslant\frac{\pi}{2}$；

(3) $1\leqslant\int_0^1\mathrm{e}^{2x}\mathrm{d}x\leqslant\mathrm{e}^2$；　(4) $3\leqslant\int_1^4(x^2-4x+5)\mathrm{d}x\leqslant 15$.

6. (1) $\sqrt{1+x}$；　(2) $-x^2$；　(3) $2x\sqrt{1+x^4}$；　(4) $\frac{3x^2}{\sqrt{1+x^{12}}}-\frac{2x}{\sqrt{1+x^8}}$.

7. (1) $\frac{1}{2}$；　(2) e^2.

8. (1) $a\left(a^2-\frac{1}{2}a+1\right)$；(2) $1+\frac{\pi}{4}$；　(3) $\frac{271}{6}$；　(4) $\frac{\pi}{6}$；　(5) $\frac{\pi}{3}$；

(6) 1；　(7) $\frac{1}{2}$；　(8) $1-\frac{\pi}{4}$；　(9) 4；　(10) 4.

9. $\frac{14}{3}$.

10. (1) $\frac{1}{4}$；　(2) $\frac{1}{2}$；　(3) $2(2-\ln 3)$；　(4) $7+2\ln 2$；

(5) π；　(6) $2\sqrt{3}-2$；　(7) $10+\frac{9}{2}\ln 3$；　(8) $1-\frac{\pi}{4}$.

11. (1) 1；(2) 1；(3) $\frac{e^2}{4}+\frac{1}{4}$；

(4) π；(5) $\frac{2\pi}{3}-\frac{\sqrt{3}}{2}$；(6) $\frac{1}{5}(1+2e^{\pi})$.

12. (1) 0；(2) $\frac{3\pi}{2}$；(3) $\frac{3\pi}{324}$；(4) 0.

13. (1) $\frac{1}{6}$；(2) 1；(3) $\frac{32}{3}$；(4) $\frac{32}{3}$.

14. (1) $\frac{1}{2}$；(2) $\frac{9}{2}$；(3) 1；(4) 36；

(5) $\frac{3}{2}-\ln 2$；(6) $e+\frac{1}{e}-2$；(7) $b-a$.

习题 4.2

1. $V_x=\frac{31\pi}{5}$.

2. $V_x=\frac{16\pi}{15}$, $V_y=\frac{4\pi}{3}$.

3. $\frac{3\pi}{10}$.

习题 4.3

1. (1) 352；(2) 256.

2. 1200.

3. (1) 日产量为 40 包时，企业获利最大；(2) $R(40)=5200$ 美元，$C(40)=4200$ 美元，$L(40)=1000$ 美元.

4. 187.4.

5. (1) 14800，148；(2) 14400，144.

习题 4.4

1. 0.18.

2. $5k$.

3. 0.07.

习题 4.5

1. 80600.

2. (1) 132.1 万元；(2) 6.9 年.

复习题 4

1. (1) √；(2) ×；(3) ×；(4) √；(5) √；(6) √；(7) ×；(8) ×；(9) √；(10) ×.

2. (1) $F(x)+C$，$F(b)-F(a)$；　(2) $\int_a^x f(t)\mathrm{d}t$；　(3) $\frac{1}{3}$；　(4) 3；　(5) 6；

(6) $\frac{\mathrm{e}-1}{2}$；　(7) $3-\frac{1}{\mathrm{e}}$；　(8) $\frac{1}{8}\pi$；　(9) $\frac{1}{2},\frac{2}{3}$；　(10) e.

3. (1) B；(2) C；(3) D；(4) D；(5) A；(6) C；(7) A；(8) D；(9) A；(10) B.

4. (1) $1-\frac{\pi}{4}$；　(2) $\ln 3-\ln 2$；　(3) 4；　(4) $\frac{1}{2}$；　(5) $\frac{1}{4}$；

(6) $7+2\ln 2$；　(7) $\frac{\pi}{4}$；　(8) 0；　(9) $\frac{16}{15}$；　(10) -2；

(11) $\frac{1}{4}+\frac{\mathrm{e}^2}{4}$；　(12) $\frac{1}{2}$.

5. (1) 2；　(2) $\mathrm{e}+\frac{1}{\mathrm{e}}-2$，$\frac{\pi}{2}\left(\mathrm{e}^2+\mathrm{e}^{-2}-2\right)$；　(3) $\frac{4}{3}$，$\frac{16\pi}{15}$；　(4) 454，5；

(5) $t=8$，12 百万元；　(6) 352，256；　(7) 0.5；　(8) 58，5.1.

第 5 章

习题 5.1

1. 不是，举反例当 n=2 不成立.

2. $(-1)^n D$.

3. (1) 0；(2) a；(3) 0.

4. (1) c^2-a^2；　(2) b^2-a^2；　(3) a^2-b^2；　(4) $(b-a)(c-a)(c-b)$.

5. (1) 1；(2) 6；(3) 2.

6. (1) x^4；　(2) -1；　(3) $a_1a_2a_3a_4a_5$；　(4) 240.

7. (1) $(-1)^n(n+1)a_1a_2a_3\cdots a_n$；　(2) $x^n+\frac{n(n+1)}{2}x^{n-1}$；　(3) $-2(n-2)!$.

8. $0,1,2,\cdots,n-2$.

9. (1) $x_1=0,x_2=\frac{4}{5},x_3=\frac{3}{5},x_4=-\frac{7}{5}$; (2) $x_1=a,x_2=b,x_3=c$.

10. (1) $\lambda\neq-1,\lambda\neq4$; (2) $\lambda=-1,\lambda=4$.

习题 5.2

1. 略.

2. $|-A|=(-1)^n|A|$.

3. $\begin{bmatrix}17&12&30\\6&35&6\\24&30&41\end{bmatrix}$, $\begin{bmatrix}1&0&0\\0&1&0\\0&0&1\end{bmatrix}$.

4. (1) $\begin{bmatrix}10&1\\7&3\end{bmatrix}$; (2) $\begin{bmatrix}6&1&12\\1&1&-3\\2&0&6\end{bmatrix}$; (3) $\begin{bmatrix}0&7\\7&0\end{bmatrix}$; (4) $\begin{bmatrix}-1&-2&-1\\10&12&2\end{bmatrix}$.

5. $10^{99}\begin{bmatrix}3&6&9\\2&4&6\\1&2&3\end{bmatrix}$.

6. (1) $\begin{bmatrix}1&0\\\lambda n&1\end{bmatrix}$; (2) $2^{n-1}\begin{bmatrix}1&1\\1&1\end{bmatrix}$; (3) $\begin{bmatrix}1&0&0\\0&1&0\\0&0&1\end{bmatrix}$.

7. (1) $\begin{bmatrix}1&-1&2\\0&0&-5\end{bmatrix}\begin{bmatrix}1&3\\0&-5\\0&0\end{bmatrix}$;

8. (1) $\begin{bmatrix}1&0&0\\0&1&0\\0&0&1\end{bmatrix}$; (2) $\begin{bmatrix}1&0&-\frac{1}{7}&0\\0&1&&0\\0&0&0&1\end{bmatrix}$.

9. (1) 2. (3) 2. (3) 3. (4) 当 $a=1$ 时，秩为 1；当 $a=\frac{1}{3}$ 时，秩为 3；当 $a\neq1$ 且 $a\neq\frac{1}{3}$ 时，秩为 4.

10. (1) 当 $k=1$ 时，$r(A)=1$. (2) 当 $k=-2$ 时，$r(A)=2$；当 $k\neq1$ 且 $k\neq-2$ 时，$r(A)=3$.

11. (1) $\frac{1}{ad-bc}\begin{bmatrix}d&-b\\-c&a\end{bmatrix}$; (2) $\begin{bmatrix}1&-4&-3\\1&-5&-3\\-1&6&4\end{bmatrix}$;

(3) $\frac{1}{4}\begin{bmatrix}1&1&1&1\\1&1&-1&-1\\1&-1&1&-1\\1&-1&-1&1\end{bmatrix}$；　(4) $\begin{bmatrix}\frac{1}{2}&-\frac{1}{4}&\frac{1}{8}&-\frac{1}{16}\\0&\frac{1}{2}&-\frac{1}{4}&\frac{1}{8}\\0&0&\frac{1}{2}&-\frac{1}{4}\\0&0&0&\frac{1}{2}\end{bmatrix}$.

12. 略.

13. (1) $\begin{bmatrix}2&-23\\0&8\end{bmatrix}$；(2) $\begin{bmatrix}3&2&0\\-3&5&-2\\-5&3&0\end{bmatrix}$；(3) $\begin{bmatrix}2&-1&0\\1&3&-4\\1&0&-2\end{bmatrix}$.

14. $\begin{bmatrix}0&0&\cdots&0&a_n^{-1}\\a_1^{-1}&0&\cdots&0&0\\0&a_2^{-1}&\cdots&0&0\\\vdots&\vdots&&\vdots&\vdots\\0&0&\cdots&a_{n-1}^{-1}&0\end{bmatrix}$.

习题 5.3

1. 略.

2. (1)唯一解；(2)无解.

3. (1) $x_1=1,\ x_2=2,\ x_3=-4$；　(2) $x_1=0,\ x_2=-3,\ x_3=5$；

(3) $x_1=-c,\ x_2=0,\ x_3=2c,\ x_4=c$；　(4) $x_1=27c,\ x_2=4c,\ x_3=41c,\ x_4=c$.

4. (1)当 $\lambda\neq-2$ 且 $\lambda\neq1$ 时，此方程组有唯一解 $x_1=x_2=x_3=\frac{1}{\lambda+2}$；(2)当 $\lambda=-2$ 时无解；

(3)当 $\lambda=1$ 时有无穷多解，解为 $x_1=1-x_2-x_3$，其中 x_2,x_3 为自由变量.

5. $k=\frac{1}{3}$，一个解 $x_1=3,x_2=-7,x_3=1$.

6. $a=2$，且 $b=3$ 时，方程组有解，解为 $x_1=-2+c_1+c_2+c_3,\ x_2=3-2c_1-2c_2-6c_3,$

$x_3=c_1,\ x_4=c_2,\ x_5=c_3$.

复习题 5

1. (1)×；(2)×；(3) √；(4)×；(5)×；(6) √；(7)×；(8)×；(9)×；(10)×.

2. (1) 0;　(2) 0;　(3) 0 或 9 或 -1;　(4) 0;

(5) $\boldsymbol{A}^{-1}\boldsymbol{C}\boldsymbol{B}^{-1}$;　(6) $\begin{bmatrix} \cos\alpha & \sin\alpha \\ -\sin\alpha & \cos\alpha \end{bmatrix}$, 1, $\begin{bmatrix} \cos\alpha & \sin\alpha \\ -\sin\alpha & \cos\alpha \end{bmatrix}$;　(7) $\boldsymbol{E}+\boldsymbol{A}+\cdots+\boldsymbol{A}^{k-1}$;

(8) 6;　(9) $\begin{bmatrix} 4 & 2 & -1 \\ -1 & \frac{5}{2} & 1 \\ 3 & 6 & 2 \end{bmatrix}$;　(10) $\lambda \neq \pm 1$.

3. (1) C; (2) C; (3) C; (4) B; (5) D; (6) C; (7) D; (8) A; (9) A; (10) C.

4. (1) 0; (2) -1; (3) $a_1a_2a_3a_4a_5$; (4) 240; (5) $\prod\limits_{i=1}^{n} a_i \cdot \left(1+\sum\limits_{i=1}^{n}\frac{1}{a_i}\right)$; (6) $-2(n-2)!$.

5. $x_1=0$, $x_2=\frac{4}{5}$, $x_3=\frac{3}{5}$, $x_4=\frac{7}{5}$.

6. (1) $\lambda \neq -1$ 且 $\lambda \neq 4$; (2) $\lambda=-1$ 或 $\lambda=4$.

7. 秩为 2.

8. $\begin{bmatrix} 1 & -4 & -3 \\ 1 & -5 & -3 \\ -1 & 6 & 4 \end{bmatrix}$.

9. $\begin{bmatrix} 2 & -23 \\ 0 & 8 \end{bmatrix}$.

10. (1) $x_1=0$, $x_2=-3$, $x_3=5$; (2) $x_1=-c$, $x_2=0$, $x_3=2c$, $x_4=c$.

第 6 章

习题 6.1

1. (1) 2; (2) $\frac{2xy}{x^2+y^2}$; (3) $(x+y)^2+x^2y^2$; (4) $\frac{x^2+y^2}{4}$.

2. (1) $\{(x,y)|-2\leqslant y\leqslant 0, x\leqslant 0\}\cup\{(x,y)\ |0\leqslant y\leqslant 2, x\geqslant 0\}$;

(2) $\{(x,y)\}|x+y>0, x-y>0\}$;　(3) $\{(x,y)|x\geqslant 0, y\geqslant 0, x^2\geqslant y\}$;

(4) $\{(x,y)|y-x>0, x\geqslant 0, x^2+y^2<1\}$;　(5) $\{(x,y)|x^2+y^2\leqslant 1\}$;

(6) $\{(x,y)|r^2<x^2+y^2+z^2\leqslant R^2\}$.

3. (1) 0;　(2) $\frac{1}{\mathrm{e}^a}$;　(3) $-\frac{1}{4}$;　(4) 2.

4. (1) $\frac{2}{5}$； (2) $-\frac{1}{2}, \frac{1}{2}$； (3) $\arctan\sqrt{x}+(x-1)\cdot\frac{1}{1+x}\cdot\frac{1}{2\sqrt{x}}, \frac{\pi}{4}$.

5. (1) $\frac{\partial z}{\partial x}=3x^2y-y^3, \quad \frac{\partial z}{\partial y}=x^3-3y^2x$；

(2) $\frac{\partial s}{\partial u}=\frac{1}{v}-\frac{v}{u^2}, \quad \frac{\partial s}{\partial v}=\frac{1}{u}-\frac{u}{v^2}$；

(3) $\frac{\partial z}{\partial x}=\frac{1}{1+x^2}, \quad \frac{\partial z}{\partial y}=\frac{1}{1+y^2}$；

(4) $\frac{\partial z}{\partial x}=y[\cos(xy)-\sin(2xy)], \quad \frac{\partial z}{\partial y}=x[\cos(xy)-\sin(2xy)]$；

(5) $\frac{\partial u}{\partial x}=\cos(x+y^2-\mathrm{e}^z), \quad \frac{\partial u}{\partial y}=2y\cos(x+y^2-\mathrm{e}^z), \quad \frac{\partial u}{\partial z}=-\mathrm{e}^z\cos(x+y^2-\mathrm{e}^z)$；

(6) $\frac{\partial u}{\partial x}=\frac{z(x-y)^{z-1}}{1+(x-y)^{2z}}, \quad \frac{\partial u}{\partial y}=\frac{-z(x-y)^{z-1}}{1+(x-y)^{2z}}, \quad \frac{\partial u}{\partial z}=\frac{(x-y)^z\ln(x-y)}{1+(x-y)^{2z}}$.

6. (1) $\frac{\partial^2 z}{\partial x^2}=6x+6y, \quad \frac{\partial^2 z}{\partial x\partial y}=6x, \quad \frac{\partial^2 z}{\partial y^2}=12y, \quad \frac{\partial^2 z}{\partial y\partial x}=6x$；

(2) $\frac{\partial^2 z}{\partial x^2}=2a^2\cos 2(ax+by), \quad \frac{\partial^2 z}{\partial x\partial y}=\frac{\partial^2 z}{\partial y\partial x}=2ab\cos 2(ax+by), \quad \frac{\partial^2 z}{\partial y^2}=2b^2\cos 2(ax+by)$；

(3) $\frac{\partial^2 z}{\partial x^2}=\frac{2xy}{(x^2+y^2)^2}, \quad \frac{\partial^2 z}{\partial x\partial y}=\frac{\partial^2 z}{\partial y\partial x}=\frac{-x^2+y^2}{(x^2+y^2)^2}, \quad \frac{\partial^2 z}{\partial y^2}=\frac{-2xy}{(x^2+y^2)^2}$.

7. $\mathrm{d}z=22.4, \quad \Delta z=22.75$.

8. (1) $\mathrm{d}z=\frac{-y}{x^2+y^2}\mathrm{d}x+\frac{x}{x^2+y^2}\mathrm{d}y$； (2) $\mathrm{d}z=\frac{1}{3x-2y}(3\mathrm{d}x-2\mathrm{d}y)$；

(3) $\mathrm{d}z=\frac{-2y\mathrm{d}x+2x\mathrm{d}y}{(x-y)^2}$； (4) $\mathrm{d}u=\frac{2x\mathrm{d}x+2y\mathrm{d}y+2z\mathrm{d}z}{x^2+y^2+z^2}$.

9. 2.0393.

10. 减少 $30\pi\ \mathrm{cm}^3$.

习题 6.2

1. $\frac{\mathrm{d}z}{\mathrm{d}t}=\cos t(\cos^2 t-2\sin^2 t)$.

2. $\frac{\partial z}{\partial x}=\frac{y\mathrm{e}^{xy}+2x}{\mathrm{e}^{xy}+x^2-y^2}, \quad \frac{\partial z}{\partial y}=\frac{x\mathrm{e}^{xy}-2y}{\mathrm{e}^{xy}+x^2-y^2}$.

3. $\dfrac{dy}{dx}=\dfrac{y^2-ye^{xy}}{xe^{xy}-2xy-\cos y}$.

4. $\dfrac{\partial z}{\partial x}=\dfrac{y(1+z^2)(e^{xy}+z)}{1-xy(1+z^2)}$，$\dfrac{\partial z}{\partial y}=\dfrac{x(1+z^2)(e^{xy}+z)}{1-xy(1+z^2)}$.

5. (1)极小值：$f(-1,1)=0$；　(2)极大值：$f(3,2)=36$；

(3)极小值：$f\left(\dfrac{1}{2},-1\right)=-\dfrac{e}{2}$；　(4)极大值：$f(0,0)=0$, 极小值：$f(2,2)=-8$.

6. (1)极大值：$\dfrac{1}{4}$；(2)极小值：$\dfrac{a^2b^2}{a^2+b^2}$.

7. $\left(\dfrac{8}{5},\dfrac{16}{5}\right)$.

8. (1,2).

9. x=6 台，y=12 台；最小成本为 648 元.

习题 6.3

1. $V=\iint\limits_D(x^2+y^2)d\sigma$.

2. 8, 4π.

3. (1) ≤；　(2) ≥.

4. (1) $0\leqslant I\leqslant 2$；　(2) $0\leqslant I\leqslant \pi^2$.

5. (1) $\dfrac{4}{9}$；　(2) 1；　(3) $\dfrac{6}{55}$.

6. (1) $\dfrac{\pi(e-1)}{4}$；　(2) 2π.

7. $\dfrac{7}{2}$.

8. 20π.

习题 6.4

1. (1) $\dfrac{20}{3}$；　(2) $-\dfrac{3}{2}\pi$；　(3) $\dfrac{9}{4}$.

2. (1) $\dfrac{\pi}{3}$；　(2) $\dfrac{(3\ln 3-2)\pi}{8}$.

3. $\left(\dfrac{9}{20},\dfrac{9}{20}\right)$.

4. $\frac{1}{2}\pi R^4$.

复习题 6

1. (1) √；(2) ×；(3) ×；(4) √；(5) ×；(6) ×；(7) √；(8) √；(9) ×；(10) √.

2. (1) $f(x,y)=\frac{1}{2}(x^2+y^2)$；　(2) $D=\left\{(x,y)\middle|y^2\leqslant 4x,0<x^2+y^2<1\right\}$；

(3) $\frac{\pi}{8}$；　(4) $\frac{1}{2},0$；

(5) $x(1+x)^{xy}\ln(1+x)$；　(6) $\mathrm{e}^{y(x^2+y^2)}\left[2xy\mathrm{d}x+(x^2+3y^2)\mathrm{d}y\right]$；　(7) -1；

(8) $\int_0^1\mathrm{d}y\int_0^{1-y}f(x,y)\mathrm{d}x$；　(9) 1；　(10) 2π.

3. (1) D；(2) B；(3) D；(4) A；(5) C；(6) C；(7) C；(8) D；(9) A；(10) D.

4. (1) $\frac{\partial z}{\partial x}=(1-xy)\mathrm{e}^{-xy}$，$\frac{\partial z}{\partial y}=-x^2\mathrm{e}^{-xy}$；

(2) $\frac{\partial z}{\partial x}=(x+2y)^x\left[\ln(x+2y)+\frac{x}{x+2y}\right]$，$\frac{\partial z}{\partial y}=2x(x+2y)^{x-1}$；

(3) $\frac{\partial z}{\partial x}=\frac{yx^{y-1}}{2\sqrt{x^y(1+x^y)}}$，$\frac{\partial z}{\partial y}=\frac{x^y\ln x}{2\sqrt{x^y(1+x^y)}}$；

(4) $\frac{\partial z}{\partial x}=\frac{yz}{\mathrm{e}^z-xy}$；$\frac{\partial z}{\partial y}=\frac{xz}{\mathrm{e}^z-xy}$.

5. 证明略.

6. (1) $\mathrm{d}z=y^{\sin x}\cos x\ln y\mathrm{d}x+y^{\sin x-1}\sin x\mathrm{d}y$；

(2) $\mathrm{d}u=x^yy^zz^x\left[\left(\frac{y}{x}+\ln z\right)\mathrm{d}x+\left(\frac{z}{y}+\ln x\right)\mathrm{d}y+\left(\frac{x}{z}+\ln y\right)\mathrm{d}z\right]$.

7. $\mathrm{d}z=-\frac{\sin 2x}{\sin 2z}\mathrm{d}x-\frac{\sin 2y}{\sin 2z}\mathrm{d}y$.

8. (1) 极大值：$f(2,-2)=8$；　(2) 极小值：$f\left(\frac{1}{2},-1\right)=-\frac{\mathrm{e}}{2}$.

9. 极大值：$f(1,2)=5$，　极小值：$f(-1,-2)=-5$.

10. (1) $\frac{7}{12}$；　(2) $2-\frac{\pi}{2}$.

11. 两直角边都是$\frac{c}{\sqrt{2}}$时，周长最大.

12. 最大体积$\frac{4}{27}\pi$，矩形面积$\frac{2}{9}$.